# 수학 IN 문화

계영희 | 신현용 | 김성숙 | 신경희 | 박창균 | 한찬욱
이상구 | 최은미 | 박미경 | 방승진 | 정해남 공 저

KYOWOOSA 교우사

# 머리말

OECD국가를 포함하여 40여 개국 학생들의 국제학업성취도평가(PISA) 결과에서 우리 청소년들의 수학에 대한 '태도와 효능감'이 매우 낮다는 것은 이미 여러 매체를 통하여 발표되었다. 원인은 입시 위주의 문제풀이에 몰입했기 때문이라는 것과 우리 사회가 문화로서의 수학, 기초학문으로서의 수학, 삶에 필요한 생활 속의 수학이란 의식이 부족했기 때문이라는 자성의 목소리가 높았다. 그 여파로 2013년부터 교육부에서는 초등학교와 중학교 수학교과서에 스토리텔링을 도입하였다.

2015년에는 국가수리과학연구소(NIMS)와 대한수학회를 주축으로 국가경쟁력 향상을 위해 '산업수학'의 헌터식이 개최되었고, 2016년에는 '인문학의 대중화'와 '알파고'가 새로운 키워드로 자리 잡았다. 이는 그동안 간과했던 '문화 속의 수학'에 대하여 재고하는 계기가 되고 있다. 수학계에서는 이미 10여 년 전, 아니 그 이전부터 대중화의 바람이 잔잔히 일어났다. 실례로 필자가 재직하고 있는 대학에서는 한국수학사학회 회원들이 집필한『수학과 문화(도서출판 우성)』가 인기 있는 교양과목 교재로 자리매김하고 있다. 이번에 새로 옷을 갈아입게 된 개정판은 평소 문화 속에서 수학을 구체적으로 소개하고자 하는 11명의 저자가 공동으로 집필한 것이다. 다루는 영역도 13가지 주제로서 현재 우리가 접하고 있는 문화를 거의 아우른다고 말할 수 있다.

그동안 기존의 수학 관련 저서들을 충분히 이해하기 위해서는 상당한 수학적 지식이 필요했으며, 전문 수학자가 아니면 다소 어려움과 불편함이 따른다는 점이 있었다. 때문에 수학을 전공하지 않은 일반 독자가 문화 속에서 수학을 이해하기에는 다소 어려움이 있었던 것이 사실이다. 그러므로 이 책은 그러한 어려움을 조금이나마 해소할 수 있는 '문화 속의 수학'을 지향하면서 기획되었다. 미술, 음악, 디자인, 건축, 철학, 문학, 역사, 암호, 스포츠, 게임 그리고 영화까지 수학의 프리즘으로 탐색한 것이다. 다시 말해 이 책은 수학이 어떤 방식으로 문화 속에서 피드백하면서 현재의 모습으로 변모되고 작동하는지에 대해 각 분야별로 세심하게 다루고 있다.

이 책은 일반인이 읽고 나면 사회현상을 수학적으로 바라볼 수 있는 마인드가 형성되고, 자녀들과 수학과 문화에 관하여 폭넓은 대화가 가능해질 것이다. 또한 대학에서 인문학, 공학, 예술을 전공하고 있는 학생들을 위한 교양과목 교재로 사용할 수 있도록 편집하였기에 수학전공 교수들은 신바람내면서 수학을 소개할 수 있을 것이다. 아무쪼록 수학에 대해 울렁증이 있었던 사람, 부정적인 시각을 가지고 있었던 사람에게 그 질병이 다소 완화되는 명약이 되고, 수학의 교양서로 그 가치를 발휘한다면 더는 바랄 것이 없을 것이다. 아울러 보강이 필요한 부분이 있다면 따끔한 충고와 조언을 바란다.

대표저자 계영희·신현용 올림

# 차례

## 차례

# 차례

# 제1장

# 수학과 미술의 시대정신

수학은 논리적인 자연과학이고, 미술은 인간의 삶을 표현하는 예술이다. 르네상스시대 화가들의 소실점 연구는 유클리드 기하학의 연구를 촉진하여 사영기하학을 발생하게 하였고, 미적분학이 발견된 17세기에는 지식인들이 추구했던 빛과 운동의 주제가 바로크미술에 표현되었다. 또 현대에 진입하면 수학과 미술이 함께 추상화로 치달았다. 이는 수학과 미술이 같은 시대정신을 표현하는 문화의 산물이기 때문이다.

## 01 유클리드 기하학이 사라진 중세 유럽

중세 유럽은 기독교의 권위와 영향 아래 학문의 중심지는 수도원이었고 중심사상은 신학과 기독교 교리였다. 심지어 모든 학문은 '신학의 시녀였다'라고 말할 정도였다. 고대 그리스와 헬레니즘의 찬란한 문화가 쇠퇴하였으므로 그리스의 수학, 유클리드 기하학은 자취를 감추게 되었다. 기하학이 없어진 수학의 빈자리는 신학자들의 주도하에 독특한 수도원 수학을 만들어나갔다. 대표적인 수학자이자 신학자 보에티우스(Boethius 480? – 524?)의 『산술교정』은 수의 이론이 아니고 수의 분류였다. 보에티우스는 기독교의 성부와 성자, 성령이 하나라는 삼위일체사상을 근거로 수를 3으로 분류하기를 좋아했다. 자연수는 완비수, 부족수, 과잉수로 분류했고, 짝수는 짝수적 짝수, 짝수적 홀수, 홀수적 짝수로 분류했으며 소수(prime number)는 소수, 비소수, 호소수로 분류했다. 간단한 사칙계산도 없었으며, 생활에 응용하는 계산문제도 전혀 없었다고 한다.

르네상스 시대가 도래하자, 고대 그리스와 로마의 문화와 예술을 재발견하기 시작했다. 그리스와 로마의 사물의 대상을 사실적으로 완벽하게 재현하려고 하니 현실에 대한 정확한 지식이 필요했고 원근법과 해부학을 탄생시키게 되었다. 중세에는 하나님의 음성을 듣기 위해 청각 시스템이 발달했다면, 르네상스 시대에는 인체와 동식물을 새롭게 관찰하기 시작하면서 시각을 중요시했다. 때에 따라 금속활자, 현미경, 망원경의 발명으로 청각과 시각의 순위는 자연스레 바뀌어갔다. 중세에는 육체를 죄라고 생각하는 금욕적인 사고가 지배적이었으므로 누드를 그림으로 표현할 수 없었으나 르네상스 화가들은 여신(女神)의 이름을 빌려 누드화를 그릴 수 있게 되었고 화가들은 원근법을 연구하기 위해 유클리드 기하를 공부하기 시작했다.

다음 그림들은 같은 주제로 삼미신(三美神)을 그렸으나 각각의 시대정신이 확연히 드러난다. 그림1은 고대 그리스의 번영했던 도시 폼페이에서 발굴된 벽화인데 아무것도 걸치지 않은 세 명의 나부가 춤을 추는 모습으로 인체의 아름다움을 추구했던 당시의 시대상을 나타낸다. 그림2는 14세기 토스카나 사원의 벽화로 중세 유럽은 육체의 욕망을 죄악시했던 사회였으므로 세 명의 여신은 담요 같은 망토를 걸치고 똑같은 자세와 표정을 하고 있다. 이를 통해 이 시대가 인간의 개성이 무시되었던 사회였음을 알 수 있다. 그림3은 르네상스의 대표적 화가 보티첼리(Botticelli, 1444～1510)의 작품 <봄>의 일부이다. 그림에서 세 명의 무희는 금발의 미녀로 얇은 란제리 같은 옷을 입고 손에 손을 잡고 춤을 추고 있다. 속이 비치며 휘감기는 얇은 옷은 벗은 것보다 오히려 몽환적인 분위기를 자아낸다. 보티첼리는 그림 <봄>에서 오렌지 나무를 비롯하여 식물을 500종이나 표현했으며 봉오리를 펼친 꽃송이만 190가지나 된다. 이렇듯 그의 상상력은 탁월하여 식물도감에도 없는 것을 그렸다고 한다. 이는 청각과 촉각보다 시각이 훨씬 더 이 세계를 합리적이고 객관적으로 파악한다고 생각한 르네상스인의 시대정신이었다.

그림1 고대 그리스의 삼미신

그림2 중세의 삼미신

그림3 르네상스의 삼미신

## 02 소실점 연구의 완성은 사영기하학

중세에는 형이상학적 위계질서에 따라 천사들은 인간보다 조금 크게, 예수 그리스도는 천사보다 조금 더 크게 그려지곤 했다. 유클리드 기하학이 사라진 시대의 사고방식이었다. 그러나 르네상스 화가들은 회화에 원근법을 도입하여 단일한 유클리드 공간 안에 예수 그리스도와 천사, 인간을 모두 같은 크기로 표현하게 되었고, 유클리드 기하학을 연구한 결과 15~16세기 원근법 화가들은 당대의 으뜸가는 수학자였으며 지동설로 유명한 갈릴레이는 미술학교에서 원근법을 가르쳤다. 회화를 위한 수학적 연구는 단순히 예술적인 취향의 문제가 아니라 유럽인들의 공간관에 있어서 큰 변혁이었던 것이다. 원근법이란 가까운 물체는 크게, 멀리 있는 물체는 작게 그리는 표현방법으로서 르네상스 이전에 이미 있었으며 수학적인 비례에 맞지 않는 각양각색의 비율로 그려지곤 했다. 수학적인 비례에 의한 완벽한 선원근법은 투시화법(透視畵法)이라고도 불리는데 최초의 발견자는 교회 건물을 스케치하던 중 소실점(消失點, vanishing points)을 발견한 피렌체의 건축가 브루넬리스키(Brunelleschi, 1377~1446)이다. 그는 평면도, 입면도, 시각 피라미드의 횡단면을 사용해서 선원근법을 개척하였다.

르네상스 시대를 대표하는 16세기의 거장 3인방을 꼽는다면 레오나르도 다 빈치, 미켈란젤로, 라파엘이다. 레오나르도 다 빈치의 <최후의 만찬>은 산타마리아 델레 그라치에 성당 수도원 식당의 벽화로 16세기 고전주의 양식의 절정이라고 평가된다. 레오나르도의 치밀한 계산으로 건물벽면과 그림의 소실점이 완전히 일치하였으므로 식당에서 식사하는 수도사들은 자기가 예수 그리스도와 함께 식사를 하고 있는 것으로 착각을 할 정도였다고 한다. 이 그림에서 레오나르도는 십자가에서 죽으리라는 스승의 예언에 놀라며 당황한 모습의 12명의 제자들을 3명씩 묶어 역동적인 모습으로 표현했다.

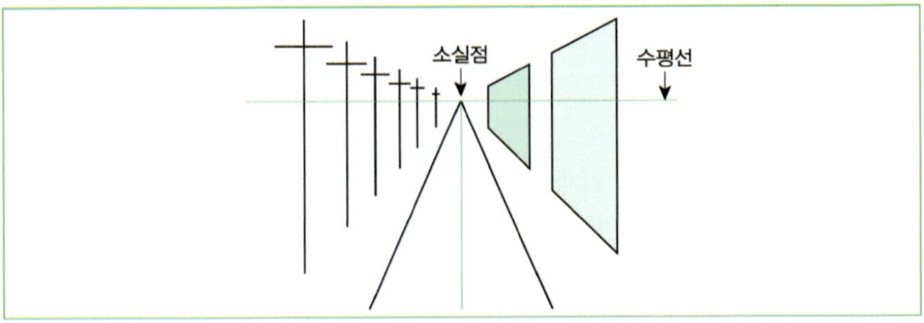


그림4 소실점

그림5 레오나르도 다 빈치 <최후의 만찬> 1494 – 1498

그림6 라파엘 <아테네 학당>

라파엘의 <아테네 학당>은 세계 최초의 학교로 플라톤이 설립한 아카데미아가 그림의 배경이다. 고대 그리스의 주요 과목은 산술, 기하, 음악, 천문이었고, 특히 '기하학을 모르는 자는 들어오지 마시오.'라는 현판으로도 유명한 학교다. 흥미로운 것은 이 그림이 로마 바티칸 성당의 '서명의 방'에 있는 벽화라는 점이다. 기독교에서 볼 때 고대 그리스의 사상은 이교도적인 것인데, 성당의 벽화라는 점이 쉽게 수긍이 되지 않는 이유는 기독교와 플라톤 사상이 융합된 신플라톤주의가 표현되었기 때문이다. 등장인물은 수학자, 철학자, 의학자, 천문학자, 지리학자 등 58명으로, 가운데 걸어 나오는 주인공 두 사람은 철학자 플라톤과 그의 제자 아리스토텔레스이다. 이데아론을 주장한 플라톤은 오른손을 하늘을 향해 추켜세우고 있으며, 아리스토텔레스는 그의 저서 『윤리학』을 들고 걸어 나오고 있다.

오른쪽 아래 컴퍼스를 가지고 도형을 그리는 사람은 유클리드이고 왼쪽 아래 수학문제를 열심히 풀고 있는 대머리 노인은 피타고라스, 그 옆에 하얀 옷을 입고 서 있는 여인은 최초의 여류수학자 히파티아(Hypatia, 370－415)이다. 히파티아는 당시 학문의 중심지였던 이집트 알렉산드리아의 알렉산드리아 대학에서 수학과 철학의 강의로 유명하여, 아프리카에서도 그녀의 강의를 들으러 올 정도였다고 전해진다. 그녀의 저서로는 아폴로니우스의 『원뿔곡선론』, 디오판토스의 『수론』, 아르키메데스의 『원의 측정』에 관한 주석집이 있다.

이 그림의 등장인물은 거의 남성인데 히파티아와 헤로필로스는 독보적인 존재였기 때문에 여성임에도 불구하고 크게 그려져 있다.

헤로필로스(Herophilus, B.C.335－280)는 플라톤의 오른쪽에 흰옷을 입고 있는 여인으로 히파티아보다 700년이나 먼저 태어났다. 그녀는 최초로 인체를 해부하여 뇌가 신경의 중추인 것을 알아냈고 대뇌와 소뇌를 구별하였으며, 내장과 심장을 해부하여 생리학의 연구를 탁월하게 일군 최초의 여성의학자였다. 여기서 우리는 등장인물만 탐색할 것이 아니라 라파엘이

미리 설정한 소실점을 발견할 필요가 있다. 이 그림에서 아테네학당은 건축학적 비례에 들어맞는 완벽한 투시화법으로 학교라기보다는 벽에 석상이 있는 웅장한 궁전을 방불케 한다. 학교는 닫힌 실내가 아니라 파란 하늘이 보이는 열린 공간이다. 이 그림에서 소실점은 플라톤과 아리스토텔레스가 걸어 나오는 가운데 지점이다. 완벽한 투시화법의 그림이다.

## 03 미분적분학의 탄생과 바로크미술

### 1) 17세기는 과학혁명의 시대

르네상스에 의해 탄력을 얻은 해상 무역으로 유럽사회는 종래의 가내수공업에서 기구를 사용하는 공장제 수공업(manufacture)으로 바뀌어 갔다. 다양한 직업의 발생으로 직업의식과 질서의식, 화폐경제와 해상무역은 신용문제를 생각하게 했다. 이러한 사회적 변화는 보다 더 정확성과 엄격성을 요구하는 시계와 망원경 개발을 촉진했다. 새로운 생산 조직은 영국, 네덜란드, 프랑스의 시장 쟁탈로 이어졌으며 마침내 식민지 전쟁을 일으켜 군수 공업을 촉진한 결과, 수학과 물리학에서 평형의 문제, 물체의 운동 두 분야가 탐구되기 시작했다. 이 시기 수학에서의 획기적인 변화는 종래의 정적인 대상을 연구하던 수학이 변화·운동하는, 즉 변량을 연구하는 수학으로 전환된 것이다. 당시 가장 현실적인 문제는 해상 무역으로 인한 항해술에서 배의 속력을 그대로 유지하면서 배에 실을 수 있는 선적량을 늘리는 문제, 식민지 전쟁으로 인한 군수 공업에 필요한 광산에서의 채광, 탄도계산 등 운동, 변화 등의 동적인 것을 분석하는 함수관계였다.

17세기는 과학혁명의 시대로 불리는데 페르마와 데카르트의 해석 기하학, 뉴턴과 라이프니츠의 미분적분학, 파스칼과 베르누이의 확률론, 갈릴레이와 뉴턴의 역학, 뉴턴의 만유인력의 법칙 등 근대 수학을 상징하는 대표적인 업적은 가히 혁명적이었다. 그리스를 대표하는 유클리드 기하학은 르네상스 시대까지 2,000여 년 동안에는 진리로 믿었던 수학이었으나, 이후 유클리드 기하학으로는 도저히 해결할 수 없는 새로운 시대가 돌입했다. 이 시기에는 급변하는 시대적 요청으로 동적인 수학이 태동하게 되었고, 그 결과 놀라운 업적이 쏟아져 나왔다. 정확한 시계의 개량은 천문학과 항해에 유용하게 이용될 뿐만 아니라 공공장소에 설치되어 대중들에게 기계의 위력을 알려주었고, 심지어 '시간은 돈'이라는 심리가 인간의 마음에 심어지기 시작했다. 이처럼 수많은 변화들 속에서 이 시대를 대표하는 학자가 있었는데 그가 바로 갈릴레이(Galilei, 1564－1642)이다. 갈릴레이는 네덜란드인이 개발한 놀라운 발명품, 망원경으로 수평선 너머의 멀리 있는 것을 관찰하는 것이 아니라 하늘을 향해 천체의 움직임을 관찰하기 시작했다. 그 결과 우주의 중심이 지구였던 프톨레마이오스의 천문학을 뒤엎는 코페르니쿠스의 지동설을 과학적으로 입증하게 되었다.

### 2) 새로운 탐구의 주제는 빛

이탈리아에서는 갈릴레이가 운동에 대한 수학적 연구와, 거리, 속도, 가속도의 관계에 대한 연구를 시작하였고, 데카르트와 페르마에 의해 기하학은 좌표 위에서 다루는 해석 기하학으로 심화되어 갔다. 즉, 데카르트는 16세기에 발달된 대수를 고대 그리스의 기하에 적용하면서 기하학의 응용을 엄청나게 확대한 것이다. 직선이나 곡선을 방정식이나 함수로 표현하게 되니까 기하의 문제는 대수의 문제로 바뀌어졌으며, 이때 가장 중심적인 역할을 하는 것은 '변수'였다. 변수란 운동하는 물체의 위치를 순간순간 나타내주는 편리한 개념으로, 데카르트는 변수의 개념을 충분하게 활용하지 못하였으나 후에 뉴턴에 의하여 미분적분학으로 크게 활용된다.

빛은 고대로부터 관심의 대상이었다. 뉴턴에 의해 빛은 입자설임이 증명되었는데, 1678년 호이겐스가 빛의 파동설을 증명하여 입자설을 뒤집었다. 20세기에 들어와서 양자역학에 의하여 빛이 입자인 동시에 파동이라는 것이 확립되기는 했으나, 17세기에 빛은 공간, 시간과 더불어 지식인, 과학자, 예술가들에게 매우 관심 있는 연구주제였다. 화가가 캔버스 위에다가 수평선이나 지평선을 그리고 소실점을 첨가하는 원근법과, 수학자가 좌표평면 위에 그래프를 그리기 위하여 수평선의 가로축과 수직선의 세로축을 교차시키는 것은 본질적으로 동일한 개념인 것이다. 해상무역의 발달로 정밀한 지도가 요구되어 개발된 '메르카토르 도법' 또한 종이 위에다가 구(球)인 지구를 표현할 때 가로축을 위도로, 세로축을 경도로 표현하는 방식도 역시 본질적으로 같은 개념인 것이다. 모두가 17세기 시대정신의 산물이기 때문이다.

### 3) 바로크미술의 역동성

유럽의 17세기 미술사조는 역동적인 사실주의적 바로크미술이다. 그림7은 최초의 여성화가 젠틸레스키(Gentileschi, 1593－1652)의 <유딧과 홀로페르네스>이다. 이 그림은 아시리아 군대가 쳐들어오자 미모가 뛰어난 젊은 과부가 계략을 써서 혼자 적진으로 들어가 적의 대장 홀로페르네스를 죽여 나라를 구한 이스라엘의 애국자인 유딧의 이야기를 그리고 있다. 가톨릭교의 성경으로는 구약성경, 개신교에서는 외경에 나오는 이야기이다. 이 작품이 발표되었을 때, 장군의 목이 베이는 순간에 드러난 그의 허연 눈빛의 참혹함과 유딧의 얼굴이 화가의 자화상이라는 사실은 당시 사람들에게 큰 충격을 안겨 준 것으로 유명하다. 그림에서 유딧은 하녀의 도움을 받아야 할 정도로 여자 혼자 힘으로는 벅찬 일을 수행하면서도, 조금의 두려움이나 떨림이 없어 보인다. 그녀가 긴 칼로

그림7 젠틸레스키 <유딧과 홀로페르네스>

목을 자르는 모습은 마치 저승사자의 모습처럼 당당하다. 르네상스의 작품에서는 주로 사건이나 행위가 종결된 것이 묘사되곤 했지만 17세기 급변하는 시대의 화가들은 순간의 장면을 카메라의 사진처럼 포착하여 화폭에 묘사했다.

그림8은 종교화를 가장 잘 그렸던 화가 루벤스(Peter Paul Rubens, 1577 – 1640)의 작품 <십자가를 세움>이다. 이 그림은 예수 그리스도가 십자가에 묶여 손과 발에 못질을 당한 후 로마병정과 제자들이 십자가를 똑바로 세우는 순간을 표현한 것이다. 십자가를 세우는 9명의 남자들의 근육과 동작을 역동적으로 표현했으며, 대각선 구도를 사용하여 이를 더욱 강조하고 있다. 감상자의 시선 또한 자연스레 대각선을 따라 움직이게 되어 더욱 역동성을 느끼게 한다.

17세기에 상업의 중심지가 된 네덜란드는 칼빈의 종교개혁으로 인해 형성된 '직업은 하나님이 주신 소명'이라는 천직사상으로 재정이 풍부해졌고, 사치스러웠던 르네상스의 가톨릭의 성화는 비판받은 후 단순한

그림8 루벤스 <십자가를 세움>

그림9 할스 <즐거운 토퍼>

나무 십자가로 대체되었다. 종래에는 그림의 모델이 왕족과 귀족, 성직자였으나 프로테스탄트의 평등정신으로 상인과 서민, 가난한 농부, 사냥꾼 등도 하나님 앞에서 평등하다는 의식 아래 존재 가치를 인정받았고 그림의 주인공이 되었다.

그림9는 '순간의 화가'로 알려진 할스의 작품인데 즉흥적인 순간을 완벽하게 표현하고 있다. 순간의 생생함이 너무 훌륭하여 그림 속에서 인물의 입술은 촉촉하여 곧 말을 하려고 하는 것 같으며, 손은 마치 움직이는 것처럼 느껴진다. 당시 유럽 사회 지식인의 관심이었던 운동과 속도, 시간의 개념은 바로 이처럼 표현되었다. 그림10은 네덜란드 화가 렘브란트의 <야간 순찰대>인데 빛과 구도, 색채 기술의 절정을 보여준다. 할스와 마찬가지로 빛, 움직임, 포즈를 통해 흥분된 감정을 전달하며 인물끼리의 상호 교환적인 행동을 통해 생생한 감정을 전달해 주고 있다. 흥미로운 것은 이 그림 속에서 보이는 무대 위 연극의 한 장면과도 같은 이 상황은 같은 업종의 동호인의 모임을 담은 그룹초상화라는 사실이다. 더 재미있는 것은 인물이 크건 작건 초상화의 비용을 똑같이

그림10 렘브란트 <야간순찰대>

지불했다고 한다. 여기에서 평등을 추구하는 시민사회의 정신이 엿보인다.

### 4) 미분적분학의 발견과 그 영향력

1655년에 옥스퍼드 대학의 기하학 교수 윌리스가 무한의 개념을 해석적으로 다루어 『무한산술(無限算術)』을 발표했다. 처음으로 무한대를 ∞로 기호화하여 무한을 수학의 대상으로 삼기 시작한 그의 이론은 뉴턴에게 영향을 주어 미적분의 단서를 제공하였다. 뉴턴과 라이프니츠는 곡선에 접선을 긋는 문제로부터 미분학을 발견하였고, 곡선으로 둘러싸인 부분의 면적을 구하는 것에서 적분학을 발견한 후 둘 사이에 밀접한 관계가 있음을 발견하게 되었다.

뉴턴(Sir I. Newton, 1642–1727)의 미적분학은 유율법(流率法)이라고 불리는데, 이는 그가 유율법(또는 유율론)을 운동과 관련해서 일어나는 속도, 가속도의 개념을 통해 수학적 방법으로 창안했기 때문이다.

뉴턴의 운동에 대한 연구는 관성의 법칙을 비롯하여 세 가지를 공식적으로 정립하였고, '만유인력의 법칙'까지 끌어내는 쾌거를 이룩했다. 뉴턴은 운동, 시간, 빛 등의 물리적 보편성을 설명하는 법칙의 부호를 개발하였으며, 결과적으로는 서구 문명의 사고 패턴을 완전히 합리적으로 바꾸어 놓았다. 마침내 18세기에는 서구 문명에서 중심적인 역할을 해오던 기독교의 자리를 과학이 대신하게 되었다. 뉴턴의 결정론은 점점 더 확고해졌으며 르네상스 시대부터 휴머니즘으로 고양되기 시작한 개인의 이성과 총명성, 새로운 자신감은 자만심으로 팽배해져 갔다.

영국의 뉴턴이 발견한 미적분법과 거의 동시에 독일의 라이프니츠(Leibniz, 1646－1716) 역시 미적분법을 독자적으로 발견했다. 뉴턴은 수학을 물리의 문제를 해결하기 위한 도구로 생각하면서 미적분법에 도달하였고, 라이프니츠는 수학이 인간의 사유를 합리적으로 표현하는 원리인 '보편수학'의 철학적인 바탕 위에서 미적분법을 정립하였다. 뉴턴의 접근이 물리학적이었다면 라이프니츠의 접근은 기하학적이었다. 라이프니츠는 어려서부터 어학에 천재성을 발휘하여 20살에 법학박사 학위를 받은 후 철학 연구를 하다가 외교관으로서 프랑스 파리에 머물면서 자연철학자(물리학자) 호이겐스를 만나 수학에 눈을 뜨게 되었다. 독학으로 그는 파스칼, 페르마, 월리스, 데카르트의 수학을 공부하면서 미적분학을 발견하게 된 것이다.

라이프니츠는 자신의 논문을 뉴턴의 유율법 발견보다 약 10년 늦게 영국의 왕립학회에 보고하였고, 협회에서는 라이프니츠에게 이미 같은 사실이 뉴턴에 의해서 발견되었다는 통지를 전하였다. 뉴턴은 라이프니츠의 발견이 독자적이라는 것을 인정하였으나, 기호가 편리했던 라이프니츠의 방법이 영국을 제외한 유럽의 여러 나라로 널리 퍼지면서 어떤 영국의 수학자가 이를 시샘하여 라이프니츠의 독창성을 부인하고 뉴턴의 결과를 표절한 것처럼 글을 발표하였다. 마침내 흥분한 라이프니츠는 반박문을 발표하였고, 이후 수학계는 걷잡을 수 없이 분쟁이 일어나면서 영국과 유럽 대륙과의 싸움으로 번지다가 150년 만에 두 사람의 독자적인 발견은 공인 받을 수 있게 되었다. 이후, 뉴턴의 업적은 '경험철학'에, 라이프니츠의 업적은 '관념철학'에 영향을 미치기도 했다.

## 04 현대수학과 현대미술

### 1) 자율성을 추구했던 19세기

과학의 시기였던 19세기 유럽 사회의 지성인들이 추구했던 가치는 한마디로 '자율성'이었다. 자율성이란 기존의 전통적인 생각과 관습에 얽매이지 않고 자유롭게 사고의 영역을 넓히고 정체성을 고민하는 것을 말한다. 칸토어는 '수학의 본질은 자유'라고 주장을 하더니 1883년, 획기적인 이론 '집합론'을 발표했다. 칸토어의 집합론에서는 그 때까지 두려움의 대상이었던 무한에 대하여 새로운 이론을 소개하고 있다. 집합의 크기는 보통 그 집합을 이루는 원소의 개수를 말하는데 개수가 무한개일 때는 원소의 크기를 표현하기가 곤란하다. 그는 이러한 무한집합을 '셀 수 있는 무한집합'과 '셀 수 없는 무한집합'으로 구별을 했다. 자연수의 집합은 무한이지만 셀 수 있는 무한이고, 실수의 집합은 무한이지만 셀 수 없는 무한이라는 것이다. 여기에서 자연수 전체는 분명히 정수 전체보다는 작지만 자연수 집합과 정수 집합의 원소는 셀 수 있는 무한집합으로서 원소의 개수가 같다.

1883년에는 니체가 '신은 죽었다'라고 선언하였고 칸토어가 집합론을 발표하였으며, 미술에서 그 해에 점묘파 화가가 등장을 한다. 후기 인상주의 점묘파는 회화에서 사물을 점들의 집합으로 보는 화풍이다.

그림11 쇠라 <아니에르의 물놀이>

그림12 수잔 발라동<자화상>

최초의 점묘파 화가 쇠라(Georges Seurat, 1859－1891)는 2년에 걸쳐 작품 <아니에르의 물놀이>를 그렸는데 이제까지 그림을 선으로 긋던 방법을 부정하고 작은 점들을 찍어나가기 시작했다. 그는 햇빛 아래의 밝은 색을 더 잘 표현하기 위해 순색과 원색의 작은 점을 찍어 눈의 망막에서 두 색이 혼합되는 원리를 이용하였다. 수학자와 미술가가 대상을 점으로 쪼개는 사고방식은 그 시대의 시대정신이었다. 모네가 빛을 파동으로 인식하고 그렸다면, 쇠라는 빛을 입자로 인식하고 그린 것이다.

또 1883년은 여류 화가 수잔 발라동이 최초의 나체 자화상을 발표한 시기이다. 고대 그리스와 헬레니즘시대에는 주로 남성의 나체가 조각으로 표현되었다. 여성과 노인은 소외계층이었고 그리스 남성만이 이상적인 인간이라는 그리스인 특유의 우월감이었다. 하지만 여성의 신체를 표현하고 싶었던 남성들의 욕망으로 인해 여성의 신체는 여자가 아닌 여신(女神)의 이름으로 제작되었다. 현재 밀로의 비너스를 포함하여 근대 이전의 미술작품에서는 많은 주인공들이 여신의 이름을 가지고 등장을 한다. 그러나 19세기가 도래하자 여성의 몸이 더 이상 남성의 성적 대상이 아닌 여성의 정체성을 나타내는 그 무언가로 바라보는 당당한 의식이 생겨나게 되었다. 수잔 발라동은 비천한 출신으로 학교 교육도 제대로 받지 못한 인상주의 화가들의 모델이었다. 그녀에게 첫 명성을 안겨 준 그림은 자신의 몸을 그린 자화상이었다. 이는 에로틱한 매력을 풍기는 날씬하고 예쁜 처녀의 몸이 아니다. 응시하는 눈빛을 통해 아기를 낳은 후 부기가 빠지지 않은 푸석푸석한 해산한 여인의 자태로 모성의 고귀함과 당당함을 일깨우는 작품이다. 자율성의 추구가 수학에서는 칸토어의 집합론으로, 미술에서는 점묘화법의 화풍으로, 또 남성중심의 사회에서 소외되었던 여성에게는 모성애 선언으로 시대정신을 표현했다.

### 2) 원근법을 파괴하는 추상화

1837년 루이 다게르는 최초의 은판 사진술을 발명하고, 2년 후 최초로 인물 사진을 찍는다. 1880년에 휴대용 카메라와 롤필름이 대중화되기 시작하자, 보통 사람들은 감히 엄두를 못 내었던 초상화 대신 값이 싼 사진으로 대리만족을 하게 되었다. 그로 인해 귀족들의 초상화를 그리던 직업 화가들은 서서히 직업을 잃게 되었고, 화가들은 새로운 시각을 갖게 되었다. 사실적인 것을 카메라가 대신하게 되자 회화는 눈에 보이지 않는 추상의 세계를 추구하게 된 것이다.

프랑스의 화가 세잔느의 <사과와 오렌지>를 보면, 과일의 선명한 색채도 인상적이지만, 과일이 놓여 있는 모습이 마치 고즈넉하고 얌전히 앉아 있는 소녀 같은 인상이 아니라, 뭔가 정열적으로 매력을 뿜으면서 다가오는 야성미 넘치는 아가씨 같은 인상을 준다. 자유분방하게 접힌 하얀 테이블보도 그러하지만 정면과 왼쪽 위, 또 오른쪽 위에서 각각 바라본 모습을 하나의 공간에다 퍼즐처럼 조합함으로써 르네상스적 선원근법을 파괴한 것이다.

마티스는 <나부>를 그리고 스승으로부터 '회화를 단순화하는 데 천재'라는 칭찬을 받았다고 한다. 붓과 붓을 10여 차례만 움직여서 관능적인 여인을 표현한 것이다. 불필요한 것을 제거하고서 대상에서 가장

그림13 세잔느 <사과와 오렌지>

그림14 마티스 <나부>

기본적인 요소만을 남겨 놓은 기법은 위상수학(topology)에서의 개념과 같은 것이다. 피카소와 마티스의 그림에서는 더 이상 길이와 크기, 면적은 의미 없는 요소가 되어버렸다. 즉, 위상적 변환이 미술에서 일어난 것이다. 단순화가 곧 추상의 한 방법인 것이다.

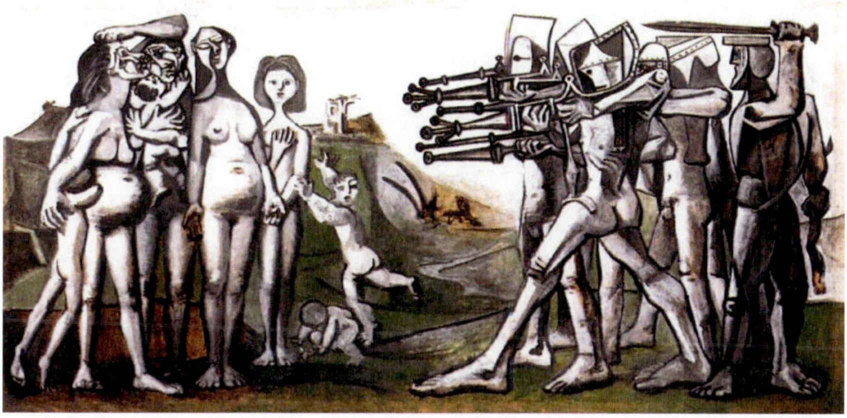

그림15 피카소 <한국의 학살>

입체파의 거장 피카소의 <한국의 학살>은 6.25 한국 전쟁을 그린 것으로, 벌거벗은 아낙네와 아가씨 그리고 엄마를 찾아 울부짖는 어린아이들에게 총과 칼을 겨누는 잔인한 전쟁을 고발하는 작품이다. 전쟁이 일어나면 여성들은 성폭력을 강요받기 쉽다. 이처럼 총과 칼로 위협하는 소름끼치는 공포 속에서도 아가씨와 아줌마의 모습은 대조를 이룬다. 벗은 몸이 부끄러운 아가씨는 손으로 가슴을 가리고 있지만, 아줌마들은 새끼를 보호하려는 본능으로 부끄러움과 수치심보다는 분노와 절망감으로 울부짖는 얼굴을 하고 있으며 피카소는 이를 입체주의적인 선과 분할된 면들로 어둡게 표현했다.

여러 각도에서 바라본 것을 종합한 피카소의 솜씨는 원근법의 부정인 동시에 고정관념의 파괴였다. 세잔느가 화가의 시점 3개를 화폭에 조합했다면 피카소는 화가의 시점이 여러 점이기도 하고 또 화가의 내부이기도 하다.

### 3) 20세기의 기하학 토폴로지

20세기에 진입한 유럽인들은 과학의 발달로 인간을 '만물의 영장'이라고 여기며 자긍심과 자부심이 대단하였다. 그러나 인간이 쌓아 놓은 지식과 과학기술의 바벨탑이 무너지는 참혹한 사건인 제1차 세계대전은 서구 문명에 커다란 전환점이 되었다. 자만했던 마음에 낙담과 좌절이 대신 자리매김하였고, 자신감과 활력을 잃은 서구 문명은 멸망할 것이라는 예언이 떠돌기도 했다. 인간의 지성을 의심하고 이성의 본질을 고민하며 자유 민주체제는 위기를 맞게 되었다. 1929년에는 미국 주식시장의 폭락으로 풍요의 나라 미국에서 대공항이 발생하였다. 이러한 시대적 배경에서 수학에 새로운 국면의 이론이 혜성처럼 등장을 한 것이 토폴로지(topology)라는 분야, 위상 기하학(위상 수학)이다. 위상 기하학은 1930년대 프랑스의 포앙카레, 독일의 뫼비우스, 리스팅 등에 의해 만들어진 20세기의 새로운 기하학이다. 서구 문명이 위기의식을 느끼면서 인간 이성의 본질을 고민했던 것처럼 위상 기하학의 성질은 도형의 가장 본질적인 성질, 즉 '연속함수에 의해 점이 점으로 옮겨지는가'만을 문제 삼았다. 일명 '고무막 위의 기하학'이라도 부른다.

독일의 수학자 뫼비우스는 직사각형의 도형을 가지고 마주 보는 대변을 180° 비튼 다음, 풀로 양끝을 붙임으로써 획기적인 곡면 '뫼비우스 띠'를 만들었다. 보통의 띠는 가장자리가 2개이지만 뫼비우스의 띠는 가장자리가 1개가 되고, 보통의 띠는 면이 2개이지만 뫼비우스의 띠는 면도 1개가 된다. 2차원 곡면을 한 번 꼬아서 붙임으로써 안과 밖을 구별할 수 없는 기상천외한 곡면을 만든 것이다. 수학자가 상상 속에서 만들어본 놀라운 곡면인 뫼비우스 띠는 현재 공장이나 슈퍼마켓의 계산대, 에스컬레이터의 손잡이 등에 사용되는 콘베이어 벨트에 원통형의 벨트보다 2배로 오래 쓸 수 있어 매우 경제적이다.

네덜란드의 판화가 에셔(Escher, 1898 – 1972)의 <불개미>는 오르고 또 올라도 끝이 없는 무한한 곡면 뫼비우스 띠의 성질을 잘 묘사하고 있으며, 빅토르 바사리의 <Hexa – Tri – C>는 정육각형 도형에 관한 고정관념을 파괴하고 있다. 원래 정육각형은 9개의 직선으로 평면을 3개

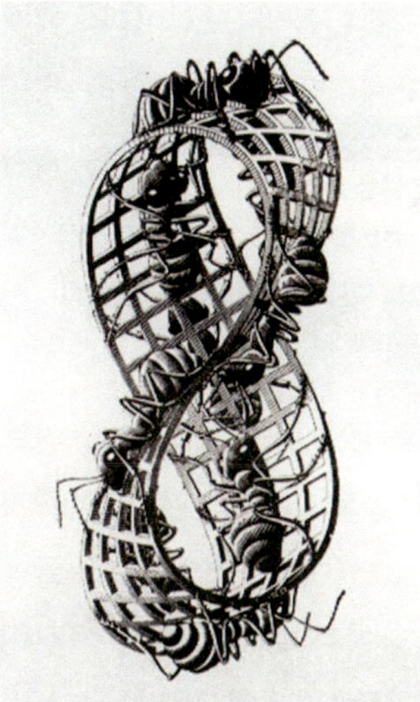

그림16 에셔 <불개미>

그림17 빅토르 바사리 <Hexa – Tri – C >

조합하여 구성하는 것이 통상적인 방법이지만, 바사리는 2차원 평면 속에 3차원 구가 들어가 있으며 정육면체를 직선으로 그린 것이 아니라 원으로 그려놓았다.

### 4) 수학과 미술의 패러독스

20세기 최고의 수학자 독일의 힐버트(Hilbert, 1862 – 1943)는 '어떤 명제라도 그것이 성립하는가를 판정할 수 있는 공리이론이 있다'고 확신하고 있었다. 그러나 괴델(Kurt Gödel, 1906 – 1978)이 힐버트 이론의 오류를 지적하면서 힐버트의 이론도 한계에 도달하고 말았다. 이른바 '불완전성의 정리'라고 부르는 것으로, '공리계의 무모순의 증명은 그 공리계의 내부에서는 할 수 없다'는 것이다. 또 노벨문학상과 노벨평화상을 받은 수학자 러셀(Bertrand Russell, 1872 – 1970)은 유명한 러셀의 패러독스(paradox)를 발표했다. 간단한 집합 하나로 '모든 집합의 집합은 존재할 수 없다'라고 칸토어의 집합론에 도전을 한 것이다. 가령 $S = \{x \mid x \not\in x\}$

라고 하면 $S$는 자기 자신을 원소로 갖지 않는 집합들의 모임이다. 이때 $S \in S$라고 하면 주어진 집합 $S$의 조건에 맞게 되어 $S \not\in S$가 되고, $S \not\in S$라고 하면 $S \in S$가 된다. A라고 하면 B가 되고, B라고 하면 A가 되어서 돌고 도는 순환논리가 되므로 모순이 된다. 결론적으로 모든 집합들을 모으면 집합이라는 그릇에는 담을 수가 없게 된다는 논리가 성립하는 것이다.

미술에서도 역시 패러독스에 바탕을 둔 작품들이 등장한다. 마그리트(René Magritte, 1898－1967)는 파이프를 그려 놓고서 '이것은 파이프가 아니다'라고 써놓았다. 글을 참이라고 생각하면 그림이 거짓이 되고, 글을 거짓이라고 여기면 그림이 참이 되는 것이다. 참이라고 생각하면 거짓이 되고, 거짓이라고 생각하면 참이 되는 순환논리를 러셀의 패러독스처럼 화가가 멋지게 표현한 것이다. 마그리트는 자만한 인간의 논리적 한계에 경고를 주는 초현실주의 화가다. 마그리트의 <강간>은 여성의 신체를 왜곡하여 바라보는 성폭력의 가해자 남성의 시각에서 바라본 그림이다. 성폭력이 도처에 난무하는 이 시대에 남성들에게 성폭력의 가해자가 되지 않도록 경종을 울리는 작품으로 이해가 된다. 현실의 논리를 뛰어넘는 반전의 상황이다.

그림18 마그리트 <파이프>

그림19 마그리트 <강간>

### 5) 에셔의 판화 : 프랙털적인 테셀레이션

프랙털은 1975년 만델브로(Mandelbrot, 1924－2010)에 의해 시작되었는데 단어의 뜻은 '부서진 상태' 또는 '조각'을 뜻한다. 조각조각 부서진 것과 똑같은 모양의 도형들이 무한히 반복되는데 조각이 도형의 전체 모양과 닮은꼴인 것이 특징이다. 이를 '자기상사성(self－similarity)'이라고 부른다. 프랙털 도형은 컴퓨터 때문에 가능한 기하학으로 복소수를 활용하면 상상을 뛰어넘는 아름다운 도형을 연출하기도 한다. 과거의 개념으로 점이란 0차원 도형이고, 선이란 1차원 도형, 면은 2차원, 입체는 3차원의 도형이었으나 프랙털 도형의 차원은 정수가 아니라 실수차원의 도형이 되는 특이한 성질을 갖는다. 코흐의 눈꽃송이는 직선의 집합임에도 불구하고 차원이 1.26이고, 시어핀스키 삼각형은 면들의 집합이지만 약 1.5849차원으로 실수차원의 도형이 존재하는 희한한 세계가 펼쳐진다. 시어핀스키 삼각형은 정삼각형을 4등분하여 다음과 같은 과정을 한없이 반복한다는 가정하에 약 1.5849차원을 얻지만 실은 컴퓨터를 사용하면 5번만 해도 더 이상 픽셀 위에서 작업을 반복하기 힘든 것이 사실이다.

초현실주의 미술가 에셔(Maurits Cornelis Escher, 1898－1972)는 수학의 프랙털기하와 테셀레이션을 동시에 표현하는 재미있는 작품을 많이 발표했다. 테셀레이션(tessellation)이란 욕실의 타일처럼 똑같은 도형으로 평면을 빈틈없이 다 채우는 것으로 일명 '타일붙이기'라고 한다. 우리나라 조상들은 절이나 왕궁의 단청과 담장에 테셀레이션 문양을 사용하였고, 조선시대 아낙네들은 상보자기나 수예품 등에다 테셀레이션 도형을 이용했다. 본능적으로 인간은 재생과 반복에서 아름다움을 느끼기 때문이다. 에셔는 스페인의 알함브라 궁전을 보고 감동을 받아 그것을 계기로 평생 테셀레이션 문양으로 다양한 판화작업을 했다고 한다. 그의 <생명의 경로>는 정사각형 두 개를 가지고 하나를 45°로 회전한 후에 두 도형을 기본으로, 두 종류의 물고기가 중심을 향해 한없이 수렴하는 모습을 테셀레이션과 프랙털기법으로 구현한 것이다. 진한 부분과 연한 부분이 서로 보완하면서 같은 도형이지만 재생과 반복을 통해 자기닮음을 가진 물고기들이 한없이 작아져서 한 점으로 수렴하기도 하고, 또 한편으로는 생명이 있는 한 알갱이가 점점 커져서 커다란 물고기로 성장하는 아름다운 형상을 나타내고 있다. 20세기 최대의 발명품인 컴퓨터에 의해 가능해진 프랙털기하학이 구현하는 다양한 도형에서, 에셔 같은 천재 미술가를 통해 같은 시대정신을 드러내고 있음을 알 수 있다.

## 생각해 볼 문제

1. 17세기 미적분학과 바로크미술의 공통점은 무엇인가?
2. 19세기 유럽 사회에서 자율성을 추구한 결과 수학과 미술에 나타난 현상은 무엇인가?
3. 현대수학과 현대미술이 추상을 추구하게 된 시대적 배경은 무엇인가?

## 참고문헌

* 이 글에 인용된 글과 그림은 아래 참고문헌에서 발췌한 것임.


계영희(2003), 사영기하학과 르네상스 미술, 한국수학사학회지, 16(4), p59－68

_____ (2005), 미분적분학과 자연주의 미술, 한국수학사학회지, 18(2), p31－42

_____ 외 12인(2005), 수학과 문화. 우성문화사

_____ (2006), 명화와 함께 떠나는 수학사 여행. 살림출판사

김용운·김용국(1997), 수학사의 이해, 우성문화사

김용운(2010), 수학사대전, 경문사.

F.H. Bool, Bruno Ernst, J.R. Kist, J.L. Locher & F. Wierda(1992), *ESCHER, The Complete Graphic Work*. Thames and Hudson

Robert Hughes(2001), *Magritte* : 박누리 옮김, 마그리트 명작 400선, 마로니에북스

https://en.wikipedia.org/wiki/Herophilos

# 제2장

# 동·서양의 수학과 미술 비교

서양수학과 동양수학의 차이를 비교하고, 동.서양의 미술에서 원근법을 고찰,서양의 '한 점 투시법' 이 중국과 조선에 전파되었으나 정착하지 못한 이유를 문명과 문화, 시대정신과의 관계로 규명한다. 또한『과학 혁명의 구조』에서 처음 소개한 토마스 쿤의 '패러다임' 을 학술적인 용어로서의 그 의미를 명확하게 한 후, 수학과 미술의 역사라는 범주에서는 패러다임의 개념이 적절하지 못함을 지적하고, 이를 포괄하는 일반화된 개념으로 김용운의 '범 패러다임' 을 소개한다.

# 01 동서양의 원근법 비교

## 1) 동양문화 vs 서양문화

모든 학문은 문명을 상징한다. 슈펭글러(Spengler, 1880-1936)는 『서구의 몰락』에서 수학의 프리즘으로 서양문화를 비교·분석하였는데, 이는 음악, 천문, 산술, 기하를 학문의 기본으로 삼았던 플라톤의 영향이다. 또한 수학이 학문의 핵심이자 보편학문이기도 하며 사상과 구체성을 비교하기에 가장 적절하기 때문이다. 슈펭글러는 문명은 문화가 발전한 것으로 그리스 문화가 문명으로 이행된 시기를 기원전 4세기경으로 보았다. 즉, 유클리드 기하학이 완성된 시기이다. 유클리드 기하학의 주된 연구를 크기·비례·형태의 관계라고 분석한 그는 르네상스 회화의 '한 점 투시법'이 시대적으로는 1,000년이 지났지만 유클리드적인 사유 형식에서 벗어나지 않는 고유한 서양문화임을 주장한다. 실험과 관찰을 추구했던 르네상스의 시대정신인 시각시스템으로 비례관계를 보았을 때 한 점 투시법은 '거리의 관계'로 바뀐 것뿐이었다. 이는 유클리드 기하학의 이론을 보다 구체적으로, 현재적인 것으로 해석한 결과에 지나지 않은 것이다. 그는 서구의 정신을 아폴론적인 그리스·로마정신과 파우스트적인 서구정신으로 분류했다. 파우스트적인 정신이란 간단히 말하면 먼 지평선에 시선의 초점을 맞추는 극한을 추구하는 정신이라고 말할 수 있다.

그러므로 '한 점 투시법'이 발현될 수 있었던 것은 슈펭글러의 이론을 차용하면 서양인이 가지고 있는 특유의 파우스트적인 정신에 기인한 반면, 중국과 조선 같은 동양에는 유클리드 기하학의 로고스(logos)정신도 파우스트적인 정신도 없었다. 이로 인해 한 점 투시법이 새로운 화법으로 문화의 모습으로 전파되었을 때는 수용되었으나, 문화의 뿌리인 문명정신이 다르므로 중국과 조선에 정착하지 못한 것으로 해석된다.

아폴론적인 정신은 그리스의 기하학을 완벽한 연역적 체계의 논증기하학으로 발달시켰는데 그 사상적 토대는 플라톤의 이데아 사상, 아리스토텔레스의 논리학과 더불어 알파벳의 영향을 간과할 수 없다. 그리스 철학에서는 '신의 존재성'을 비롯하여 '점, 선, 면'을 정의하며 육안으로는 보이지 않는 이데아적 개념을 논하면서 기하학과 논리를 일체화시켰다. 폴리스적 시민의 삶은 계산술을 폄하하면서 하찮은 것으로 여기고 노예에게 전담시킬 정도로 실용적인 문제는 도외시했다. 또한 귀족계급에서는 오로지 사변적인 철학과 기하학에 가치를 부여하면서 관념적 사색을 즐겼다. 기하학을 최고의 지(知)로 여긴 철학자 플라톤은 기하학을 제왕학(帝王學)으로 여길 정도로 그들의 사고체계는 로고스적이었다. 아테네의 정치지도자가 되기를 희망하는 청년들을 가르쳤던 직업적인 교사 소피스트조차도 수학의 완벽한 증명을 추구하면서 논리시스템을 발전시켰다. 또한 페니키아인의 자음에 그리스인의 모음을 조합한 획기적인 알파벳의 창안은 추상적 사고방식을 촉진시켜서 그리스인이 최초로 철학과 수학의 학문체계를 수립할 수 있게 해 주었다.

한편, 동양에서는 무의식적으로 수학을 중요시하면서도 논리학을 독립시킬 수가 없었다. 중국수학은 토지를 측량하기 위해, 세금을 거두어들이기 위해, 또 재고물품을 비롯하여 부역에 필요한 인구조사를 위한 현실적인 문제가 중요했다. 그 점은 이집트 수학과 같다. 행정 실무를 위한 계산술은 증명의 필요성을 못 느꼈고 또 필요하지도 않았다. 중국문화의 영향권에 있었던 우리나라의 경우, 과학을 진흥시켰고 한글을 창제할 정도로 과학적 마인드를 가졌던 세종대왕조차도 측량은 세금을 거두어들이기 위한 수단으로 여겼다. 중국의 『대학(大學)』에서 유래하는 '수신제가치국평천하(修身齊家治國平天下)'는 먼저 자신의 인격을 닦은 후에 집안을 다스리고, 그 다음 정치에 참여하여 천하를 태평하게 한다는 뜻으로 모든 학문은 정치를 위해 존재하는 도구였다.

한국을 포함하여 동양수학은 원리를 탐구하고 방법론을 발달시켰으나 유클리드적인 논증은 아니고 『구장산술(九章算術)』의 형식에서 보는 것과 같이 여러 유형의 문제에서 풀이의 패턴을 인식시킨 것이다. 중국 제자백가(諸子百家) 가운데 묵자(墨子)의 논리사상이 그리스 Elea학파의 궤변 같은 명가(名家)의 논쟁으로 논리학을 발달시킨 것은 사실이지만 정치, 윤리 등 실천 학문에 최고 가치를 둔 중국의 정신 풍토는 논리만을 추출하여 체계화한 그리스적 지적 풍토를 형성하지는 못하였다. 조선의 경우 수학을 연구하는 산학자는 정치 권력에 진입할 수 없는 중인 계급이었다. 아테네의 청년들이 웅변술에 필요한 수사학과 변증법, 기하학의 학문을 닦은 것은 수학의 논리가 정치와 직결되었음을 시사하는 것으로 동양사회와 매우 대조적이었다.

민족의 정서와 사유형식의 핵심인 문자를 비교했을 때 그리스인의 알파벳 창안이 추상적 사고를 촉진하여 기하학적인 논리정신을 발전시켰다면, 뜻글자인 한자를 창안한 중국인의 사유형식은 서양과 같을 수 없다. 편리하게 26개의 알파벳을 반복적으로 사용하여 수많은 개념을 설명할 수 있는 그리스인의 추상적 사고는 귀류법, 연역법, 삼단논법과 같은 형식논리를 발달시킬 수 있었다. 그러나 수많은 개념이 제각각의 뜻과 의미를 가진 한자로 표현되는 중국인의 문자는 숙명적으로 그리스적인 형식논리를 발전시킬 수가 없었다. 예를 들어 '田'은 농산물을 재배하는 '밭'이란 뜻인데 '田' 밑에 '力(힘)'을 붙이면 남자를 의미하는 '男'이 되며, '田' 위에 '水(물)'을 붙이면 쌀을 생산할 수 있는 '畓(논)'이 된다. 이는 한자의 구조가 대등한 뜻을 가진 글자를 조합하는 방법에 따라 다른 의미를 가지는 속성이 있음을 의미한다.

### 2) 동서양의 원근법 차이

수학에 대한 동양과 서양의 사유형식의 차이는 기하학과 미술화풍에 그대로 반영된다. 화법의 변화는 곧 공간관의 변화이자 기하학의 변화를 의미하기 때문이다. 서양에서는 13세기부터 화가들이 평면적이고 부자연스러운 중세화풍에서 벗어나 감각적이고 생동감 있게 자연스러운 옷 주름과 동작의 표현을 시도했으며 두치오(Duccio, 1255－1319)는 소실점을 도입한다. 소실점 도입의 기법은 16세기 레오나르도 다 빈치(Leonardo da Vinci, 1452－1519)에 의해 정점을 찍는다.

'한 점 투시법'이란 사람이 유리창을 통해 밖의 풍경을 바라보듯이 화가가 캔버스를 유리 스크린으로 여기면서 그림을 그리는 수법이다. 투명체가 아닌 방해물이 있을 때는 화가의 시선이 도중에 막혀서 대상을 볼 수가 없다. 이 시선의 법칙이 지켜지지 않았던 중세 그림에서는 눈에 보이지 않는 부분까지 그렸으므로 비현실적인 그림이 되었다. 즉, '한 점 투시법'이란 카메라가 사진을 찍듯이 고정된 시점을 설정하여 대상을 바라보는 것으로 시점에서 나오는 여러 평행선들은 극점 곧 소실점에서 사라지게 된다.

서양의 투시법은 16세기부터 20세기 초 야수파, 입체파가 등장할 때까지 미술사의 패러다임으로 굳건하게 자리매김한 화풍이었다. 하지만 17세기에 중국에서 예수회 선교사에 의해 투시법이 처음 중국에 소개되었을 때 황제가 이를 적극적으로 수용하여 150년간이나 꾸준히 보급되었음에도 불구하고 선교사들이 추방되자 금세 사라진다. 그 이유는 무엇일까? 중국 왕실에서 환영을 받았던 투시법은 실제로 중국화법에 영향을 주었으며 조선도 이를 적극적으로 수용했다. 특히 18세기 중엽, 선구자 강세황을 중심으로 투시법의 화풍이 퍼지기 시작했는데 그의 제자였던 조선시대 최고의 화가로 일컫는 김홍도는 스승의 화법을 발전시키지 않고 도로 남종화의 화풍으로 되돌아감으로써 투시법이 더 이상 발전하지 못했다.

### 3) 서양의 투시법

두치오는 중세 말, 단조로운 중세화풍을 벗어나기 위해 투시법을 도입한 선구적인 화가로 그의 작품 <최후의 만찬>에는 화폭 가운데 중심선을 기준으로 천정의 양쪽 선들이 만나는 소실점이 여럿인 '다점 투시법'으로 그렸다. 테이블 위에 놓인 음식과 그릇은 공중에 붕 떠 있는 것처럼 안정감이 없으며 예수 그리스도와 제자들의 머리에는 황금색의 후광이 있다. 이때까지는 인물의 표정이 굳어 있으며 개성 없는 중세 분위기를 벗어나지 못하고 있다.

그림1 두치오 <최후의 만찬>

그림2 디에릭 부츠 <최후의 만찬>

15세기 플랑드르의 디에릭 부츠(Dieric Bouts, 1415－1475)의 작품 <최후의 만찬>에서는 소실점이 한 개로 발전했다. 두치오의 그림은 소실점이 여러 개인 다점 투시법이었으나 150년 이상의 세월이 흐르면서 한 점으로 변했다. 디에릭 부츠가 소실점을 마가의 다락방 벽난로 위에 디자인했으나, 레오나르도는 예수의 머리 뒤에 설정하였다. 12명의 제자를 3명씩 4그룹으로 나누었고 예수의 머리 뒤에 소실점을 두었으므로 그림 전체가 깊은 공간감을 주며 입체감을 느끼게 한다. 자신의 십자가 죽음을 예견하고 있는 예수가 담담한 표정으로 제자 중 한 명이 배반할 것이라는 폭풍 같은 선언을 할 때 혼돈스러워 하는 제자들의 모습을 역동적으로 표현한 것이다.(1장의 그림 참고)

### 4) 중국의 전통적 투시법

중국의 전통적 투시법으로는 '다점 투시법(multi-point perspective)'과 '평행투시법(parallel perspective)'이 있다. 중국 돈황市(시)에 있는 8세기 전반 벽화인 불교 회화 <아미타변상도(阿彌陀變相圖)>의 투시법도해는 시점이 고정되어 있지 않고 상하좌우로 이동하며 여러 개의 소실점이 화면의 중심축에 설치된 가상(假想)적 직선을 통과하도록 되어 있는 다점 투시법이다. 소실점이 여러 개인 것은 그림1의 두치오의 <최후의 만찬>과 유사하다. 서양의 것과 비교하면 소실점의 도입은 동양이 서양보다 5세기 이상 앞섰음을 알 수 있다. 그러나 중국의 투시법은 기하학에서 발전한 것이 아니다.

17세기 말, 중국의 회화 지침서 『개자원화전(芥子園畵傳)』의 <회랑곡람궁식(廻廊曲欖宮式)>은 건물의 기둥과 벽면, 바닥의 선들이 모두 평행이다. 서양 투시법의 시각 입장에서는 과학적 시각 원리에 맞지 않는다. 그러나 건물을 약간 위에서 내려다보면 내부 공간을 볼 수 있으며 공간 표현에 효과적인 면이 있다.

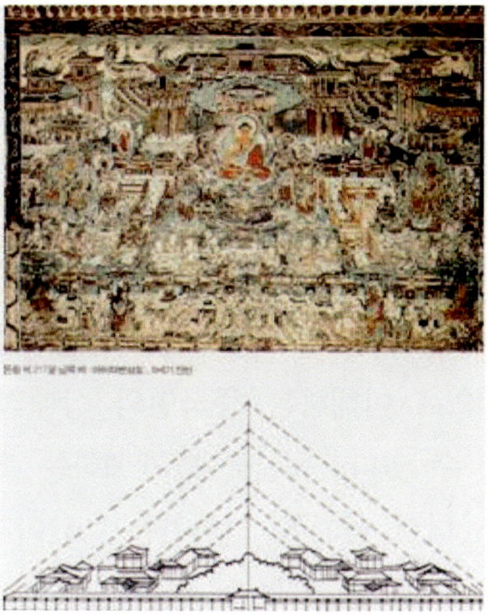

그림3 중국 <아미타변상도>

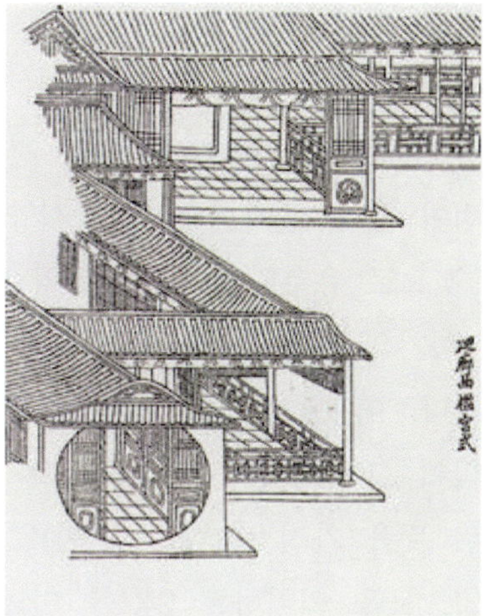

그림4 <회랑곡람궁식>

평행투시법은 빛이 무한히 먼 지점에서 출발하여 무한히 먼 곳으로 간다는 중국인의 사유형식이다. 이러한 시점의 차이는 어디에서 기인할까?

빛에 대한 관념은 동양과 서양이 독립적이다. 르네상스 이후 서양인의 사고는 개인의 자율성을 존중하는 인본주의이므로 사물을 보는 시점은 바로 '나 자신의 눈이다.' 서양이 나를 중심으로 한 자아중심적인 근대적 사고방식이라면, 동양의 평행투시법은 빛이 어디서부터 시작하여 어디까지 가는지 알 수가 없다. 서양인은 빛의 근원을 절대적으로 불변하는 존재로 인식하였으며, 관찰자의 시점은 움직일 수 없는 절대적인 위치로 생각했다. 기하학의 정신이 사라졌던 서양의 중세회화는 화가의 시점이 고정되어 있지 않는 평면적인 회화였다. 그러나 유클리드 기하학의 연구가 부활되자 르네상스의 벽화와 캔버스 위의 그림은 시점이 고정되기 시작했다. 감상자의 시선 또한 고정될 수밖에 없다. 역시 이데아적인 관념이다.

그러나 동양화에 표현된 동양인의 사유형식은 다르다. 한국, 중국, 일본을 포함하여 동양인들은 병풍과 족자에 그림을 그렸다. 병풍은 여러 겹으로 포갤 수도 있고 펼칠 수도 있으므로 장소이동이 가능한 것이 서양의 벽화와 다르다. 또 족자는 그림을 그린 후에 돌돌 말아서 휴대와 운반·이동이 편리하다. 자연히 전시공간도 자유자재로 변형시킬 수 있는 이점이 있다. 필자는 이러한 서양과 동양의 문화차이가 투시법에 영향을 준 것으로 유추한다. 즉 동양의 빛은 절대적으로 불변하는 존재가 아니며 화가의 시선과 감상자의 위치도 유동적이므로 결코 절대적인 것이 아니다. 이 세계를 모순이 있는 세상으로 이해하는 중국인의 상대적인 철학이 그 밑바탕을 이루었다고 말할 수 있다. 농산물을 재배하는 '밭'이란 뜻을 가진 '田'이 '力(힘)'과 만났더니 남자를 의미하는 '男'이 되었고, 물을 의미하는 '水'를 만났더니 쌀을 생산할 수 있는 '畓(논)'이 되듯이 그림4는 대등한 것을 나열함으로써 중국인 특유의 원근을 표현한 화풍으로 된 것이 곧 '평행투시법'이라고 해석된다.

### 5) 중국 고유의 삼원법(三遠法)

'가까움과 멀음'을 기하학적으로 묘사한 서양식 화풍은 이미 중국에 유사한 수법으로 표현되고 있었다. 중국회화의 완숙기였던 11세기에 북송의 곽희(郭熙)가 거리감을 표현하는 독특한 표현으로 삼원법(三遠法)을 창안하였으며, 송대의 미술가들은 표면으로 보이는 방대한 자연도 '질서와 통일성을 가지고 운행한다(天行道)'는 송대 유학의 우주관을 가지고 매우 웅장하게 표현하였다. 이는 기하학이 없던 중국화법의 운명이었다. 삼원법이란 고원법, 심원법, 평원법을 일컫는다. 고원법(高遠法)은 산을 올려다보는 데서 생기는 공간의 높이를, 심원법(深遠法)은 산의 골짜기를 내려다볼 때 생기는 공간의 깊이를, 평원법(平遠法)은 산을 멀리서 바라보는 데서 생기는 공간의 넓이를 각각 표현하는 화법이다.

3가지 범주로 나누었던 특유의 원근법은 중국인이 사물을 바라볼 때 직관적으로 바라본 증거이다. 기하학적이며 분석적인 시각이 아니다. 중국의 화풍은 조선에 그대로 전해졌다.

그림5 김홍도 <옥순봉>

그림6 <파교심매도>

그림7 최북 <표훈사>

그림8

그림5는 단양팔경 중 하나인 옥순봉의 높은 절벽을 강조하면서 고원법으로 처리한 것이고, 그림6은 심원법으로, 그림7은 평원법으로 그린 것이다. 조선에도 고유의 화풍이 있었지만 17세기가 도래하자, 중국과 조선은 예수회 선교사들이 청나라에 전한 서양 투시법의 그림을 보고 새로운 서양 문물과 함께 서양 투시법을 수용하게 된다.

### 6) 중국에 전파된 서양 투시법

중국 명대 말, 강남 지역 직물 수공업의 발전으로 자본주의의 기초를 이루게 되었고 신흥 시민계층이 형성됨과 동시에 지식인의 활동이 증가하면서 근대사회의 도래를 예고했다. 상품의 이윤추구는 현실적인 생존의 문제로 '나'라는 존재를 발견하는 자아의식이 성장하게 되면서 서양의 사실주의 회화가 들어왔을 때 경이로움을 느끼며 적극적으로 수용하게 된다.

17세기, 이탈리아의 예수회 수도사 마테오리치는 청나라에 포교의 수단으로 서양의 과학서적과 그림을 가지고 들어간다. 청나라 황제인 만력제는 성화를 보고 신기한 서양의 투시법 그림에 매료되었다. 수학훈련을 철저히 받은 수학자이기도 한 마테오 리치는 소수의 엘리트의 복음화를 위해 서광계와 공동으로 유클리드의 『원론』을 번역하여 『기하원본』을 편찬함으로써 논리중심의 서양학문의 우수성을 알리고자 했으며 그 효과는 상당했다. 황제들의 관심과 배려 속에 청나라 궁정화가들은 서양의 투시법과 음영법을 중국 전통회화에 가미하기 시작했다.

그림8은 강희제 때 정부 관리였던 냉매(冷枚)의 <춘야연도리원도(春夜宴桃李園圖)>이다. 복숭아꽃과 배꽃이 핀 봄날 저녁, 정원에서 가든파티를 하는 그림으로 전통적인 중국의 삼원법에서 벗어나 서양의 한점 투시법을 수용한 것을 알 수 있다. 청대 황제들의 관심 속에 서양 투시법은 150년간이나 궁정 화가에게 교육되었으며 적극적으로 수용되어 궁중회화에 영향을 미치었다. 그럼에도 불구하고, 중국 회화 전반에는 그다지 영향을 주지 못하였다. 조선을 비롯하여 동양에서 서양의 투시법이 정착되지 못하고 그 이상 더 발달하지 못한 이유는 무엇일까?

1759년 포르투갈에 의해 예수회 선교사가 추방을 당하자 서양 투시법은 중국 회화에서 서서히 사라져 갔다. 중국과 한국에 서양 투시법이 본격적으로 나타나게 된 것은 20세기 초 문화 전반에 서구 과학 문명을 받아들인 시기부터였다. 필자는 이 원인을 기하학의 차이라고 해석한다.

서구인의 유클리드 기하에서 사영 기하까지의 공간관은 로고스적 공통점이 있었고, 화법과 상호 긴밀한 영향이 있었던 사실과의 관계에 주목한다.

유럽에서는 중세 말, 두치오가 시작한 '다점 투시법'에서 150년 이상 세월이 흐르자 디에릭 부츠는 '한 점 투시법'으로 발전시켰고, 레오나르도 다 빈치는 <최후의 만찬>에서 '한 점 투시법'을 그림 속 천장 모서리 선과 실제 식당 벽면의 천장 모서리 선이 완전히 일치하도록 디자인하여 르네상스 미술의 대가로 추앙된다. 이 화풍은 20세기 초 야수파, 입체파가 등장할 때까지 400여 년간 미술사의 패러다임으로 굳게 자리매김하였다.

중국인은 투시법이라는 서양문명을 적극적으로 수용하였으나 중국문화 속에 용해하지는 못하였다. 이 사실을 본 연구자는, 전파된 문화는 타 민족에게 쉽게 수용되지만 수용한 민족의 문명을 바꿀 수는 없다고 주장하는 '토인비의 이론'을 차용하여 설명한다. 결국 동서양의 기하학 차이는 동양인과 서양인의 민족원형의 차이에서 비롯되었음을 알 수 있다.

### 7) 조선에 전해진 서양의 투시법

18세기가 도래하자 드디어 청나라 북경에 다녀온 조선의 사신 이기지(李器之, 1690－1722)와 홍대용(洪大容, 1731－1783)에 의해 서양의 투시법이 도입된다. 화가 강세황(姜世晃, 1712－1791)은 김홍도의 스승으로 산수화에 서양화법을 응용하였으며, 1757년에 그린 <개성시가>는 성문을 중심

그림9 강세황 <개성시가>

그림10 <북권조무도>

으로 직선으로 뻗은 넓은 길이 멀리 산 밑으로 가까이 갈수록 좁아들면서 한 점 투시법이 도입되었다. 도시 전체를 멀리서 내려다보아 넓은 공간으로 표현하였고 경치는 멀리 갈수록 흐리게 묘사하였다. 18세기 중엽의 그림으로는 투시법이 적용된 매우 선구적인 그림으로 평가된다. 그 후 화가 강희언(姜熙彦, 1710－1784)은 투시법을 수용하여 광화문 대로를 그린 <북궐조무도(北闕朝霧圖)>에서 서양적 투시법을 비교적 정확하고 효과적으로 사용했다. 김홍도(金弘道, 1745－1806) 역시 어린 시절 스승 강세황의 영향을 받았으나 <총석정도>를 보면 말년의 작품에서 서양화 기법은 사라지고 남종화의 기법으로 되돌아가고 만다.

한편, 왕궁의 중요한 행사를 기록하기 위한 기록화에는 서양의 투시법이 부분적으로만 사용될 뿐 여전히 평행 투시법으로 그려졌다. 그림12의 치성(雉城)2)과 아치형 옹성(甕城)3)의 내부에는 명암을 주었으나 대로와 집들은 평행 투시법으로 표현되었다. 행렬을 파노라마식으로 전개하려면 평행 투시법이 편리했기 때문이다. 즉, 동양인은 직관적으로 원근을 나타내었던 것이다. 서양의 한 점 투시법이 정착 못하다가 중국에 국비유학생으로 파견된 이들이 서양식 제도법을 배우고 돌아와서야 적극적으로 서양 투시법이 수용되었다.

그림11 김홍도 <총석정도>

그림12 1760년 <연행도>

---

2) 치성은 성 위에 낮게 쌓은 담을 이르는 말(Daum 백과사전)

3) 옹성은 성문을 보호하기 위해 성문 바깥쪽에 반원형으로 쌓은 성(Daum 백과사전)

왜 조선과 중국에서는 서양 투시법이 자리매김하지 못하였을까? 필자는 동양의 정신에는 서양의 유클리드적인 로고스 정신과 파우스트적인 정신이 부재했기 때문이라고 해석한다.

"美의 수학과 수학의 美는 이미 나눌 수 없다"고 주장하는 슈펭글러는 르네상스 회화의 엄밀한 예술은 수학이며, 파우스트적인 예술과 아폴론적인 예술이 완전히 나타난 것이라고 주장했다. 이를 입증하듯이 서양에서는 투시법이 연구되자 데자르그(Desargue, 1593－1662)는 사영 기하학의 이론체계를 정립하였으며, 몽주(Monge, 1746－1818)는 건축에 필요한 화법 기하학(Descriptive Geometry)으로 발전시켰다.

## 02 수학과 미술의 패러다임과 범 패러다임

### 1) 패러다임과 범 패러다임

수학사의 혁명적인 새 이론이 등장할 때는 거의 평행적으로 미술사의 화풍 또한 변모되어 왔다. 르네상스 회화에 도입하기 시작한 무한의 개념인 '소실점'은 수학자들이 유클리드 기하학에서 벗어나 적극적으로 무한의 개념을 도입하여 사영기하학(Projective Geometry)이 탄생되는 데 영향을 미쳤다. 17세기 뉴턴과 라이프니츠의 무한대·무한소의 개념은 미분적분학을 창안하여 과학혁명을 주도하였으며, 미분적 사고방식은 1장에서 탐색하였듯이 순간의 동작에 주목한 바로크 회화에 표현되었다. 그 후 19세기 칸토어(Cantor, 1845－1918)에 의한 집합론은 고대 그리스부터 관심의 대상이었던 요소환원주의[4]가 표현된 무한적 사고방식인데 미술

4) 모든 대상은 작은 요소로 분석해나가면 결국에는 기본 요소로 귀착된다는 사고방식(김용운, 『카오스의 날갯짓』, 김영사)

에서는 쇠라(Seurat, 1859–1891)와 시냑(Sigrac, 1863–1935)에 의해 점묘화법이 등장을 하였다. 이처럼 수학과 미술이 같은 시대정신을 각기 다른 장르에서 표현된 것은 토마스 쿤의 패러다임 이론으로 그 현상을 설명하기에는 적절하지 않다.

동양미술(중국, 한국, 일본)의 회화를 보면 17–18세기의 것은 미분적분학이 없음에도 불구하고 바로크적으로 순간의 동작을 잘 묘사하고 있으며, 위상 기하학의 개념이 소개되기 전 이미 동양에서는 700년을 앞서서 20세기 추상화가 마티스의 그림처럼 단순화된 필선인 감필법(減筆法)으로 그림을 그렸다. 동양의 수학과 미술 역시 쿤의 이론으로 설명되지 않는다. 이 현상은 수학이 미술에 직접적인 영향을 준 것도 아니고, 또 미술가가 의식적으로 수학에 영향을 준 것도 아니다. 그러나 수학과 미술의 변혁에서 새로운 시대정신의 태동을 직감할 수 있다.

패러다임(paradigm)은 미국의 과학철학자 토마스 쿤(Kuhn, 1922–1996)이 그의 저서 『과학혁명의 구조』에서 처음 소개한 것으로, 서양 과학사는 패러다임 이론으로 적절하게 발전의 구조를 분석할 수 있다. 수학사의 경우도 오리엔트 수학, 고대 그리스 수학, 중세 유럽의 수학, 르네상스의 수학, 근대수학 그리고 현대수학 등으로 범주를 나눌 수 있으며, 이는 각기 독특한 특징을 지닌 쿤의 패러다임으로 설명된다.

각 범주의 특징을 살펴보면, 오리엔트의 수학은 실용적인 셈과 방정식론, 고대 그리스의 수학은 논증적인 유클리드 기하학, 중세 유럽의 수학은 현실적인 생활과는 거리가 먼 수도원 수학, 르네상스 시대에는 화가들에 의해 사영 기하학의 태동, 상업에 필요했던 계산 중심의 수학, 17세기에는 뉴턴과 라이프니츠에 의한 무한소, 무한대의 미분적분학이, 20세기는 집합론에 의한 추상화된 구조주의 수학 등으로 변혁을 일으키며 발전하였다. 이러한 변혁의 과정마다 수학의 대상은 바뀌었다. 처음엔 도형의 형태를 수학의 대상으로 삼았으나 후에는 수·양·함수 등 추상적인 실체를 대상으로 삼았으며, 현대 수학에서는 보다 추상적인 대상

사이의 관계, 즉 연산, 패턴, 구조를 다루고 있다.

수학의 대상이 바뀌면 자연히 수학적 방법도 필연적인 변화가 요구된다. 르네상스를 겪은 유럽의 17세기는 사회적인 요동과 변화에 따른 시대적 요구를 종래 진리로 믿었던 그리스의 논증 기하학으로는 도저히 해결할 수 없는 시대였다. 따라서 그리스 기하학과 대수학이 결합된 새로운 패러다임의 해석 기하학이 데카르트와 페르마에 의해 창안되었고, 해석 기하학에 힘을 입어 무한소, 무한대의 개념은 뉴턴과 라이프니츠에 의해 미분적분학으로 발현되어 근대 과학을 촉진하였다.

19세기가 되자 유럽 사회는 자율성을 주장하였고, 고대 그리스의 요소환원주의가 새롭게 구체화된 것이 칸토어에 의한 집합론 탄생이었다. 이처럼 종래의 문화가 위기에 처하고 기존 상식이 무너질 때마다 서양의 수학사에는 늘 혁명적인 이론을 들고 나오는 천재가 등장하곤 했다. 이 현상은 분명 패러다임의 변환이며 과학혁명의 틀에서 이루어지는 것이었다.

쿤의 이론에서 패러다임이란 학문 발전의 구조에 대한 개념으로 과학자 집단의 존재 이유 또는 과학의 구조나 경향 등을 규명한 것으로, 하나의 학문적 업적으로서 상당 기간 과학적 문제의 제기, 형식, 풀이의 모델 등을 내포하는 개념이다. 한편, 일본의 나카야마 시게루(中山茂)는 저서 『역사로서의 학문』에서 패러다임이란 "고전적 문헌의 경전체(経典体)이며 학문의 코스를 정해 주고, 지적 집단의 전문적·직업적 활동을 정당화해 주며, 기준화된 학문의 앞으로의 발전 코스를 규정하는 것"이라고 부연하고 있다.

서양의 수학과 미술이 같은 시대정신을 표출하고 있지만, 깊이 들여다보면 수학의 무한대·무한소의 등장은 학문의 내부에서 가히 혁명적인 것이지만 미술에서는 혁명적인 것이 없었다. 집합론의 등장 역시 혁명적인 요동이었지만 추상화로의 방향이 미술의 내부적인 혁명은 아니었다. 그 당시 사회적인 변인으로 사진술이 발명되었고 광학의 영향을 힘입어 사실적 묘사는 사진이 대신하게 되었으므로 회화는 추상으로 나아갔던 것이다. 그러므로 서양의 수학과 미술의 역사는 같은 시대정신을 표현하고 있음에도 불구하고 토마스 쿤의 패러다임 이론은 두 장르의 시대정신을 표현하기에는 부적절하므로 김용운의 '범 패러다임(pan－paradigm)'이론을 차용한다. 특히 동양의 과학은 칸트(I. Kant, 1724－1804)처럼 이성의 적용 범위에 관하여 비판한 적이 없었다. 종교, 과학, 수학, 역사, 철학 등 모든 학문을 하나의 시각에서 연구해 왔기 때문이다.

김용운은 1994년 한국과 일본, 두 나라의 역사와 수학을 비교·연구하면서 패러다임이 일반적인 문화 사조에 폭 넓게 적용하기에는 적절치 못함을 지적함으로써 범 패러다임이란 개념을 규정하였다. 그는 사회적 요청(시대정신)에 의하여 문화적 요소나 요인들 사이에 조화와 균형이 깨질 때 문화 전체를 통합시키려는 정신을 범 패러다임이라고 정의하였다. 즉, 아담 스미스(A. Smith, 1723－1790)의 "보이지 않는 신의 손", 헤겔(Hegel, 1770－1831)의 "이성의 간계(奸計)"와 같은 것이 작용하여 문화 전반에 조화로운 문화가 형성되는 것이다. 다시 말하면, 여러 문화의 뿌리에는 반드시 민족의 '집단 무의식'과 '시대적 요청'이 상호작용하여 존재하는데, 이 두 요인이 상승작용을 하여 문화의 여러 부문에 공통되는 가치관과 지배 원리 등을 형성하면서 문화 활동을 추진하는 현상이 범 패러다임인 것이다. 더욱이 문화는 항상 범 패러다임에 의해 형성되는데, 범 패러다임 속에는 민족의 원형이 관통하는 것이라고 한국과 일본의 '민족원형론'을 제기하였다. 또한 그는 19세기 말 유럽의 사상가들이 사용한 '시대사조'는 집단 무의식과의 관련을 무시한 것이었지만, 범 패러다임은 집단 무의식을 전제로 하는 것이라고 시대사조와의 차별화를 주장했다. 범 패러다임의 이론으로 보면, 서양인의 문화를 관통하는 특유의 민족 원형이 있으며 각 시대별로 고대 그리스, 중세유럽, 르네상스, 근대 그리고 현대의 수학과 미술이 같은 시대정신을 표출한 것은 각 시대마다 범 패러다임이 다르기 때문이라고 분석된다.

### 2) 17, 18세기 서양화와 조선의 회화

서양의 17세기 회화의 특징은 바로크 미술로서 순간의 동작을 잘 포착하였고, 빛과 어두움을 대비하여 16세기 고전주의에 비해 매우 역동적인 그림 양식이다. 최초의 여류 화가 젠틸레스키, 최고의 종교 화가 루벤스, 반 다이크, 빛의 화가 렘브란트, 순간의 화가 할스는 바로크의 대표적인 화가들로 역동적인 그림을 그렸다.

18세기 화풍의 특징은 로코코 미술로 장식적이고 화려하며 퇴폐적이다. 그림13의 프라고나르의 <그네>를 감상해보자. 이 그림은 관능과 쾌락을 추구하는 외설적인 그림으로 평하는데 그 이유는 다음과 같다.

당시 그네 타기는 상류 사회에서 크게 유행한 놀이인데 그네 타는 여성은 루이 15세의 신하 상-주리앙 남작의 애인이고, 여인을 바라보는 남자가 남작이며, 뒤에서 그네를 밀어주는 남자가 여인의 남편이기 때문에 퇴폐적이라고 말하는 것이다. 그러나 자연의 풍경까지도 매우 장식적으로 아름답게 표현되었고, 공중에 떠 있는 여인의 슬리퍼에 초점을 맞춘 장면이 재미있다. 순간의 동작을 표현한 것이 미분학의 순간 변화율을 떠올리게 된다.

그림13 프리고나르 <그네>

그림14 <그네> 확대 그림

그림15는 김홍도의 작품으로 기와를 이는 일꾼들의 모습이 매우 사실적이다. 어떤 이는 기와를 묶고, 어떤 이는 던지고, 대패질하고, 서서 감독하는 양반 등 그림 속 등장인물의 모습이 서양의 바로크나 로코코 미술 못지않게 순간의 동작들이 잘 포착되어 있다. 지붕 위 공중에 뜬 기와를 잡으려는 일꾼의 순간을 포착한 조선의 화가 김홍도나 공중 위의 슬리퍼에 초점을 맞춘 프라고나르나 동양과 서양 그림의 공통점은 순간의 묘사였다.

그림15 김홍도 <기와이기>

그림16 <기와이기> 확대 그림

그림17 조영석 <편자박기>

그림18 김득신 <파적도>

조선의 18세기 화가 조영석의 그림17은 말에게 편자를 박는데 말은 괴로움과 두려움으로 발버둥치고 있고, 왼쪽의 남자는 말을 안심시키려고 달래면서 어르고, 오른쪽의 남자는 재빨리 편자를 박으려고 애를 쓰는 순간의 장면을 포착한 것으로 조선시대 풍속화의 정수라고 한다.

그림18은 김득신의 그림으로 고양이가 병아리를 낚아채려고 하자 어미닭이 놀라서 고양이를 쫓으려고 하고, 이를 본 주인은 담뱃대를 물고 있다가 급하게 버선발로 뛰어 내려가며 고양이를 혼내주고, 안주인 또한 주인을 쫓아 뛰어나오는 생생하여 장면이 매우 사실적이고 순간의 포착이 뛰어난 작품이다. 중국을 포함하여 한국의 조선시대 수학에는 서양수학과 같은 무한소, 무한대의 개념이 수학에 등장하지 않았다. 그런데 바로크 미술과 같은 시대정신은 동양 회화에서도 그대로 표현되고 있다. 이러한 현상을 어떻게 설명할 것인가?

### 3) 서양 수학과 서양 미술의 추상화

19세기가 되자 1883년 칸토어에 의한 집합론의 발표는 수학의 전 분야를 추상화하기 시작한다. 그 배경은 유럽 사회가 '자율성'과 '요소환원주의'를 추구했기 때문인데 미술에서는 같은 시기에 쇠라와 시냑의 '점묘화법'이 등장을 한다. 한편 미술에서는 단일한 공간 안에 엄격한 비례에 맞추어서 그렸던 르네상스식 한 점 투시화법은 사라지고 추상이 자리매김을 하게 된다.

수학에서는 칸토어에 의한 집합론이 발표되었고, 미술에서는 입체파의 거장 피카소가 투시법을 부정함과 동시에 고정관념을 파괴하였다. 1930년대가 되자 기하학은 종래에 문제시했던 도형의 각과 평행성, 면적을 더 이상 문제 삼지 않게 되었다. 오직 점에서 점으로 대응하는 도형의 연속성만을 주목하면서 새로운 기하학, 위상 기하학(topology)이 등장을 한 것이다.

20세기 피카소와 쌍벽을 이루는 거인 마티스는 불필요한 것을 모두 제거

그림19 마티스 <붉은 빛의 커다란 실내>

그림20 피카소<거울 앞의 잠자는 여인>

하고서 대상에서 가장 기본적인 요소만을 남겨 놓는 기법, 즉 길이나 크기, 넓이가 무시되고 가장 기본적인 성질만을 남겨 단순화된 토폴로지적(topological)적인 그림을 그렸다. 마티스의 그림에서는 방의 벽과 천장, 바닥이 구별되지 않는다. 유클리드적인 3차원 공간이 파괴된 것이다. 이러한 추상적인 미술과 추상수학의 세계가 동시대에 펼쳐진 것은 각각 다른 장르에서 나타나는 20세기 시대정신의 구현이자 범 패러다임이다.

### 4) 동양화에도 점표화법의 개념 등장

1883년 칸토어의 집합론과 같은 시기, 프랑스의 화가 쇠라는 보다 밝은 색을 표현하기 위해 순색과 원색의 작은 점을 찍어서 그림을 표현했다. 이는 그림을 바라볼 때 눈의 망막에서 두 색이 혼합되는 원리를 이용한 것으로 당시에 발달된 광학의 힘을 입기도 한 것이다. 그림의 요소를 점으로 본 것과 수학의 대상을 원소로 본 것은 모두 요소환원주의적 사고방식이었다.

그림21 김수철 <송계한담도>

한편, 19세기 조선시대 김수철의 『송계한담도』 작품에서는 종래 동양화 수법인 피마준(皮麻皴)이나 부벽준(釜壁皴)과는 다른 파격적인 준법을 썼다. 그는 신조형파의 대표적인 미술가로 그림의 대상을 일정한 단위로 분해하여 툭툭 붓으로 찍었다. 이는 서양의 점묘화법과 같은 시대정신을 표출하고 있는데 알려진 바와 같이 동양사상에는 그리스적인 요소환원주의적 사상도, 중국 수학과 조선 산학에는 집합론도 없었다. 서양은 수학과 미술이 같은 시대정신을 보이는데 이러한 동양 미술의 현상은 어떻게 설명할 것인가?

그림22는 중국의 선승 화가 양해의 12－13세기 초 작품으로 술을 좋아한 그가 자신과 마찬가지로 풍류를 즐기던 당나라의 시인 이태백이 시를 읊으면서 걸어가는 장면을 그린 것이다. 프랑스에서 1940년에 그린 마티스의 <나부(裸婦)>와 비교할 때 동양 미술에서 추상의 개념은 700년이나 앞섰음을 알 수 있다. 중국에서는 일찍이 불필요한 세부를 생략하면서 간결하게 묘사하는 법을 감필법(減筆法)이라고 했다. 이 수법은 주로 인물화에 사용한 것으로 조선시대 김명국의 <달마도> 역시 감필법으로

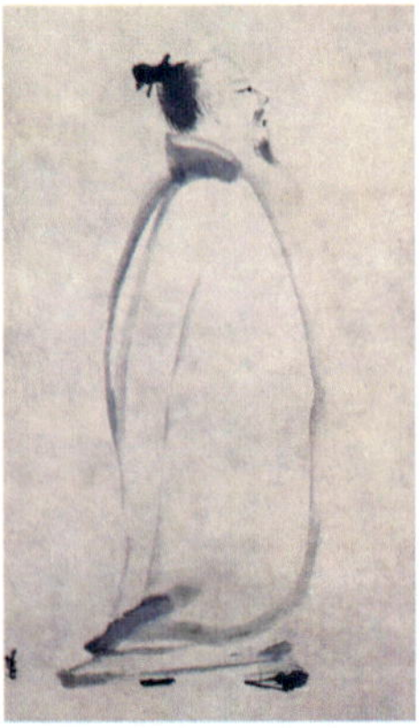

그림22 양해 <이백행음도>

그림23 마티스 <나부>

묘사되었다. 서양의 회화에서 세밀한 것을 생략하고 단순하게 그린 것은 1930년대 등장한 수학의 토폴로지(topology)의 영향으로 같은 시대정신의 표현이라고 필자는 주장하여 왔다. 그렇다면 동양의 수학에서는 토폴로지의 개념이 없음에도 불구하고 회화에서 이러한 감필법이 서양보다 앞서서 나타나게 된 것은 어떤 연유일까?

필자는 무소유를 표방하면서 절제와 단순함을 강조하였던 도가사상인 중국 선종(禪宗)의 영향이라고 분석한다. 그림25는 8세기 중엽에 그린 일

그림24 김명국 <달마도>

그림25 일본 <마포보살상> 8세기

본의 불교 미술로 구름 위에 앉아 있는 보살상을 삼베 위에 먹으로 그린 <마포보살상(麻布菩薩像)>이다. 손의 포즈와 기다란 옷자락, 아래에 있는 구름이 입체감을 강하게 느끼게 한다. 동양화에서는 음영을 넣지 않고도 필선만으로 입체감을 효과적으로 나타내곤 했다. 이 역시 필선이 다른 회화 보다 많이 생략된 것으로 감필법의 전신으로 여겨진다. 중국 양해의 작품이 12-13세기 초이므로 일본의 <마포보살상>은 양해보다 300~400년을 더 앞선 것이다.

지금까지 중국, 일본, 한국의 회화를 분석해 볼 때 동양 수학에 토폴로지의 개념이 없었음에도 불구하고 이러한 추상의 개념이 그림에 표현된 것은 토마스 쿤의 패러다임으로는 설명되지 않는다. 즉, 범 패러다임으로 설명되는 것이다.

수학에서 17세기 뉴턴과 라이프니츠에 의한 미적분학의 발명, 데카르트의 분석과 종합에 의한 해석 기하학은 과학 혁명이었으며, 나아가 독자적인 학문의 길을 추구했다. 반면, 같은 시대의 바로크·로코코 미술의 경우, 과학적 혁명이 없었음에도 불구하고 수학과 같은 시대정신을 보인 것은 범 패러다임으로 설명된다. 동양(한국, 중국, 일본)의 수학과 미술을 비교하였을 때도 역시 서양적 패러다임으로는 들어맞지 않는다. 이와 같이 동양의 미술이 수학의 추상화가 이루어지지 않았음에도 불구하고 일찍이 단순하게 생략된 감필법이 있었던 것은 무소유를 표방하면서 절제와 단순함을 강조하였던 도가사상인 중국 선종(禪宗)의 영향이었다.

김용운은 한국과 일본의 문화가 다른 양상을 보인 것에 대해 이는 범 패러다임이 다른 것이지 두 문화 속에서 공통으로 흐르는 집단 무의식은 같은 것이라고 민족 원형론을 주장하고 있다. 본 연구자는 이 연구를 통하여 서양 문화에서 수학과 미술이 범 패러다임인 것과, 나아가 동양 문화와 서양 문화의 범 패러다임이 다른 것은 동양인과 서양인의 민족 원형이 다르기 때문임을, 미국의 인지심리학자 리챠드 니스벳(2004)의 연구를 차용하여 마무리하고자 한다. 즉, 니스벳 교수는 동양인과 서양인의 민족 원형의 차이를 『생각의 지도』에서 생태 환경과 경제적 차이라고 주장한다. 상공업 중심의 도시 국가에서 공화 정치를 했던 그리스와 농업을 주로 했던 혈연 중심의 중국은 확연히 다른 사회 구조를 지녔으며 이는 사회 구조의 차이를 초래하였다. 사회의 구조적 차이는 각기 다른 사회적 규범과 육아 방식을 만들어내었고, 이는 서로 다른 우주의 본질에 대한 서로 다른 이해를 낳게 되었으며, 이로 인해 지각과 인식론의 차이를 가져왔다고 분석하였다.

그러므로 서양 문화에서 수학과 미술을 포함한 모든 문화 현상을 동시에 바라보면 범 패러다임으로 설명된다. 또 수학과 미술의 역사라는 범주에서 서양과 동양을 비교할 때는 집단 무의식인 원형이 다르며 이에 따른 범 패러다임의 다름으로 설명된다. 나아가 범 패러다임 이론은 동·서양의 수학사와 미술사를 넘어서서 문화사 전반으로 확대하여 연구·분석할 가치가 있는 개념임을 주장한다.

## 생각해 볼 문제

1. 서양의 원근법인 투시화법은 기하학적 연구에 의한 것으로 이는 플라톤 사상의 영향이다. 중국의 원근법인 삼원법은 중국인들이 사물을 어떻게 바라보기 때문인가?
2. 빛에 대한 동양인과 서양인의 사유형식의 차이점은 무엇인가?
3. 쿤의 '패러다임'은 문화에서 시대정신과 집단 무의식 등을 간과한 개념이다. 이를 모두 아우르는 김용운이 제시한 개념을 무엇이라고 부르는가?

## 참고문헌


* 이 글에 인용된 글과 그림은 아래 참고문헌에서 발췌한 것임.

계영희(2006), 명화와 함께 떠나는 수학사 여행, 살림출판사

이성미(2000), 조선시대 그림 속의 서양화법, 대원사

한정희, 배진달, 한동수, 주경미(2005). 동양미술사, 미진사

F.H. Bool, Bruno Ernst, J.R. Kist, J.L. Locher & F. Wierda(1992), *ESCHER, The Complete Graphic Work*. Thames and Hudson

J. F. Cahill(2010), *Chinese Painting* : 이성미 번역. 중국회화사, 열화당

Robert Hughes(2001), *Magritte* : 박누리 옮김, 마그리트 명작 400선, 마로니에북스

Y.H. Kye(2012), *Paradigm and Pan-Paradigm in Mathematics ans Art History,* J. of Modern Education Review, 2(5), 322-329.

Y.H. Kye(2014), *The Spirit of the Age in Mathematics and Art*: The Eastern and Western Perspective Painting, 4(1), 56-68.

R. E. Nisbett(2004), *The Geography of Thought* : 최현철 옮김, 생각의 지도, 김영사


## 참고싸이트

http : //science.postech.ac.kr/hs/C03/C03S005.html

# 제3장

# 수학과 음악

• • •

음악 이론은 수학과 함께 발전해 왔다고 하여도 과언이 아니다. 산술평균, 기하평균, 조화평균 등은 물론이거니와 유리수와 무리수도 음악 이론과 밀접하게 관계된다. 국악(國樂)에서도 음을 얻을 때 유리수를 규칙적으로 이용하였으며, 음정의 정도를 나타낼 때에도 수학적 기법이 활용된다. 더 나아가, 수학은 음악을 분석하고 작곡함에도 유용하다.

## 01 음계의 창시자 : 피타고라스

수학의 역사를 말할 때 처음 등장하는 사람 중 하나가 바로 피타고라스(Pythagoras, 기원전 5세기 경)이다. 음악의 이론을 말할 때에도 처음 등장하는 사람이 바로 그이다. 그는 수학자이기도 하였으며 철학자이고, 또 음악이론가였다. 수학, 음악, 철학이 밀접한 관계가 있음을 말해주는 한 예이다.

피타고라스가 '만물은 수'라고 생각한 것은 주지하는 바이다. 그렇기 때문에 그가 음(音)도 수(數)로 이해하려는 시도 역시 자연스럽다. 사실, 피타고라스는 나름의 음악 이론을 수(數)로서 정립한 사람이다. 각각의 소리 높낮이를 수로 인식했고, 화음(和音)도 수학적 관계에서 찾았다. 다시 말하면 현(絃)이 내는 소리의 높낮이는 그 길이의 비(比)로 인식하고, 이를 다시 진동수의 비로 생각한 것이다.

피타고라스가 생각한 두 수 사이에 존재하는 비는 특별한 관계를 만족시키는 것이었다. 두 수의 여러 가지 평균(mean)은 이에 관한 한 중요한 개념이다.

논의의 편의를 위하여 여기서 생각하는 수는 모두 양수라고 하자.

- **산술평균**

임의의 두 수 $a$, $b$에 대하여 $\frac{a+b}{2}$가 '두 수 $a$, $b$의 산술평균(arithmetic mean)'이다. 예를 들어, 1과 2의 산술평균은 $\frac{3}{2}$이다.

- **조화평균**

임의의 두 수 $a$, $b$에 대하여 $\frac{2ab}{a+b}$가 '두 수 $a$, $b$의 조화평균(harmonic mean)'이다. 예를 들어, 1과 2의 조화평균은 $\frac{4}{3}$이다.

두 수 $a$, $b$에 대하여 $a \le b$이면 $a \le \dfrac{2ab}{a+b} \le \dfrac{a+b}{2} \le b$이다. $a \le b$ 일 때 $a, b$ 사이에 두 수의 조화평균과 산술평균을 넣어 얻어지는 수열 $a$, $\dfrac{2ab}{a+b}$, $\dfrac{a+b}{2}$, $b$를 음악수열(musical sequence)이라고 한다. 예를 들어, $1$, $\dfrac{4}{3}$, $\dfrac{3}{2}$, $2$는 음악수열이다.

## 02 피타고라스 학파의 상징 : 테트락티스

테트락티스(tetraktys)는 피타고라스 학파를 상징하는 문장(紋章) 중 하나이다.

그리스어 "tetra"는 "네 개"를 뜻하는 것으로서 테트락티스에는 네 개의 수가 두 쌍 나타나 있다. 6, 8, 9, 12와 1, 2, 3,4이다.

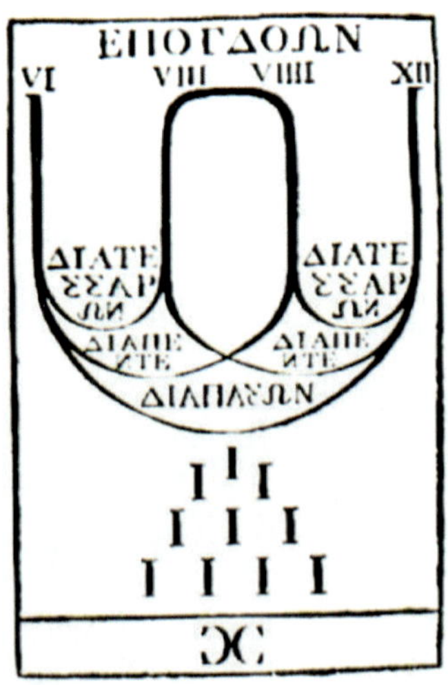


그림1

6, 8, 9, 12는 음악수열로서 음악과 관련이 깊다.

위 네 개의 수로 얻어지는 비(比, ratio) 중에서 $\frac{8}{6}$과 $\frac{12}{9}$, 즉 $\frac{4}{3}$는 1과 2의 조화평균으로서 완전4도(perfect fourth)를 뜻하며 $\frac{9}{6}$와 $\frac{12}{8}$, 즉 $\frac{3}{2}$는 1과 2의 산술평균으로서 완전5도(perfect fifth)를 뜻한다. 한편, $\frac{9}{8}$는 산술평균과 조화평균의 비 $\frac{3}{2}\div\frac{4}{3}$로서 장2도(major second)를 뜻하고, $\frac{12}{6}=\frac{2}{1}$는 산술평균과 조화평균의 곱 $\frac{3}{2}\times\frac{4}{3}$로서 완전8도(perfect eighth, 옥타브)를 뜻한다.

이들 중 완전8도, 완전5도, 완전4도를 나타내는 $\frac{2}{1}$, $\frac{3}{2}$, $\frac{4}{3}$는 위의 테트락티스 아래 부분에 있는 수열 1, 2, 3, 4에서도 얻어짐을 알 수 있다.

## 03 피타고라스 음계의 원리

피타고라스는 주어진 현의 길이를 1/2배하면 원래 음에서 완전8도 높은 음이 된다는 것과, 주어진 현의 길이를 2/3배하면 원래 음에서 완전5도 높은 음을 얻게 되며 이 음은 원래의 음과 아름다운 화음을 이룬다는 것을 알았다. 이 두 가지 사실에 근거하여 음율 체계를 구성한 것이 피타고라스 음계(Pythagorean scale)이다.

> **피타고라스 음계의 원리**
> - 주어진 현의 길이를 1/2배하면 원래 음보다 완전8도 높은 음이 된다.
> - 주어진 현의 길이를 2/3배하면 원래 음보다 완전5도 높은 음이 된다.

다음은 피타고라스 음계에 의한 도, 레, 미, 파, 솔, 라, 시, 도 각각에 해당하는 현의 길이이다. 여기서 'C4'는 피아노 건반의 중앙에 있는 '도'를 나타낸다.

| C4 | D4 | E4 | F4 | G4 | A4 | B4 | C5 |
|---|---|---|---|---|---|---|---|
| $1$ | $\frac{8}{9}$ | $\frac{64}{81}$ | $\frac{3}{4}$ | $\frac{2}{3}$ | $\frac{16}{27}$ | $\frac{128}{243}$ | $\frac{1}{2}$ |

그림2

한 가지 예를 들자. G4는 C4의 완전5도 높은 음이다. 따라서 G4를 내는 현의 길이는 C4를 내는 현의 길이의 $\frac{2}{3}$이다. 이와 같은 식으로 적용해 보면 D5는 G4의 완전5도 높은 음이다. 따라서 D5를 내는 현의 길이는 G4를 내는 현의 길이의 $\frac{2}{3}$로서 $\frac{2}{3}\times\frac{2}{3}=\frac{4}{9}$이다. D4는 D5의 한 옥타브 낮은 음이기 때문에 D4를 내는 현의 길이는 $\frac{4}{9}\times 2=\frac{8}{9}$이다. A4는 D4의 완전5도 높은 음이다. 따라서 A4를 내는 현의 길이는 $\frac{8}{9}\times\frac{2}{3}=\frac{16}{27}$이다.

## 04 피타고라스 음계의 모순

피타고라스 음계는 이론적으로 모순 또는 오류가 발생한다. 다시 말하면, C4를 기준음으로 하고 기준음에서 완전5도 높은 음을 구한 후 여기에서 다시 완전5도 높은 음을 구한다. 이 과정을 12회 반복하면 다음과 같은 음계를 얻을 수 있다.

$$C4 \rightarrow G4 \rightarrow D5 \rightarrow A5 \rightarrow E6 \rightarrow B6 \rightarrow F7\sharp$$
$$\rightarrow C8\sharp \rightarrow G8\sharp \rightarrow D9\sharp \rightarrow A9\sharp \rightarrow E10\sharp \rightarrow B10\sharp$$

마지막으로 구한 음 B10♯은 기준음이었던 C4보다 7옥타브 높은 C11과 같은 음이어야 한다. 따라서 다음이 성립하여야 한다.

$$\left(\frac{2}{3}\right)^{12} = \left(\frac{1}{2}\right)^{7}$$

그러나 $\left(\frac{2}{3}\right)^{12} \times 2^7 = \frac{2^{19}}{3^{12}} = \frac{524288}{531441} \neq 1$이므로 위 등식은 성립할 수 없다. 이것을 피타고라스 콤마(Pythagorean comma)라고 부른다. 당시 피타고라스의 음계는 유리수만을 사용하던 시대였으므로 이러한 모순에도 불구하고 해결점이 없었다.

## 05 평균율

피타고라스 음계의 이론적 결함으로 인한 불편한 점을 해결하기 위한 대안으로서 평균율(equal temperament)이 등장을 한다. 피타고라스 음계가 유리수만을 사용하여 두 음 사이의 관계를 나타낸다면 평균율은 무리수를 사용한다. 바흐가 작곡에 활용한 평균율은 수학에서 수의 체계가 무리수까지 확장되어 음악이론을 뒷받침하게 된 것이다. 실제로 피타고라스 음계에서는 산술평균과 조화평균을 사용하지만 평균율에서는 기하평균을 사용한다.

> **기하평균**
> 임의의 두 수 $a$, $b$에 대하여 $\sqrt{ab}$는 '두 수 $a$, $b$의 기하평균(geometric mean)'이다.

1과 2 사이를 두 부분으로 나누어 산술평균으로 나누면 그 중간은 $\frac{3}{2}$이다. 또한, 1과 2 사이를 세 부분으로 나누어 산술평균으로 나누면 그 중간에 있는 두 점은 $\frac{4}{3}$, $\frac{5}{3}$가 된다. 이런 식으로 1과 2 사이를 열두 부분으로 나누어 산술평균으로 나누면 그 중간에 있는 열한 점은 $\frac{13}{12}$, $\frac{14}{12}$, $\frac{23}{12}$이다. 반면, 1과 2 사이를 두 부분으로 나누어 기하평균으로 나누면 그 중간은 $\sqrt{2}$가 되고, 1과 2 사이를 세 부분으로 나누어 기하평균으로 나누면 그 중간에 있는 두 점은 $\sqrt[3]{2}, (\sqrt[3]{2})^2$ 가 된다. 이와 같은 식으로 1과 2 사이를 열두 부분으로 나누되 기하평균으로 나누면 그 중간에 있는 열한 점은 $\sqrt[12]{2}$, $(\sqrt[12]{2})^2$, $\cdots$, $(\sqrt[12]{2})^{11}$ 가 된다.

평균율에서는 한 옥타브 사이를 12개의 음으로 나누어 기하평균을 이용한다. 즉, 진동수 1[현의 길이 1]과 진동수2[현의 길이 $\frac{1}{2}$] 사이를 12개의 음으로 나누어 2의 12제곱근 ($\sqrt[12]{2}$)이라는 무리수를 사용하는 것이다. '평균율'이라는 용어에서의 '평균'은 산술평균이나 조화평균이 아닌 기하평균임을 주목할 필요가 있다. 자, 이제는 기본음 C4를 나타내는 현의 길이를 1로 나타내고 $\sqrt[12]{2}$를 $r$로 표시할 때, 평균율에 의한 각 음을 내는 현의 길이를 구해보자.

[표1]

| 음 | C4 | C4♯ | D4 | D4♯ | E4 | F4 | F4♯ |
|---|---|---|---|---|---|---|---|
| 현의 길이 | 1 | $\frac{1}{r}$ | $\frac{1}{r^2}$ | $\frac{1}{r^3}$ | $\frac{1}{r^4}$ | $\frac{1}{r^5}$ | $\frac{1}{r^6}$ |
| 음 | G4 | G4♯ | A4 | A4♯ | B4 | C5 | |
| 현의 길이 | $\frac{1}{r^7}$ | $\frac{1}{r^8}$ | $\frac{1}{r^9}$ | $\frac{1}{r^{10}}$ | $\frac{1}{r^{11}}$ | $\frac{1}{r^{12}}\left(=\frac{1}{2}\right)$ | |

테트락티스에 등장하는 장2도, 완전4도, 완전5도, 그리고 완전8도를 나타내는 유리수는 각각 $\frac{8}{9}$, $\frac{3}{4}$, $\frac{2}{3}$, $\frac{1}{2}$이다. 이 각각의 음정은 평균율에

의해서는 $\frac{1}{r^2}$, $\frac{1}{r^5}$, $\frac{1}{r^7}$, $\frac{1}{r^{12}}$이 된다. 이 중에서 $\frac{1}{r^{12}}=\frac{1}{2}$ 외에는 모두 무리수이다. $\frac{1}{r^2}$, $\frac{1}{r^5}$, $\frac{1}{r^7}$ 각각의 근삿값은 0.89090, 0.74915, 0.66742로서 $\frac{8}{9}$, $\frac{3}{4}$, $\frac{2}{3}$와 매우 근사하다.

실제 계산에서 $r=\sqrt[12]{2}$의 근삿값으로 1.05946을 사용한다. 매우 복잡한 근삿값처럼 보이지만 이 정도면 간단히 나타낸 것이다. 원래의 $r=\sqrt[12]{2}$는 무리수이므로 영원히 끝이 없거니와 순환하지도 않는 소수(decimal fraction, 小數)이기 때문이다.

## 06 기타 악기에서 점의 의미

기타(guitar) 그림에서 지판(finger board) 위에 찍혀 있는 점은 단순한 장식이 아니다. 두 개의 점이 찍혀 있는 프렛(fret)은 현의 중심으로서 한 옥타브(완전8도) 높은 음을 내는 곳이다. 현의 전체 길이를 1이라고 하면, 위에서 다섯 번째 찍혀 있는 점은 현의 길이가 $\frac{1}{r^5}$로 완전4도 높은 음을, 일곱 번째 찍혀 있는 점은 현의 길이가 $\frac{1}{r^7}$로 완전5도 높은 음을 내는 곳을 나타낸다. 여기서 $r$는 $\sqrt[12]{2}$이다. 그동안에는 무심히 보았던 기타의 하얀 점을 이제는 예사로 보지 않아야 한다. 이는 수학적 원리와 음계의 구조를 의미하는 것으로 디자인을 위한 단순한 점이 아닌 것이다.

그림3

## 07 조옮김의 원리

기타처럼 평균율로 조율된 악기의 경우에는 조옮김이 용이하므로 악기를 연주할 때 '카포'라는 기구를 사용할 수 있다. 예를 들어, 첫 번째 프렛에 카포를 적용하면 13번째 프렛이 현의 중앙이 되어 한 옥타브 높은 음을 낸다. 이는 다음 식으로부터 알 수 있다.

원래 현의 길이 : 1

새로운 현의 길이 : $\frac{1}{r}$

새로운 현의 길이의 반 : $\frac{1}{r}\times\frac{1}{2}=\frac{1}{2}\times\frac{1}{r^{12}}=\frac{1}{r^{13}}$

위의 식을 보면 기타의 어느 프렛에 카포를 적용하여도 적용하기 전의 모든 원리가 그대로 적용된다는 것을 알 수 있다. 이와 같은 원리로 $C^{\#}$ Major의 음악을 연주하고자 할 때에는, 카포를 첫 번째 프렛에 적용하고 C Major로 연주하면 된다.

또 D Major의 음악을 C Major로 기타를 연주하고자 하면 두 번째 프렛에 카포를 적용하면 되고, D Major의 음악을 A Major로 연주하고자 하면 다섯 번째 프렛에 카포를 적용하면 된다. 결국 동일한 음악을 조옮김을 통하여(카포를 사용하여) 여러 가지 키(key)로 연주할 수 있다. 이는 평균율이 가지는 큰 장점 중 하나이다.

## 08 동양 음계의 원리 : 삼분손익

이번에는 동양음악의 음계를 살펴보자. 현대의 서양음악은 평균율에 의한 12반음체계로 되어 있다. 우리나라와 중국의 전통음악에서도 12음을 사용하는데 이것을 12음이라고 하지 않고 '12율(律)'이라고 한다. 우리나라의 12율을 산출하는 방법은 삼분손익(三分損益)법이다. 삼분손익법이란 삼분손일(三分損一)과 삼분익일(三分益一)을 사용하여 12율을 얻는 방법이다.

삼분손익법에 의한 발음(發音) 규칙은 다음과 같다. 기본음이 되는 소리를 내는 율관(律管)의 길이를 3등분하고, 그 중에서 $\frac{1}{3}$을 제거한 나머지 $\frac{2}{3}$에 해당하는 길이의 율관으로 소리를 내면, 완전5도 높은 소리가 나는데 이 방법이 삼분손일이다. 한편, 율관의 길이를 3등분하여 그 $\frac{1}{3}$에 해당하는 길이만큼을 더한 길이 $\frac{3}{4}$의 율관에서 나는 소리는 기본보다 완전4도 낮은 소리가 나는데 이러한 방법이 삼분익일이다.

이와 같이 한 번은 삼분손일하여 완전5도 위의 높은 음을 얻고, 한 번은 삼분익일하여 완전4도 아래 음을 얻는 방법을 거듭하여 12율을 생성하는 것이다.

우리나라에서는 조선 시대 세종이 박연(朴堧)으로 하여금 12개의 율관을 만들도록 하였다. 당시에 편찬된 악학궤범(樂學軌範)에 의하면, 박연은 삼분손익법을 대나무와 서속(西俗)에 적용하여 12율을 얻었다고 한다.(김기원·안선필, 2004)

훗날 다산 정약용(茶山 丁若鏞)은 그의 저서 『악서고존(樂書孤存)』에서 12율을 생성하는 전통적인 방법의 보완을 제시하였다. 다산은 12율의 척도를 정하기 위해 사용한 대나무 율관이나 서속의 불규칙한 모양으로 인해 정확한 척도로서 적절하지 않음을 보완하고자 하였던 것이다.

## 09 음률의 비교

피타고라스 음계에 의한 음과 평균율에 의한 음의 차이가 사람의 청각이 인식할 수 있는 차이인지 아닌지를 알기 위해서 좀 더 정확한 비교를 해 보자.

두 개의 음률을 비교할 때는 센트(cent)의 개념을 사용하면 편리하다. 평균율에 의한 각 음의 센트는 다음과 같다.

| C4 | C4$^{\#}$ | D4 | D4$^{\#}$ | E4 | F4 | F4$^{\#}$ | G4 | G4$^{\#}$ | A4 | A4$^{\#}$ | B4 | C5 |
|---|---|---|---|---|---|---|---|---|---|---|---|---|
| | 100 | 200 | 300 | 400 | 500 | 600 | 700 | 800 | 900 | 1000 | 1100 | 1200 |

그림4

기준이 되는 C4의 주파수를 1이라고 하자. 예를 들어, G4의 주파수는 $r^7(r=\sqrt[12]{2})$이므로 센트는 다음과 같이 정의된다.

$$1200 \times \log_2 \alpha$$

또한, G4의 센트는 다음과 같이 계산된다.

$$1200 \times \log_2 r^7 = 1200 \times 7 \times \log_2 r = 1200 \times 7 \times \log_2 2^{\frac{1}{12}}$$
$$= 1200 \times 7 \times \frac{1}{12} \times \log_2 2 = 700$$

일반적으로 센트는 다음과 같이 정의할 수 있다.

> 기준이 되는 C4의 주파수를 1이라고 하자. 어떤 음의 주파수가 $\alpha$일 때, 그 음의 센트는 다음과 같이 정의된다.
> $$1200 \times \log_2 \alpha$$

예를 들어, 기준이 되는 C4보다 완전8도 높은 C5의 센트는 $1200 \times \log_2 2 = 1200$이다. 한편, C4보다 완전5도 높은 G4의 센트는 다음과 같다.

$$1200 \times \log_2 r^7 = 1200 \times 7 \times \log_2 r = 1200 \times 7 \times \log_2 2^{\frac{1}{12}}$$
$$= 1200 \times 7 \times \frac{1}{12} \times \log_2 2 = 700$$

센트를 계산기를 사용하여 계산할 때, 보통의 계산기는 밑이 2인 로그 계산을 지원하지 않는다. 그러한 경우를 대비하여 밑이 2인 로그를 상용로그로 변환하여 계산하면 편리하다. 따라서 $\log_2 \alpha = \dfrac{\log \alpha}{\log 2}$이므로 음의 주파수가 $\alpha$일 때, 그 음의 센트는 $1200 \times \log_2 \alpha = 1200 \times \dfrac{\log \alpha}{\log 2}$와 같이 계산할 수 있다.

평균율에 의한 각 음의 센트는 원래의 공식 $1200 \times \log_2 \alpha$를 사용하면 편리하다. 센트는 평균율에 기초하여 정의되기 때문이다.

평균율은 한 옥타브를 12개의 음으로 나눈 것을 기하평균을 이용하여 나누기 때문에 무리수 $r = \sqrt[12]{2} \fallingdotseq 1.05946$이 중요한 역할을 한다.

센트 역시 한 옥타브를 1200칸으로 나눈 것을 역시 기하평균으로 나누므로 $\sqrt[1200]{2} \fallingdotseq 1.00058$이 중요한 역할을 한다. 즉, 1센트 차이가 나는 음정의 주파수 비율은 약 1.0005777895가 된다는 뜻이다.

피타고라스 음계에 의한 세 개 음 D4, F4, G4 각각에 대한 주파수 비율과 센트는 다음과 같다.

[표2]

| 음 | C4 | D4 | F4 | G4 | C5 |
|---|---|---|---|---|---|
| 주파수 비율 | 1 | $\frac{9}{8}$ | $\frac{4}{3}$ | $\frac{3}{2}$ | 2 |
| 센트 | 0 | 204 | 498 | 702 | 1200 |

즉, 피타고라스 음계의 센트는 204, 298, 702이고 평균율에 의한 센트는 200, 500, 700이므로 두 음의 차이는 거의 인지할 수가 없다는 결론이 나온다. 인간이 구별할 수 있는 최소의 음정은 6센트 정도이므로 인간의 청각으로는 거의 같은 음으로 느낀다는 것이다. 그러면 청각적으로 구별하지 못하였는데 왜 평균율이 등장하게 되었을까? 이에 대한 이유를 여러 가지 들 수 있겠으나 가장 중요한 이유는 역시 '피타고라스 콤마'이다. 피타고라스 음계에서는 이 문제로 인하여 한 옥타브를 구성하는 열두 음을 정확히 규정하기가 어렵다. 따라서 한 옥타브를 구성하는 열두 음 각각(특히, $C^{\#}$, $D^{\#}$, $F^{\#}$, $G^{\#}$, $A^{\#}$)에 대한 센트 계산이 잘 정해지지 않는다.

## 10 황금비

수학에서 아름다움을 상징하는 수는 황금비(golden ratio)로 $\frac{1+\sqrt{5}}{2}$이다. 피보나치 수열

1, 1, 2, 3, 5, 8, 13, 21, 34, 55, …

에서 연속되는 두 항의 비는 황금비에 수렴한다.

황금비는 음악에서도 자주 발견된다. 대표적인 예로서 헝가리의 작곡가 바르토크(B. Bartók, 1881~1945)의 <현악기, 타악기, 첼리스트를 위한 음악(Music for Strings, Percussion and Celesta)>을 들 수 있다.(김성숙, 2002)

## 11 대칭

수학에서 아름다움을 말할 때 황금비와 함께 자주 사용되는 개념이 대칭(symmetry)이다. 황금비와 대칭은 아름다움의 주요 요인일 뿐만 아니라 중요한 수학적 개념이기 때문이다. 음악에서도 대칭을 종종 발견할 수 있다.

다음 음악은 바흐의 인벤션(Inventionen) 제8번(BWV 779)의 동기 두 마디이다.

위 동기를 좌·우 반사시키면 아래와 같은 선율을 얻게 된다.

이렇게 좌·우 반사시킨 선율을 상·하로  반사시키면 아래와 같은 선율이 만들어진다.

이렇게 만들어진 선율을 다시 좌·우 반사시키면 아래의 선율이 된다.

## 12 거문고

거문고는 우리나라의 대표적인 국악기로서 '백악지장(百樂之丈)'이라고 불린다. 백 가지 악기 중 가장 어른이란 뜻이다.

악학궤범(樂學軌範) 등에 의하면 거문고는 수학적 원리에 의해 제작되었다고 볼 수 없다. 이는 기타나 피아노 등과 같은 서양악기 제작과 크게 다른 점이다. 이를 나타내는 것이 바로 거문고 발음(發音)에서 중요한 역할을 하는 괘율이다. 괘율은 현재까지 통일되지 않고 거문고마다 다양하게 나타나고 있는데 현대의 거문고 제작자도 괘율에 관한 한 모든 제작자가 공통으로 준수하는 규칙은 없다고 말한다.

그러나 최근 거문고 괘율 분석을 위한 수학적 모형이 제안되고 그 모형에 의한 괘율의 변천 과정을 살핀 연구가 있다.(신현용, 2014)

### 1) 괘율

괘간거리는 아래 그림에서와 같이 각 괘 두께의 중간에서 중간까지의 거리를 뜻하는 것으로서 선분 AB의 길이이다.

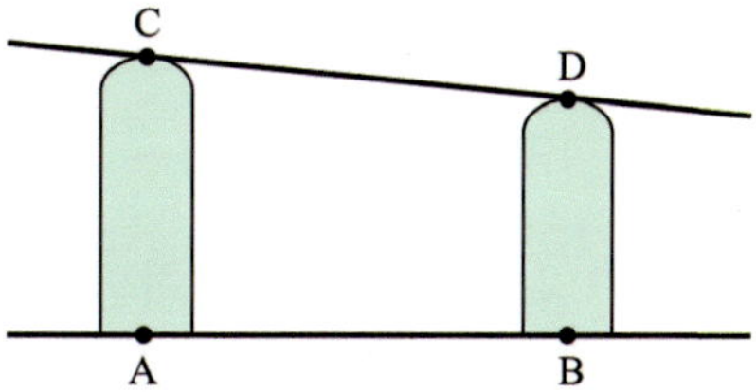


그림5

특정한 두 괘의 괘간거리와 그에 해당하는 현의 길이(선분 CD의 길이)는 엄밀한 의미에서는 같지 않다. 현은 약간의 각도만큼 기울어진 상태로 괘 위에 걸리기 때문이다. 그러나 괘 위에 놓여 있는 세 개의 현(유현, 대현, 괘상청) 모두의 경우에, 기운 각도가 크지 않으므로 특정한 두 괘의 괘간 거리와 그 경우에 해당하는 현의 길이는 같다고 가정할 수 있다.

따라서 특정한 두 괘 $X$, $Y$에 대하여 $X$에서 담괘까지의 거리를 $x$라고 하고 $Y$에서 담괘까지의 거리를 $y$라고 할 때, 그 두 거리의 비율(比率) $\frac{y}{x}$를 두 괘 $X$, $Y$의 "괘율(棵率)"이라고 한다.

여기서 담괘는 거문고 윗부분(봉두)에서 모든 현의 마지막 부분을 고정시키는 괘를 말한다.

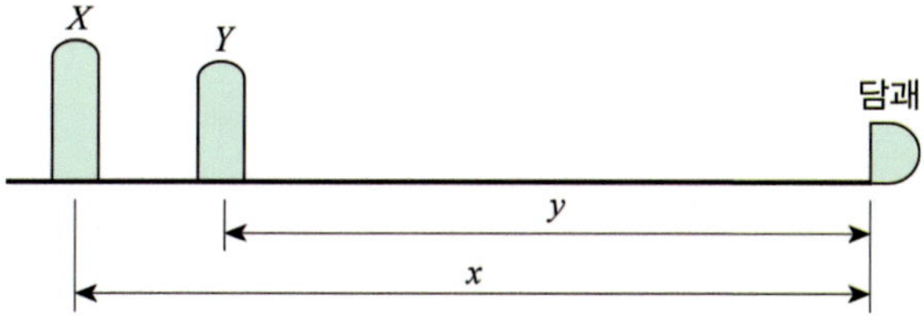


그림6

### 2) $(m, k)$ – 평균율

현대 서양 음악의 대표적 조율체계인 평균율에서 음이 반음씩 높아질 때 현의 길이는 $\frac{1}{r}$, $\frac{1}{r^2}$, $\frac{1}{r^3}$, $\cdots$, $\frac{1}{r^{11}}$, $\frac{1}{r^{12}}=\frac{1}{2}$ 이 된다. 따라서 평균율에

의해 음의 높이를 온음(장2도)씩 높아지게 하기 위해서는 현의 길이를 $\frac{1}{r^2}$, $\frac{1}{r^4}$, $\frac{1}{r^6}$, $\cdots$ 와 같이 하여야 한다.

원래 평균율에서는 $r = \sqrt[12]{2} = 2^{\frac{1}{12}}$ 을 기본 척도로 사용하지만 이 경우에는 $r^2 = (\sqrt[12]{2})^2 = 2^{\frac{2}{12}}$ 을 기본 척도로 사용하는 것이다. 편의상 이러한 모형을 '$(12,2)-$평균율'이라고 하자. 이 정의에 따르면 원래의 평균율, 즉 서양 음악에서 피아노와 기타 등에 적용되는 모형은 $(12,1)-$평균율이다. 이를 통해 기본 척도를 $(\sqrt[13]{2})^2 = 2^{\frac{2}{13}}$, $(\sqrt[14]{2})^2 = 2^{\frac{2}{14}}$, 또는 $(\sqrt[16]{2})^2 = 2^{\frac{2}{16}}$ 등으로 대체하는 모형도 생각할 수 있다. 예를 들어, $(13,\ 2)-$평균율 모형은 $(\sqrt[13]{2})^2 = 2^{\frac{2}{13}}$ 을 기본 척도로 하고, $(14,2)-$평균율 모형은 $(\sqrt[14]{2})^2 = 2^{\frac{2}{14}}$ 을 기본 척도로 한다. 일반적으로 $(\sqrt[m]{2})^k = 2^{\frac{k}{m}}$ 을 기본 척도로 하는 '$(m,\ k)-$평균율' 모형을 생각할 수 있는 것이다.

다음은 평균율 모형에 대해 알려져 있는 내용이다.(신현용, 2014)

- 요즘 연주되는 거문고 괘율은 평균적으로 $(13,\ 2)-$평균율에 따른다.
- 조선 중기 거문고의 괘율은 $(16,\ 2)-$평균율을 따르고, 조선 말 거문고 괘율은 $(14,\ 2)-$평균율을 따른다. 오래된 거문고일수록 괘의 간격이 촘촘하다는 뜻이다.
- 현대의 거문고 괘율은 서양 음악의 평균율, 즉 $(12,\ 2)-$모형에 가깝게 변했다. 조선 말기, 공식 음악 교육 기관이었던 이왕직아악부에서 서양 음악, 즉 평균율이 본격적으로 가르쳐진 사실에 유념하면 그 이유를 다음과 같이 유추할 수 있다. 근대 거문고 연주자들은 앞선 세대의 연주자들에 비해 서양 음악의 평균율에 어느 정도 익숙했을 것이다. 따라서 연주자와 제작자에 상당 부분 의존하는 거문고 괘율이 평균율에 가깝게 변하는 것은 자연스러운 현상일 것이다.

## 요약

중·고등학교에서 배우는 수학이 음악에 어떻게 활용되는지를 몇 가지 예를 통하여 살펴보았다. 여러 가지 평균은 화음을 얻는 데 중요하고, 기하평균과 무리수는 평균율을 구성하는 기초가 된다. 음정의 정도는 로그함수를 이용하여 정의된다. 수학적인 방법으로 제작되지 않은 거문고에서조차 수학적으로 연구할 수 있다.

## 생각해 볼 문제

1. 피타고라스 음계의 원리에 의한 도, 레, 미, 파, 솔, 라, 시, 도 각각에 해당하는 현의 길이를 계산하여 보아라.
2. 우리나라 국악기 중에서 삼분손익법으로 조율된 대표적인 악기는 무엇인가?
3. 계산기를 사용하여 황금비는 약 1.618임을 확인하여라.
4. 피보나치 수열 1, 1, 2, 3, 5, 8, 13, 21, 34, 55, …에서 $\frac{(\text{뒤 항})}{(\text{앞 항})}$의 수열

$$\frac{1}{1}, \frac{2}{1}, \frac{3}{2}, \frac{5}{3}, \frac{8}{5}, \frac{13}{8}, \frac{21}{13}, \frac{34}{21}, \frac{55}{34}, \cdots$$

   는 황금비에 점점 가까워진다는 것을 계산기를 사용하여 확인하여라.

## 참고문헌

김기원·안선필(2004), 한국 음악 속의 수학, 한국수학사학회지 제17권 제4호

김성숙(2002), 수학과 음악, 2002, 수학사학회지 15권 2호

신현용(2014), 거문고 괘율에 관한 조사 및 괘율 분석을 위한 수학적 모형 개발, 한국음악연구 제55집, 한국국악학회

신현용·신혜선·나준영·신기철(2014), 수학 IN 음악, 한국수학교육학회 수학교사시리즈 12, 교우사

# 제4장

# 수학과 디자인

디자인은 아름다움을 시각적으로 표현하는 행위라고 할 수 있다. '아름다움'을 나타내기 위해서는 수학적 접근이 필요하다. 아름다움을 나타내기 위한 여러 가지 수학적 개념 중에서 '대칭(symmetry)'은 특히 유용하다. 가능한 띠 (frieze)의 디자인 타입은 일곱 개뿐이라는 것은 잘 알려진 사실이다. 이 장(章)에서는 대칭에 관한 기본적인 사실을 이해하고 이를 이용하여 일곱 가지 띠 타입을 살핀다.

## 01 창조와 수학

아름다움의 요소로서 비례(proportion), 조화(harmony), 대칭(symmetry) 등을 고려하고 디자인의 주요 가치를 '아름다움'에 둔다면 디자인은 수학과 무관할 수 없다. 비례, 조화, 대칭 모두는 수학의 주요 주제이며, 수학은 아름다움을 아름답게 표현하는 아름다움이기 때문이다.

플루타르크(Plutarch)의 'Symposiacs(Table Talk)'에서 '플라톤이 신은 항상 기하를 하신다고 말한 의도는 무엇인가'가 논의된다. 플라톤은 '신은 항상 기하를 하신다'라는 인식을 가지고 있었던 것 같다. 신의 천지창조에 관한 그림 중에는 신, 즉 창조주가 컴퍼스(compass) 또는 자(ruler)를 들고 있는 경우가 많은 것도 동일한 인식 때문일 것이다. 신이 우주를 디자인할 때 수학을 하였다는 인식이다.

## 02 작도

문양이나 디자인에서 직선, 원, 평행선, 수직선 등의 도형을 발견할 수 있다. 이러한 도형은 아무런 도구를 사용하지 않고 개략적으로 그려질 수 있겠지만, 섬세한 문양을 그리고자 하는 경우에는 자와 컴퍼스를 사용한다. 작도에서 사용하는 자에는 눈금이 필요 없다. 눈금은 단위 길이를 여러 개 나타낸 것인데 단위 길이는 상황에 따라 다르게 주어지기 때문이다.

유클리드(Euclid)의 '원론(Elements)'은 이차다항식의 풀이를 작도로 제시한다. 작도는 단순히 문양을 그리는 역할에 머물지 않았던 것이다.

사실 수학에서는 작도의 중요성을 다항식의 풀이 관점에서도 볼 수 있다.

작도는 디자인과 직접적인 관련이 있다. 예를 들어, 정삼각형은 작도가 가능하다. 정삼각형의 세 변 각각의 중점을 작도하고 아래 왼쪽 그림과 같이 각각의 변에 반원 두 개를 변의 위와 아래에 그리면 빗금 그은 부분의 그림을 얻을 수 있다.

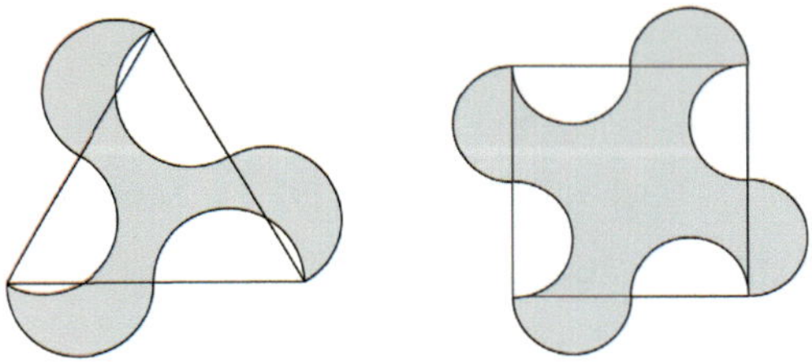

그림1

동일한 절차를 정사각형을 작도한 후 적용하면 위의 오른쪽 그림을 그릴 수 있다. 이런 식으로 작도를 이용하여 여러 가지 문양을 디자인할 수 있다. 한편, 정다각형의 작도가능성은 중요한 수학문제이다. 정삼각형, 정사각형, 정오각형, 정육각형은 작도가 가능하지만 정칠각형은 그렇지 않다. 독일의 수학자 가우스는 정십칠각형을 작도한 것에 대하여 큰 자부심을 가졌다.

## 03 대칭

대칭은 디자인의 주요 요소 중 하나로 볼 수 있으므로 대칭의 이론은 문양 디자인의 이해와 분류 그리고 생성에서 유용하다. 예를 들어, 다음 문양을 생각해보자.

그림2

이 문양을 얻기 위해 먼저 자와 컴퍼스를 사용하여 아래의 왼쪽 그림을 그린다.

그림3

그러면 위의 오른쪽 그림에 나타낸 $y$축에 관해 좌우 반사 대칭을 통하여 원래 문양(그림2)을 얻을 수 있다. 일반적으로 대칭(symmetry)이라고 하면 어떤 대상을 변화시키지 않는 변환(transformation)을 뜻하며 대칭으로서 대표적인 것은 평행이동(translation), 회전(rotation) 그리고 반사(reflection)이다.

### 1) 평행이동의 예

아래 문양은 일정한 부분(점선 안)을 좌우로 평행이동을 반복함으로써 얻을 수 있다. 이 문양은 평행이동 대칭을 가지고 있는 것이다.

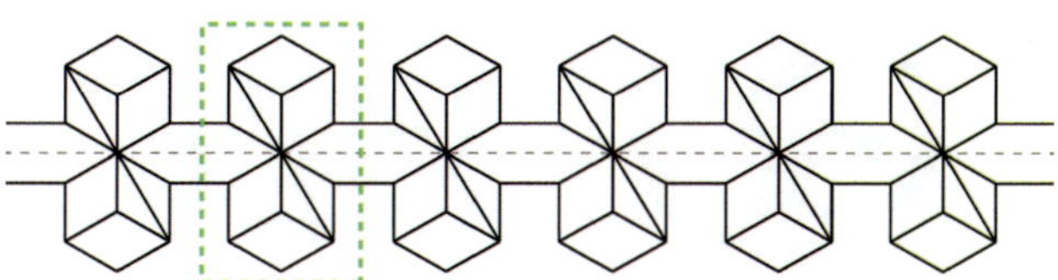

그림4

### 2) 회전의 예

아래 그림에서 왼쪽 문양은 오른쪽 문양을 점 O를 축으로 180°회전시킴으로써 얻을 수 있다. 즉, 왼쪽 문양은 회전 대칭을 가지고 있는 것이다.

그림5

### 3) 반사의 예

아래 그림에서 왼쪽 문양은 오른쪽 문양을 $y$축에 관하여 반사시킴으로써 얻을 수 있다.

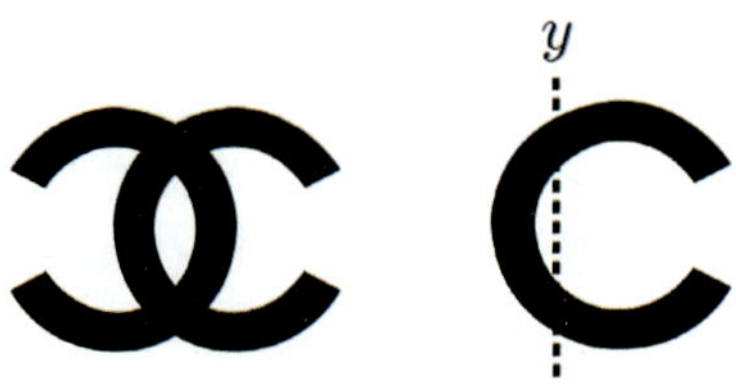


그림6

즉, 왼쪽 문양은 $y$축 반사 대칭을 가지고 있는 것이다. 한편, 아래 그림에서 왼쪽 문양은 오른쪽 문양을 $x$축에 관하여 반사시킴으로써 얻을 수 있다. 즉, 왼쪽 문양은 $x$축 반사 대칭을 가지고 있는 것이다.

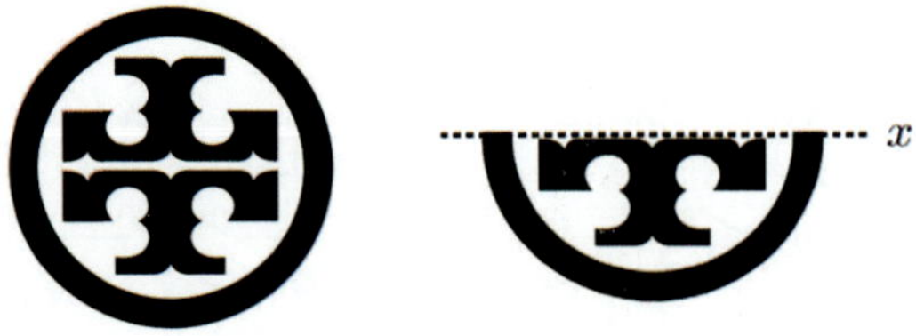


그림7

## 04 대칭의 행렬 표현

앞에서 살펴 본 여러 가지 대칭을 수학적으로 분석할 수 있는 이유는 대칭은 모두 행렬로 나타낼 수 있기 때문이다.

### 1) 평행이동

좌표평면에서 점 $\begin{bmatrix} x_1 \\ y_1 \end{bmatrix}$을 $\begin{bmatrix} e \\ f \end{bmatrix}$만큼 평행이동 시켜 점 $\begin{bmatrix} x_2 \\ y_2 \end{bmatrix}$를 얻었다면 다음이 성립한다.

$$x_2 = x_1 + e$$
$$y_2 = y_1 + f$$

따라서 다음과 같은 관계를 알 수 있다.

$$\begin{bmatrix} x_2 \\ y_2 \end{bmatrix} = \begin{bmatrix} x_1 + e \\ y_1 + f \end{bmatrix} = \begin{bmatrix} 1 & 0 \\ 0 & 1 \end{bmatrix} \begin{bmatrix} x_1 \\ y_1 \end{bmatrix} + \begin{bmatrix} e \\ f \end{bmatrix}$$

이 표현에서는 행렬의 곱셈과 덧셈을 모두 사용하여야 하지만, 행렬의 크기를 키우면 다음과 같이 행렬의 곱셈으로만 나타낼 수 있다.

$$\begin{bmatrix} x_2 \\ y_2 \\ 1 \end{bmatrix} = \begin{bmatrix} 1 & 0 & e \\ 0 & 1 & f \\ 0 & 0 & 1 \end{bmatrix} \begin{bmatrix} x_1 \\ y_1 \\ 1 \end{bmatrix}$$

이 경우, 좌표평면 위의 점 $\begin{bmatrix} x_1 \\ y_1 \end{bmatrix}$는 $\begin{bmatrix} x_1 \\ y_1 \\ 1 \end{bmatrix}$로 표현되며, $\begin{bmatrix} e \\ f \end{bmatrix}$만큼의 평행이동은 행렬 $\begin{bmatrix} 1 & 0 & e \\ 0 & 1 & f \\ 0 & 0 & 1 \end{bmatrix}$로 나타낼 수 있다.

### 2) 회전

좌표평면에서 점 $\begin{bmatrix} x_1 \\ y_1 \end{bmatrix}$을 원점을 중심으로 180°만큼 회전시켜 점 $\begin{bmatrix} x_2 \\ y_2 \end{bmatrix}$를 얻었다면 다음이 성립한다.

$$x_2 = -x_1$$
$$y_2 = -y_1$$

따라서 다음과 같은 관계를 알 수 있다.

$$\begin{bmatrix} x_2 \\ y_2 \end{bmatrix} = \begin{bmatrix} -1 & 0 \\ 0 & -1 \end{bmatrix} \begin{bmatrix} x_1 \\ y_1 \end{bmatrix}$$

이것은 다음과 같이 나타낼 수 있다.

$$\begin{bmatrix} x_2 \\ y_2 \\ 1 \end{bmatrix} = \begin{bmatrix} -1 & 0 & 0 \\ 0 & -1 & 0 \\ 0 & 0 & 1 \end{bmatrix} \begin{bmatrix} x_1 \\ y_1 \\ 1 \end{bmatrix}$$

좌표평면 위에서 180° 회전은 행렬 $\begin{bmatrix} -1 & 0 & 0 \\ 0 & -1 & 0 \\ 0 & 0 & 1 \end{bmatrix}$로 나타낼 수 있다.

### 3) 반사

좌표평면에서 점 $\begin{bmatrix} x_1 \\ y_1 \end{bmatrix}$을 $y$축에 관하여 반사시켜서 점 $\begin{bmatrix} x_2 \\ y_2 \end{bmatrix}$를 얻었다면 다음이 성립한다.

$$x_2 = -x_1$$
$$y_2 = y_1$$

따라서 다음과 같은 관계를 알 수 있다.

$$\begin{bmatrix} x_2 \\ y_2 \end{bmatrix} = \begin{bmatrix} -1 & 0 \\ 0 & 1 \end{bmatrix} \begin{bmatrix} x_1 \\ y_1 \end{bmatrix}$$

이것은 다음과 같이 나타낼 수 있다.

$$\begin{bmatrix} x_2 \\ y_2 \\ 1 \end{bmatrix} = \begin{bmatrix} -1 & 0 & 0 \\ 0 & 1 & 0 \\ 0 & 0 & 1 \end{bmatrix} \begin{bmatrix} x_1 \\ y_1 \\ 1 \end{bmatrix}$$

좌표평면 위에서 $y$축에 관한 반사는 행렬 $\begin{bmatrix} -1 & 0 & 0 \\ 0 & 1 & 0 \\ 0 & 0 & 1 \end{bmatrix}$로 나타낼 수 있다. 한편, 좌표평면에서 점 $\begin{bmatrix} x_1 \\ y_1 \end{bmatrix}$을 $x$축에 관하여 반사시켜서 점 $\begin{bmatrix} x_2 \\ y_2 \end{bmatrix}$를 얻었다면 다음이 성립한다.

$$x_2 = x_1$$
$$y_2 = -y_1$$

따라서 다음과 같은 관계를 알 수 있다.

$$\begin{bmatrix} x_2 \\ y_2 \end{bmatrix} = \begin{bmatrix} 1 & 0 \\ 0 & -1 \end{bmatrix} \begin{bmatrix} x_1 \\ y_1 \end{bmatrix}$$

이것은 다음과 같이 나타낼 수 있다.

$$\begin{bmatrix} x_2 \\ y_2 \\ 1 \end{bmatrix} = \begin{bmatrix} 1 & 0 & 0 \\ 0 & -1 & 0 \\ 0 & 0 & 1 \end{bmatrix} \begin{bmatrix} x_1 \\ y_1 \\ 1 \end{bmatrix}$$

좌표평면 위에서 $x$축에 관한 반사는 행렬 $\begin{bmatrix} 1 & 0 & 0 \\ 0 & -1 & 0 \\ 0 & 0 & 1 \end{bmatrix}$로 나타낼 수 있다.

## 05 대칭 상호 간의 관계

대칭 상호 간의 관계를 행렬을 이용하여 설명할 수 있다.

### 1) 평행이동 후 $x$축 반사

좌표평면에서 점 $\begin{bmatrix} x_1 \\ y_1 \end{bmatrix}$을 $\begin{bmatrix} e \\ f \end{bmatrix}$만큼 평행이동한 후 $x$축에 관하여 반사시켜 점 $\begin{bmatrix} x_2 \\ y_2 \end{bmatrix}$를 얻었다면 다음이 성립한다.

$$x_2 = x_1 + e$$
$$y_2 = -y_1 - f$$

이 사실을 행렬의 곱으로 표현할 수 있다.

$\begin{bmatrix} e \\ f \end{bmatrix}$만큼 평행이동한 것을 나타내는 행렬은 $\begin{bmatrix} 1 & 0 & e \\ 0 & 1 & f \\ 0 & 0 & 1 \end{bmatrix}$이고, $x$축에 관한 반사를 나타내는 행렬은 $\begin{bmatrix} 1 & 0 & 0 \\ 0 & -1 & 0 \\ 0 & 0 & 1 \end{bmatrix}$이다. 이제 두 행렬의 곱을 계산하면 다음과 같다. 곱하는 순서는 관례에 따라 오른쪽에서 왼쪽으로 한다.

$$\begin{bmatrix} 1 & 0 & 0 \\ 0 & -1 & 0 \\ 0 & 0 & 1 \end{bmatrix} \begin{bmatrix} 1 & 0 & e \\ 0 & 1 & f \\ 0 & 0 & 1 \end{bmatrix} = \begin{bmatrix} 1 & 0 & e \\ 0 & -1 & -f \\ 0 & 0 & 1 \end{bmatrix}$$

행렬 $\begin{bmatrix} 1 & 0 & e \\ 0 & -1 & -f \\ 0 & 0 & 1 \end{bmatrix}$이 $\begin{bmatrix} e \\ f \end{bmatrix}$만큼 평행이동한 후 $x$축에 관하여 반사시키는 대칭을 나타내면, 다음을 알 수 있다.

$$\begin{bmatrix} x_2 \\ y_2 \\ 1 \end{bmatrix} = \begin{bmatrix} 1 & 0 & e \\ 0 & -1 & -f \\ 0 & 0 & 1 \end{bmatrix} \begin{bmatrix} x_1 \\ y_1 \\ 1 \end{bmatrix} = \begin{bmatrix} x_1 + e \\ -y_1 - f \\ 1 \end{bmatrix}$$

### 2) 평행이동 후 180° 회전

좌표평면에서 점 $\begin{bmatrix} x_1 \\ y_1 \end{bmatrix}$을 $\begin{bmatrix} e \\ f \end{bmatrix}$만큼 평행이동한 후 180° 회전시켜 점

$\begin{bmatrix} x_2 \\ y_2 \end{bmatrix}$를 얻었다면 다음이 성립한다.

$$x_2 = -x_1 - e$$

$$y_2 = -y_1 - f$$

이 사실을 행렬의 곱으로 표현할 수 있다.

$\begin{bmatrix} e \\ f \end{bmatrix}$만큼 평행이동한 것을 나타내는 행렬은 $\begin{bmatrix} 1 & 0 & e \\ 0 & 1 & f \\ 0 & 0 & 1 \end{bmatrix}$이고, 180° 회전을 나타내는 행렬은 $\begin{bmatrix} -1 & 0 & 0 \\ 0 & -1 & 0 \\ 0 & 0 & 1 \end{bmatrix}$이다. 이제 두 행렬의 곱을 계산하면 다음과 같다.

$$\begin{bmatrix} -1 & 0 & 0 \\ 0 & -1 & 0 \\ 0 & 0 & 1 \end{bmatrix} \begin{bmatrix} 1 & 0 & e \\ 0 & 1 & f \\ 0 & 0 & 1 \end{bmatrix} = \begin{bmatrix} -1 & 0 & -e \\ 0 & -1 & -f \\ 0 & 0 & 1 \end{bmatrix}$$

행렬 $\begin{bmatrix} -1 & 0 & -e \\ 0 & -1 & -f \\ 0 & 0 & 1 \end{bmatrix}$ 이 $\begin{bmatrix} e \\ f \end{bmatrix}$만큼 평행이동한 후 180° 회전시키는 대칭을 나타내면 다음을 알 수 있다.

$$\begin{bmatrix} x_2 \\ y_2 \\ 1 \end{bmatrix} = \begin{bmatrix} -1 & 0 & -e \\ 0 & -1 & -f \\ 0 & 0 & 1 \end{bmatrix} \begin{bmatrix} x_1 \\ y_1 \\ 1 \end{bmatrix} = \begin{bmatrix} -x_1 - e \\ -y_1 - f \\ 1 \end{bmatrix}$$

### 3) 180° 회전 후 $x$축 반사

좌표평면에서 점 $\begin{bmatrix} x_1 \\ y_1 \end{bmatrix}$을 180° 회전한 후 $x$축을 반사시켜 점 $\begin{bmatrix} x_2 \\ y_2 \end{bmatrix}$를 얻었다면 다음이 성립한다.

$$x_2 = -x_1$$

$$y_2 = y_1$$

이 사실을 행렬의 곱으로 표현할 수 있다.

180° 회전을 나타내는 행렬은 $\begin{bmatrix} -1 & 0 & 0 \\ 0 & -1 & 0 \\ 0 & 0 & 1 \end{bmatrix}$ 이고, $x-$축에 관한 반사를 나타내는 행렬은 $\begin{bmatrix} 1 & 0 & 0 \\ 0 & -1 & 0 \\ 0 & 0 & 1 \end{bmatrix}$ 이다. 이제 두 행렬의 곱을 계산하면 다음과 같다.

$$\begin{bmatrix} 1 & 0 & 0 \\ 0 & -1 & 0 \\ 0 & 0 & 1 \end{bmatrix} \begin{bmatrix} -1 & 0 & 0 \\ 0 & -1 & 0 \\ 0 & 0 & 1 \end{bmatrix} = \begin{bmatrix} -1 & 0 & 0 \\ 0 & 1 & 0 \\ 0 & 0 & 1 \end{bmatrix}$$

행렬 $\begin{bmatrix} -1 & 0 & 0 \\ 0 & 1 & 0 \\ 0 & 0 & 1 \end{bmatrix}$ 이 180° 회전한 후 $x$축을 반사시키는 대칭을 나타내면 다음을 알 수 있다.

$$\begin{bmatrix} x_2 \\ y_2 \\ 1 \end{bmatrix} = \begin{bmatrix} -1 & 0 & 0 \\ 0 & 1 & 0 \\ 0 & 0 & 1 \end{bmatrix} \begin{bmatrix} x_1 \\ y_1 \\ 1 \end{bmatrix} = \begin{bmatrix} -x_1 \\ y_1 \\ 1 \end{bmatrix}$$

이상으로부터 180° 회전한 후의 $x$축 반사는 $y$축 반사임을 알 수 있다.

## 06 띠

아래 문양에서와 같이 특정한 한 단위(점선 안)의 문양이 좌우로 반복될 때 그 문양을 띠(frieze)라고 한다. 편의상 띠가 좌우로 무한히 반복된다고 가정한다.

무한히 반복되는 최소 조각을 띠의 '기본 조각(fundamental region)'이라고 한다.

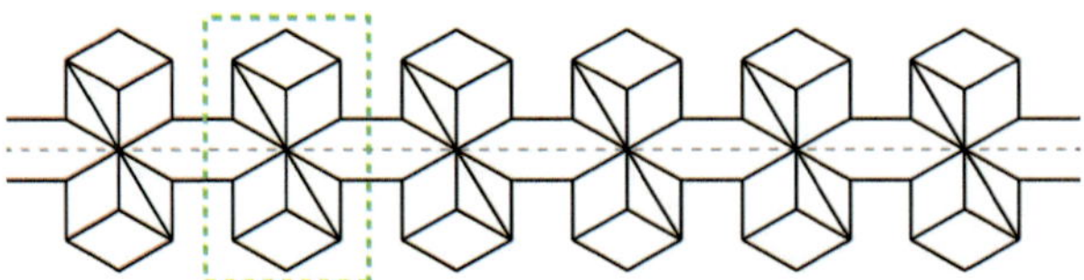

그림8

띠를 수학적으로 이해하고자 할 때는 대칭 개념을 주로 사용하므로 띠가 가지고 있는 대칭성으로서 평행이동, 반사, 회전은 중요한 역할을 한다. 여기서 하나 유념할 것은 띠에서의 평행이동은 정수만큼만 한다는 것이다. 즉, 기본 조각이 좌우로 평행이동한다는 것은 기본 조각의 좌우 길이의 한 배, 두 배, …만큼 오른쪽 또는 왼쪽으로 이동한다는 것을 뜻한다. 따라서 이 경우 평행이동을 나타내는 행렬은 $\begin{bmatrix} 1 & 0 & k \\ 0 & 1 & 0 \\ 0 & 0 & 1 \end{bmatrix}$ 꼴이고 $k$는 정수이다. $k$가 양의 정수(자연수)이면 오른쪽으로의 평행이동이고 음의 정수이면 왼쪽으로의 평행이동이다.

## 07 미끄럼반사

띠를 수학적으로 이해하고자 할 때 대칭 개념을 주로 사용하므로 띠가 가지고 있는 대칭성으로서 평행이동, 반사, 회전은 중요한 역할을 한다. 여기서 하나 유념할 것은 띠에서의 평행이동은 정수만큼만 한다는 것이다. 즉, 기본 조각이 좌우로 평행이동한다는 것은 기본 조각의 좌우 길이의 한 배, 두 배, … 만큼을 오른쪽 또는 왼쪽으로 이동한다는 것을 뜻한다. 따라서 이 경우 평행이동을 나타내는 행렬은 $\begin{bmatrix} 1 & 0 & k \\ 0 & 1 & 0 \\ 0 & 0 & 1 \end{bmatrix}$ 꼴이고 $k$는 정수이다. $k$가 3이면 기본 조각의 좌우 길이의 3배만큼 오른쪽으로 평행이동하는 대칭이고, $k$가 $-5$이면 기본 조각의 좌우 길이의 5배만큼 왼쪽으로 평행이동하는 대칭이다.

이처럼 띠의 경우에서는 정수만큼의 평행이동만을 생각하므로 특별한 형태의 대칭이 발생한다. 예를 들어, 기본 조각을 1/2만큼 평행이동한 후 $x$축에 관하여 반사를 시키는 대칭이 가능하다. 예를 들어 보자.

아래 왼쪽의 띠에서의 기본 조각을 아래 오른쪽 그림의 ABCD라고 생각할 수 있다.

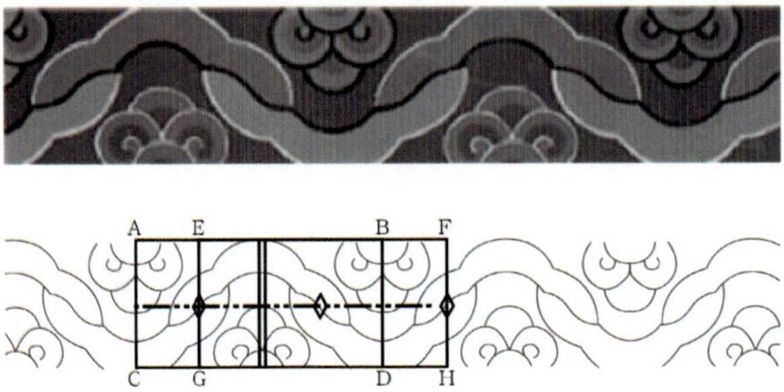


그림9

이 기본조각의 길이(선분 AB의 길이)의 반$\left(\frac{1}{2}\right)$을 평행이동 시킨 후 $x$축에 관하여 반사시켜도 원래의 띠 모양은 변하지 않는다. 즉, 이 띠는 이러한 특별한 대칭을 가지는 것이다. 그러나 이 대칭은 '평행이동 후 $x-$축 반사'라고는 할 수 없다. 띠에서의 평행이동은 정수만큼을 뜻하기 때문이다. 결국 띠에서 '$\frac{1}{2}$만큼의 평행이동 후 $x-$축 반사'는 평행이동이나 반사 그리고 회전과는 다른 독립적인 대칭이 된다. 띠에서 이러한 대칭을 '미끄럼 반사(glide reflection)'라고 하며, 기본 조각을 EFGH로 택할 수도 있다.

## 08 띠의 타입

한 방향으로만 평행이동하는 일차원적 문양인 띠에서는 60°, 90°, 120° 등의 회전은 생각할 수 없다. 띠에서는 회전이 없는 0°(360°) 회전과 180° 회전만이 가능한 것이다.

결국 띠에서는 좌우 반사($y$축 반사), 상하 반사($x$축 반사), 180° 회전, 그리고 미끄럼 반사 등 네 가지 대칭을 생각할 수 있다.

대칭에 관한 수학을 약간 적용하면 띠는 일곱 개 타입 밖에는 없다는 것을 증명할 수 있다. 이때, 띠의 색(色)은 고려하지 않는다.

다음은 기본 조각의 대칭성에 따른 일곱 개의 띠 타입 모습이다.

[표1]

| 기본 조각의 대칭성 | 기본 조각 | 띠 |
|---|---|---|
| |  |  |
| $x$축 반사 |  |  |
| $y$축 반사 |  |  |
| 180°회전 |  |  |
| $x$축 반사<br>$y$축 반사<br>180° 회전 |  |  |
| 미끄럼반사 |  |  |
| 미끄럼반사<br>$y$축 반사 | 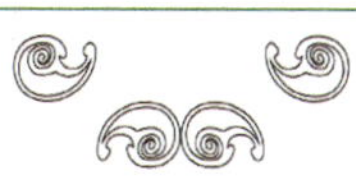 | 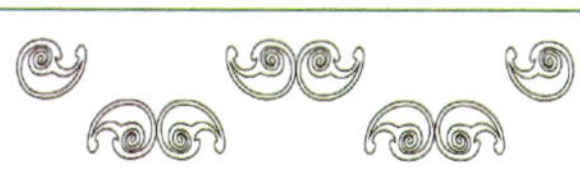 |

## 09 벽지

띠가 기본 조각이 좌우로 무한히 반복되는 일차원적 문양이라면, 벽지는 기본 조각이 좌우, 상하로 두 방향 모두 무한히 반복되는 이차원적 문양이다.

대칭에 관한 수학을 사용하면 벽지는 17개의 타입만 있다는 것을 증명할 수 있지만 이 책에서 그 논의는 생략한다.

네덜란드의 화가 에셔의 그림 중에는 다양한 타입의 벽지가 있고, 스페인 알함브라 궁전에 있는 이슬람 문양 중에도 다양한 타입의 벽지가 있다.

## 10 한국의 전통 문양

각 나라 또는 문화마다 각자의 독특한 문양을 가지고 있는데 이러한 문양들을 띠 또는 벽지로 보고 수학적(대칭적) 관점에서 분류해 볼 수 있다. 한국의 전통 띠에 대해서도 일곱 개 각각의 띠 타입에 따라 제시할 수 있고, 한국의 전통 벽지에 대해서도 마찬가지이다.

왼쪽 QR-코드를 인식하면 한국의 전통 벽지 문양 열일곱 개가 일곱 개 띠 문양과 함께 원래의 색으로 나타날 것이다. 해당 문양을 가볍게 터치하면 크게 볼 수 있다. 벽지는 작도 가능한 정십칠각형의 모서리에 배치되었다.

## 요약

대칭은 아름다움의 주요 요소이다. 대칭에는 평행이동, 회전, 반사, 미끄럼반사가 있다. 대칭의 관점에서 띠는 일곱 개, 벽지는 열일곱 개가 있다. 대칭을 행렬로 표현하여 문양의 성질을 알 수 있다. 수학은 디자인 특히 띠 문양이나 벽지 문양을 분석하고 생산함에 유용하다.

## 생각해 볼 문제

1. 주변에서 대칭이 있는 상표를 찾아보아라.
2. 정오각형을 작도하고 정오각형에서 황금비를 찾아라.
3. 스페인 그라나다에 위치한 알함브라(Alhambra) 궁전은 화려한 문양으로 유명하다. 인터넷 검색을 통하여 띠 문양 한 개를 찾고 타입을 결정하여라.
4. 네덜란드의 화가 에셔(Escher)는 독특한 문양을 소개하였다. 에셔의 벽지 문양 몇 개를 검색하여 대칭을 찾아보아라.

## 참고문헌


신현용·신실라(2014), 문양에 관한 수학적 접근 : 군론에 의한 한국 전통문양의 분류, Archives of Design Research, Vol. 27(3), Aug 2014.

신현용·신실라·문태선·권혜윤·이윤우(2014), 벽지문양을 소재로 한 수학학습자료 개발 연구, 수학교육, 한국수학교육학회지 시리즈 A, 제 53권, 제3호.

신현용·유익승·문태선·신기철·신실라(2015), 수학 IN 디자인, 교우사.

Shin, H., Kwon, H., Sheen, S., & Mun, M.(2015). *Korean traditional patterns : frieze and wallpaper*, Submitted.

신현용(2016), 美: 갈루아 이론, 승산.

신현용(2016), 대칭: 갈루아 유언, 승산.

# 제5장

# 수학과 건축

• • •

역사적으로 볼 때 건축은 수학의 한 분야였고 또한 수학은 건축의 일부였기에 건축과 수학은 분리될 수 없는 관계였다. 대부분의 건축가들은 수학에 조예가 깊은 사람들이었다. 5장에서는 비례가 건축에 어떻게 사용되었는지를 살펴보고 기원전 1세기에 저술된 비트루비우스의 건축십서가 르네상스시대뿐만 아니라 후세에 끼친 영향을 살펴봄으로써 수학과 건축의 관계를 알아보고자 한다.

역사적으로 볼 때 건축은 수학의 한 분야였고 본질적으로 기하학의 시초는 패턴의 연구였기에 기하학과 건축은 분리될 수 없는 관계였다. 지금까지도 경이롭게 여겨지는 건축물인 피라미드와 고대 바빌로니아의 사원을 만들었던 건축가들 모두 수학자들이었다. 로마의 비트루비우스(Vitruvius) 시대의 건축가들은 수학, 천문, 지리 등 여러 가지 기술을 다루었다. 건축은 영어로 Architecture인데 라틴어 Architectura에서 왔다. Archi는 원리라는 의미이고 Tecture는 기술이라는 의미이다. 르네상스 시대에도 건축설계에 기하학을 이용한 투시화법 등이 수학자임과 동시에 건축가들에 의하여 도입되었다. 그 후 19세기에 들어와 문명이 발달되고 기술이 점차 다방면으로 분화해 나가기 시작하면서 건축가는 설계와 건물을 짓는 것만을 전문으로 하게 되었다. 그러나 여전히 설계를 하기 위해서는 기본적인 기하학뿐만 아니라 수학적인 지식을 알아야 한다. 현재 미국에서는 '건축과 수학'이란 연구저널도 발간이 되고 있고 또한 2년마다 '건축과 수학'이라는 주제로 국제 학회도 열리는 것을 보면 건축과 수학이 얼마나 밀접한 관계가 있는지를 알 수 있다.

## 01 황금비(Golden Ratio)

기원전 약 300년 전에 살았던 유클리드(Euclid)는 기하학원론 (Elements)에서 길이가 1인 선분을 둘로 분할하였을 때, 짧은 부분과 긴 부분의 길이의 비가 긴 부분과 원래 선분의 길이의 비와 똑같아지게 0.6180399에서 나누는 것을 외중비(外中比, dividing a line in the extreme and mean ratio)라고 하였다. 그 후 '신성한 비율' 등 여러 이름으로 불리다가 1835년에 독일 수학자 옴(Ohm, M.)이 「순수기초수학」의 개정판에서 이것을 '황금분할(golden section)'이라 표현하였다.

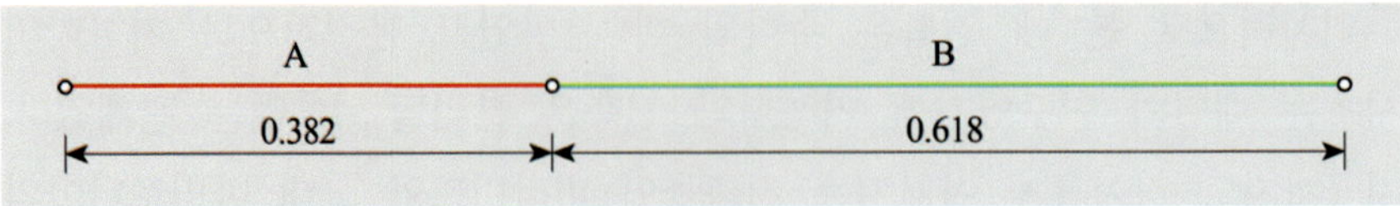


그림1 황금분할점

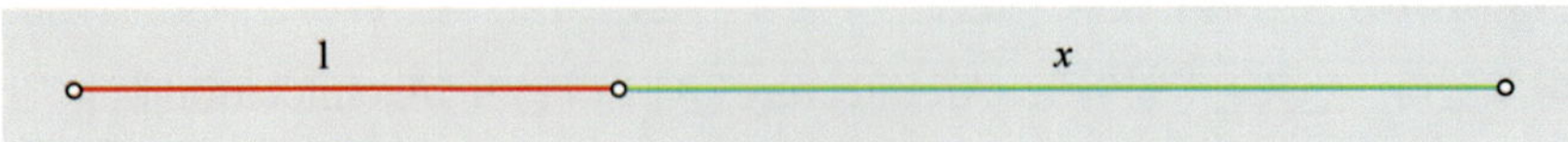


그림2 황금비

황금비의 정확한 정의는 아래와 같이 선분을 둘로 분할하였을 때, 짧은 부분과 긴 부분의 길이의 비가 긴 부분과 원래 선분의 길이의 비와 똑같아지는 수를 말한다. 황금비는 그림1과 같이 전체를 1로 놓았을 때는 0.6180399가 되고 그림2와 같이 짧은 길이인 A를 1이라 놓았을 때는 1.618033989…가 된다. 일반적으로 1.618033989…를 황금비라 부르지만 0.6180399를 황금비라 부르는 학자들도 있다.

짧은 길이인 A를 1이라 놓고 긴 부분을 $x$로 놓았을 때 1.618033989…가 나오는 과정을 수학적으로 계산하여 보자. 짧은 길이인 A를 1이라 놓으면 그림2와 같다.

황금비의 정의인 짧은 부분과 긴 부분의 길이의 비가, 긴 부분과 원래 선분의 길이의 비와 똑같아지는 수를 구하기 위하여 비례식으로 나타내면

$$1 : x = x : 1$$

가 되고 이를 수식으로 표현하면 다음과 같다.

$$\frac{x}{1} = \frac{1+x}{x}$$

$x$를 구하기 위하여 식을 풀어보면

$$x^2 = 1 + x \Rightarrow x^2 - x - 1 = 0$$

이다. 이를 근의 공식을 사용하여 풀면

$$x = \frac{1 \pm \sqrt{5}}{2}$$

이다. 이 중에서 양의 수만 취하면

$$\frac{1+\sqrt{5}}{2} = 1.618033989\ldots$$

가 된다.

때로는 황금비를 0.618이라고 하는데 그 이유를 알아보자. 만약 전체를 1로 놓으면 아래 그림3과 같이 A : B=B : (A+B)가 된다.

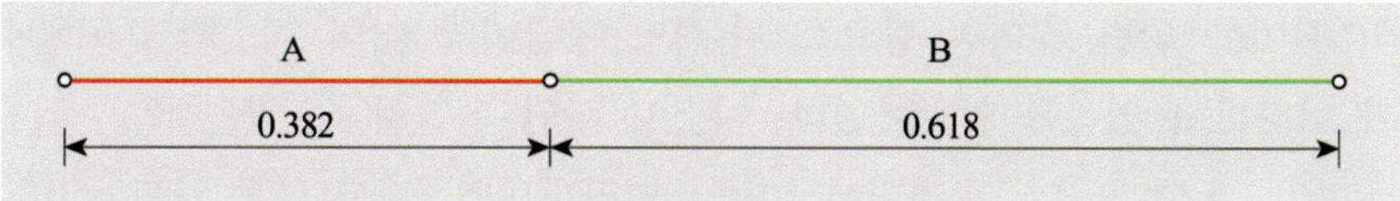


그림3 황금분할점

B를 $x$로 놓으면 $A = 1 - x$이고, 비례식 $1 - x : x = x : 1$ 을 위와 같이 풀어 양의 근만 취하면

$$x = \frac{-1+\sqrt{5}}{2} = 0.618\cdots$$

이 나온다.

황금비 $x$를 일반적으로 ±로 표기하기도 하는데 이것은 황금비를 조각에 많이 이용하였던 피디아스(Phidias)[5]의 그리스 머리글자에서 따온 것이며 유리수가 아닌 무리수이다. 이 무리수를 황금비라고 부르는 이유는 이 수가 비율로 정의되기 때문이다.

---

5) 파르테논 신전 건축의 총 책임자였으며 제우스 신전 안에 있었던 제우스 상을 조각한 고대 그리스의 가장 위대한 건축가이며 조각가

### 1) 피라미드와 황금비

기원전 2575년경에 쿠푸(Khufu)왕을 위하여 이집트의 기자(Giza)에 세워진 피라미드의 측량에 관한 로버(Rober)의 논문들을 보면 피라미드 건축에서 황금비와 그 수의 제곱근이 발견된다고 한다. 황금비는 유클리드의 원론에 나오지만 피라미드를 보면 인류가 황금비의 개념과 효용가치를 안 것은 그보다 훨씬 이전부터일 것이라고 추측할 수 있다.

피라미드의 비율이 황금비와 일치하는 것이 정말 우연인지, 아니면 피라미드의 건축가가 마음속에 어떤 수의 비율을 정해서 설계하였는지 한번 생각해보자. 아래 그림과 같이 피라미드의 빗변을 1로 놓고 빗변의 길이를 밑변 길이의 반으로 나누면, 황금비와 거의 비슷한 0.61804가 나타나고 있음을 알 수 있다. 이것이 과연 우연일 수 있을까?

만일 우연이라면 수평면에 대한 피라미드의 경사도가 51도 50초($\cos^{-1}(0.618)$=51도 50초)인 것도 우연일 수가 있을까? 이것 외에도 더 놀라운 것은 높이 0.78615에 2×14를 곱하면 4.937022가 나오는데 이것은 피라미드의 밑변의 둘레의 값과 비슷하다는 것이다. 약간의 수치상의 오차가 있는데 이것은 $\pi$의 값을 3.14라고 두고 계산했기 때문이다. 보다 정밀한 $\pi$값을 적용하면 그 오차는 더 줄어든다. 이것은 무엇을 의미하는 것일까?

그림4 이집트의 기자의 피라미드

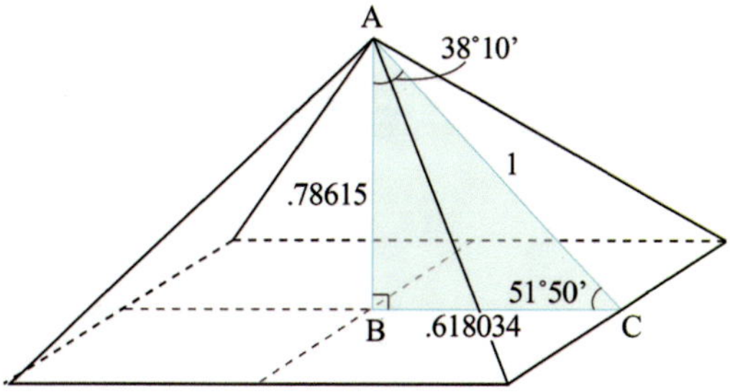

그림5 피라미드

피라미드의 높이는 구의 반경에 해당하고 밑면의 둘레는 구의 가장 큰 원의 둘레를 의미한다. 사실 0.618034라는 수는 신기한 수이다. 이 것을 0.78615로 나누면 신기하게도 0.78615가 나오기 때문이다. 다시 말해서 0.78615를 제곱하면 황금비 0.618034를 얻는다. 따라서 피라미드를 절단하여 다시 반으로 나눈 직각삼각형의 길이의 비율을 보면 밑변의 길이를 $x$ 그리고 빗변의 길이를 1이라 할 때, 밑변 : 높이 : 빗변의 비는 $x : \sqrt{x} : 1$이 된다.

피타고라스의 정리를 이용하면 $x^2 + x = 1$이 되고 이 식은 위에서 황금비를 구하기 위한 두 번째 비례식과 똑같다. 이처럼 황금비가 들어 있는 삼각형을 '이집트 삼각형'이라 부른다.

## 02 고대 그리스의 건축

역사에 남아 있는 기록 중에 첫 번째로 건축에 영향을 준 수학자들은 피타고라스학파이다. 피타고라스 학파에게 수는 종교적인 의미가 있었다. '모든 것의 근원은 수이다'라는 피타고라스학파의 신조는 건축에 지대한 영향을 미쳤다. 그들은 황금비 안에서 우주질서의 비밀을 느꼈다. 그들은

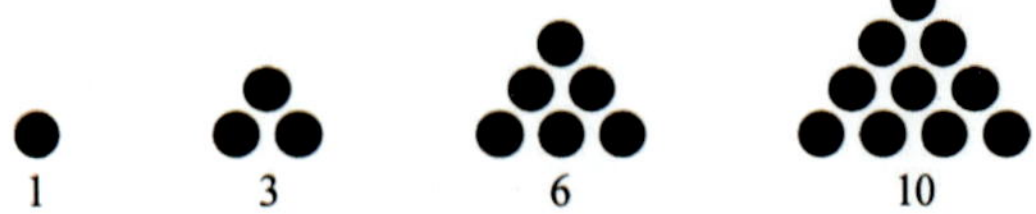


그림6 정삼각수

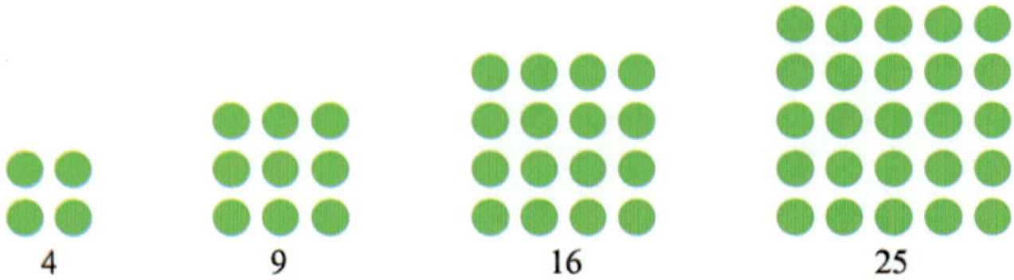


그림7 정사각수

황금비를 단순한 숫자의 비율로 생각하지 않고 "신의 비율(devine proportion)" 또는 "신성한 비율(sacred ratio)"이라 하여 신성한 상징으로 인식했고, 황금비로 말미암아 숫자를 더욱 신비스럽게 생각하게 되었다. 피타고라스는 수학적, 기하학적 형태의 조화야말로 아름다움이라 하였고 수는 기하학적인 성질이었다.

그 시대에는 알파벳을 숫자로 사용했기 때문에, 피타고라스학파는 효율적으로 수를 나타내기 위하여 점을 기하학적 도형의 형태로 배열해서 수를 나타내었는데, 이것으로부터 다각수가 유래되었다고 한다. 정삼각형, 정사각형으로 배열해서 나타낸 수를 각각 정삼각수, 정사각수라고 한다.

피타고라스학파는 기하학은 모양의 연구이고 모양은 수에 의해 결정된다고 생각하였으며 비율에 근거한 미학의 개념을 발전시켰다. 그는 "황금비는 이 세상의 모든 피조물에 존재한다. 사람의 키와 배꼽의 높이의 비를 계산해 보라. 대신전의 두 벽의 길이의 비, 별의 긴 변과 짧은 변의 길이의 비, 왜 그런가? 전체에 대한 큰 것의 비는 큰 것에 대한 작은 것의 비와 같기 때문이다"라고 정의했다. 황금비는 기하학적인 규칙으로 아름다움과 조화가 표현되었으며 이것은 대칭과 함께 건축에 사용되었다. 대칭이라는 단어는 고대 그리스 건축용어인 모양의 반복과,

그림8 파르테논의 신전

건물 전체와 건물의 가장 작은 부분과의 비례를 뜻했던 symmetria에서 온 것이다.

로버(F. Rober)는 또한 아테네의 파르테논의 신전 건축에도 황금비가 쓰였다고 주장한다. 오늘날 많은 사람들은 파르테논 건물이 황금비를 사용하였기에 매우 뛰어난 아름다움을 이루었다고 생각한다. 그 외부 윤곽은 완벽한 황금 분할 사각형이며 이 비율은 건물의 곳곳에 적용되고 있다.

이 신전의 높이와 밑면의 길이의 비례를 살펴보면 1 : 1.618로 황금비를 적용하여 만들었음을 알 수 있다. 파르테논의 신전에 대하여 다른 이론을 주장하는 버어거(Berger)는 아테네의 파르테논 신전의 건축에 피타고라스 비율의 아이디어가 사용되었다고 말하고 있다. 그 비 2 : 3과 그 제곱 4 : 9는 건축의 기본이다. 이 건축물은 4 : 9의 기본 사각형과 밑변과 높이가 각각 3과 4인 사각형 3개를 사용하여 건축되었다. 이런 형태의 건축은 건물을 지을 때, 3 : 4 : 5인 피타고라스학파의 삼각형이 정확히 직각을 이루도록 보증하는 데 효과적이었다. 사원의 길이는 69.5m, 폭은 30.88m, 처마까지의 높이는 13.72m이다.

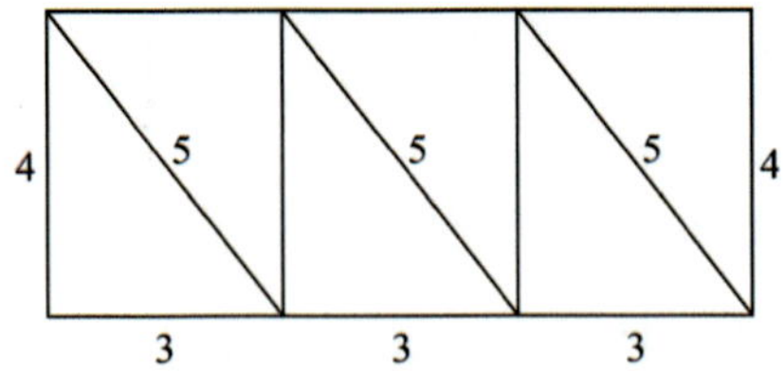


그림9 피타고라스 비율

이것을 정확하게 비율로 말하면 폭 : 길이=4 : 9이고, 반면에 높이 : 폭=4 : 9이다. 이것을 하나의 비례식으로 만들면 높이 : 폭 : 길이=16 : 36 : 81이 되고, 이때 기본 단위는 0.858m가 된다. 따라서 신전의 길이는 $9^2$단위이고, 폭은 $6^2$단위, 높이는 $4^2$단위이다. 이 기본 단위는 도처에 사용되었다. 예를 들면 신전의 높이는 21 기본 단위이고 기둥의 높이는 12 기본 단위이다. 또한 그리스 신전 안에 신들의 상이 놓인 0부분을 네오스(naos)라 불렀는데 폭은 21.44m이고 길이는 48.3m로 비율이 4 : 9가 된다. 그 원주 기둥의 지름은 1.905m이고 그들의 축으로부터의 거리는 4.293m이기 때문에 또 다시 4 : 9의 비율이 된다.

## 03 비트루비우스(Vitruvius)의 건축십서

기원전 1세기 아우구스투스 황제 시절의 유명한 로마의 건축가였던 비트루비우스(Vitruvius)[6)]는 고대 건축의 수학적 방법들에 관하여 황제에게 바치는 일종의 건축 교과서를 『건축(De architectura)』이라는 제목

6) 비트루비우스 : 고대 로마시대 건축가. BC. 1세기 무렵에 활동했으며, 현존하는 유일한 고대의 건축서인 "건축십서"의 저자로 알려져 있다. 카이사르와 아우구스투스 황제 시대에 활약하였으며, 아우구스투스 황제 밑에서 건설 관계 공직에 있었고, 파눔(지금의 파노)의 바실리카 설계를 했다.

그림10 건축십서

으로 총 10권의 책 『건축십서』를 썼다. 이것은 건축에 대하여 쓰여진 책 중에 현존하는 가장 오래된 책으로 라틴어로 쓰였으며 후에 알베르티(Alberti)[7]가 『건축십서』를 『건축론』이라는 이름으로 분석하여 정리하였고 지금도 그림10의 영어 번역본이 발간되어 아마존을 비롯한 많은 서점에서 판매되고 있다.

비트루비우스는 이 책에서 건축의 목적과 본질을 요약한 건축의 3대 요소에 대하여 서술하고 있다. 건축의 3대 요소는 기능(기능적으로 편리함), 구조(구조적으로 안전함), 아름다움(미적인 아름다움)이다. 그가 제시한 이 세 가지 기준은 이후 16세기 영국의 외교관이자 건축학자인 워튼(Henry Wotton, 1568－1639)을 거쳐서 현대 건축학에도 기능, 구조, 아름다움이라는 건축의 3대 요소로 적용되고 있다. 현대에 와서 그의 건축의 3대 요소는 가장 잘 만들어진 홈페이지를 결정하는 홈페이지 경진대회에서도 사용되어지고 있다. 그의 책 내용은 다음과 같다.

7) 알베르티(1404.2.14－1472.4.25) 이탈리아의 건축가, 시인이며 철학자로 근세 건축 양식의 창시자로서 레오나르도 다 빈치와 마찬가지로 르네상스기의 만능인으로 꼽히며 이탈리아에 있는 리미니의 성프란체스코 성당 등 많은 성당을 설계하였고 최초로 비례에 의한 원근법적 구성의 기본 개념을 밝혔다.

제1서 총론 : 건축가의 교육과 자질, 건축의 이론과 실제, 건축의 기본 원리와 건축의 3요소(편리함, 튼튼함, 아름다움)

제2서 주거 건축 : 주택의 기원과 각 재료들의 성질과 구조

제3서 신전 건축 : 인체와 신전에서의 대칭성, 신전의 기초 및 하부 구조 각 부분의 비례

제4서 신전의 각 부분 도리아식과 코린트식 형태의 특징과 차이점

제5서 공공건축 : 포럼, 극장, 공중목욕탕, 음악, 항구 등

제6서 개인건축 : 주요한 방들의 비례, 각 방들의 위치

제7서 실내장식 : 바닥, 벽 마감, 마감 색채

제8서 상수도설비 : 물의 공급 방법

제9서 천문, 기타 : 해시계 만드는 법

제10서 건축물에서 필요한 기계 제작 및 군에 적용되는 기계 제작

그는 제3서 1장에서 대칭에 관하여 설명하고 있는데, 사원 설계에서 대칭과 비율의 사용에 대하여 다음과 같이 쓰고 있다.

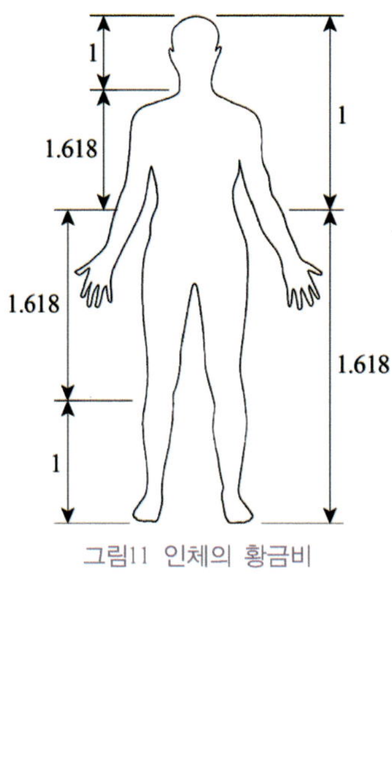


그림11 인체의 황금비

"대칭과 비례가 없이는, 즉 멋진 인간의 몸의 비율처럼 숫자들 사이의 어떤 정확한 관련이 없다면 어떤 신전의 설계에도 원칙이 있을 수 없다.

비트루비우스는 인간의 몸의 비율들이 아름다움을 성취하는 기본이었고 사원의 비율들도 인간의 몸의 비율들을 따라야 한다고 말한다. 인간의 신체는 조물주에 의해 다음과 같이 구성된다. 안면은 턱에서 이마 위 머리카락이 있는 부분까지로 신장의 10분의 1이고, 손바닥은 손목에서 장지 끝까지로 팔 길이의 10분의 1이며 머리는 턱에서 머리끝까지로 신장의 8분의 1이라는 것이다. 또 인체는 간단한 기하학적 도형에 들어맞으며, 사람이 손과 발을 펴고 드러누웠을 때 컴퍼스의 선단을 배꼽에 놓고서 원을 그리면 손끝과 발끝이 이 원주선에 닿는다. 이때, 양발을 붙이고 양손을 펼치면 정방형이 된다. 그는 자연이 바로 인체를 이처럼 전체적으로 비례에 맞추어 만들었으므로 신전도 이러한 비례로 만들어야 한다고 하였다. 후에 레오나르도 다빈치는 이 비례에 맞춰 비트루비우스 맨을 그렸다.

우리가 일반적으로 아름답다고 느껴지는 몸매를 가진 팔등신 여인들의 몸 전체 길이와 발바닥에서부터 배꼽까지의 길이를 비교하면 이 길이는 정확히 몸 전체의 61.8%에 해당되며 이것 역시 황금비와 관련이 있다. 비트루비우스는 원과 정사각형은 인간의 펼쳐진 몸에 대한 기하학과 가깝기 때문에 원과 정사각형이 건축의 설계에서 완전한 모양이라고 말했으며, 인간은 하나님의 형상으로 만들어졌기 때문에 완전한 것이라고 믿었다. 최근에는 고대 그리스 사원에서 발견된 황금비가 인간의 몸의 비율과 관계있다고 설명되어진다.

## 04 브루넬레스키(Brunelleschi)의 투시화법(원근법)과 알베르티(Alberti)

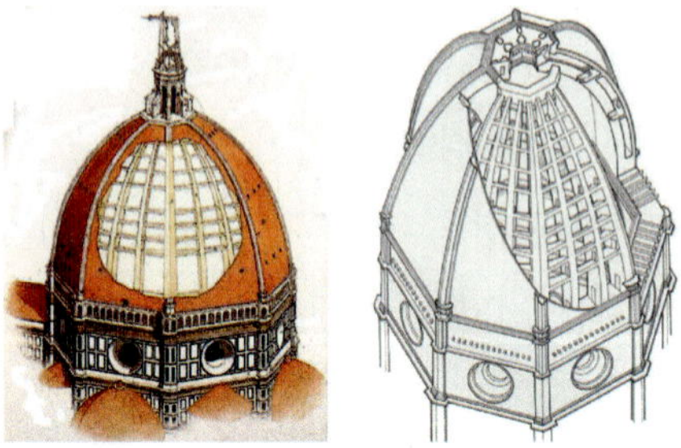

그림12 부루넬레스키가 설계한 플로렌스 성당의 돔

금세공으로 훈련을 받은 브루넬레스키[8])는 로마를 방문하였을 때 건축에 대한 기술을 익혔다.

그는 특히 둥근 천장들, 둥근 지붕과 같은 건축의 요소들의 작도를 공부하면서 목욕탕, 원형 경기장과 사원들을 포함한 많은 고대 건물들을 그렸다. 브루넬레스키가 르네상스 건축의 상징적 출발점이 되었던 때는 그가 플로렌스 성당의 돔의 설계에 응모하여 당선되면서부터이다. 그는 건축 분야에서 르네상스의 불길을 당긴 최초의 인물이었다. 그의 건축 연구의 목적은 로마 건축을 재현하려는 것이 아니고 이전 시대 건축의 고전적 요소들을 도입하여 그 시대의 건축을 풍요롭게 함과 동시에 그의 설계 기술을 완전하게 하려는 것이었다. 브루넬레스키의 가장 중요한 업적 중 하나는 투시화법(원근법)의 원리들을 발견한 것이다. 투시화법(원근법)의 원리란 캔버스에 그림을 그릴 때 3차원을 2차원 평면에

8) 브루넬레스키(Filippo Brunelleschi, 1377－1446)이탈리아의 피렌체 출생의 건축가며 조각가. 투시화법(원근법)의 창시자로 알려져 있으며 피렌체 산타마리아 델 피오레 대성당의 돔 건축으로 유명하다.

그림13 플로렌스 성당의 돔

현실감 있게 표현하기 위해 필요한 요소들을 말한다. 그 전의 학자들도 원근법의 원리들 중 어떤 것들은 이해하였으나 어느 누구도 원근법에 대하여 책을 쓰지는 않았던 것 같다. 브루넬레스키의 원근법의 이해는 건물들을 설계하는 데 사용되어졌다. 그는 비율의 법칙과 고대의 대칭을 따르는 것을 중요하게 생각했으며 모든 관람자들이 느낄 수 있는 아름다움의 수학적 원리를 원했다. 어떤 의미에서 그는 어느 각도에서 보아도 똑같은, 그리고 실제의 비율보다는 보여지는 비율이 똑같은, 비율의 변하지 않는 성질을 얻으려고 시도하였다.

브루넬레스키의 시대에는 많은 유명한 수학자들이 건축에 기여했다. 브루넬레스키의 원근법을 처음 책으로 저술한 알베르티[9]는

"자연이 창조한 인체를 가능한 한 많이 닮도록 작품을 제작한다."

9) 알베르티 레온 바티스타(Alberti Leon Battista, 1404–1472) 이탈리아의 건축가. 미술에 깊은 조예가 있었다. 그는 르네상스 미술 이론과 미학의 초석을 마련해 놓았다.

라는 말을 통해 중세에 상실되었던 자연에 좀 더 근접한 모방의 수단을 찾고자 했다. 알베르티는 고전 건축에 관한 고고학적 연구를 통해 건축의 법칙을 추구하였고 비례와 원근법에 수학적으로 기초한 이론이 그림과 학문의 공통 기반이 될 수 있다는 사실을 알게 되었다. 그는

"건축의 본질은 질서와 비례의 법칙에 의한 미"

라는 이론을 정립하였다. 또한 그가 로마 시대의 건축이론가 비트루비우스의 건축이론서인 『건축십서』를 분석하여 정리한 『건축론』은 고전 건축의 구성 원리를 정리한 것으로 그는 르네인 이론을 개발하였던 여러 수학자들 중 하나였다. 그 후 레오나르도는 알베르티의 아이디어를 받아들여 확장시켰다.

## 05 파치올리의 신성한 비율

루카 파치올리(Luca Paccioli, 1445–1510)가 쓰고 레오나르도 다 빈치가 그림을 그린 책 『신성한 비율(Divina proportione)』에 나오는 "팔을 수평으로 벌리고 서 있는 신체를 보면 왼손 끝에서 오른손 끝까지의 길이가 신장(몸의 길이)과 같기 때문에 우리 신체를 정사각형 안에 그려 넣을 수 있다. 또한 골반 뼈에서 발끝까지의 길이는 신장의 2분의 1에 해당하기 때문에 두 다리를 신장의 4분의 1만큼 벌리고 팔을 뻗어 중지를 정수리 높이까지 올린 다음 배꼽을 중심으로 원을 그리면 팔 다리 끝이 원주에 있게 된다. 그리고 머리의 길이는 신장의 8분의 1이므로 우리 몸은 팔등신(八等身)이다"라고 쓰고 있다.

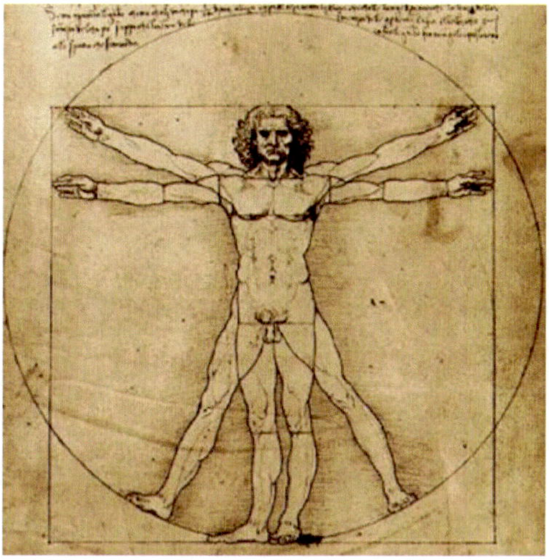

그림14 레오나르도 다빈치의 비트루비우스 맨

## 06 레오나르도 다 빈치(Leonardo Da Vinci)의 수학과 건축

수학사에 있어서의 르네상스의 의의는 바로 이 새로운 예술의 탄생과 깊은 관련이 있다. 비록 획기적인 수학 이론을 낳지는 않았지만 예술과의 접점에서 새로운 연구 분야가 개척되었다는 점에 중요한 의의를 가지고 있다. 그 중 레오나르도 다빈치는 60구 이상의 인체를 해부하여 그것들을 모두 노트에 묘사하였으며, 그 밖에 축성, 운하, 선박, 교량의 건설을 계획하였다. 그는 비트루비우스의 인체비례론을 새롭게 해석하여 유명한 인체비례 도식을 만들었다. 그는 건축에 대하여 폭넓게 이해하고 있었고 건축에 관한 글들을 모아 『건축론』이라는 책을 저술했다. 현재 프랑스

그림15 레오나르도 다빈치

학술원에 분류, 소장되어 있는 그의 『건축론』에는 건축의 형태와 양식뿐 아니라 종교적인 건축과 일반적인 건축 및 둥근 천장, 계단, 창문 등의 중요한 세부 요소들에 대한 개요도 포함되어 있다. 이처럼 건축에 대한 그의 연구는 그 개념의 풍부함에서 그 시대 건축의 성과에 대한 폭넓은 통찰력을 보여준다. 르네상스시기에 레오나르도는 한 가지의 예술에 국한되지 않았으며 다양한 방면에서 연구하고 활동하였다.

그의 노트를 보면 도형의 그림과 수식으로 가득 채워져 있고 '기하학을 모르는 자는 들어오지 말라'는 플라톤(Plato)의 말을 써 놓았는데 이것은 그가 수학을 얼마나 중요하게 생각했는지를 보여준다. 1513년에 교황 레오 10세의 동생을 섬기기 위해 로마에 가서 바티칸 궁에 체재하는 동안에도 수학 연구에 몰두했다고 한다.

## 07 19세기 이후의 변화

19세기에 이르러 과학과 예술의 분리가 시작되면서부터 수학자와 건축가의 역할 또한 분리되었다. 이것은 수학과 건축의 연결이 없어졌다는

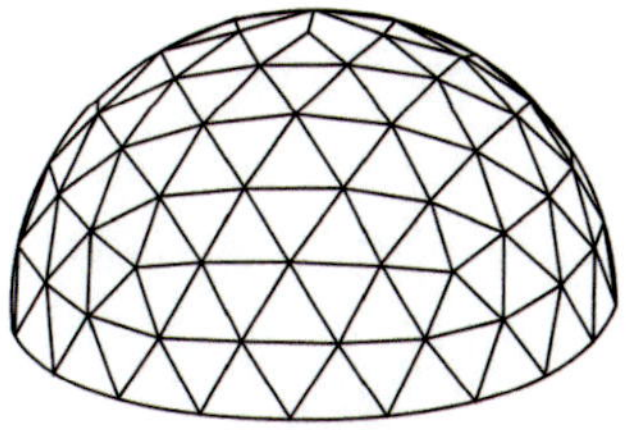

그림16 지오데식 돔

말이 아니고 다만 같은 사람이 동시에 과학적이며 예술적인 양상을 갖고 있지 않다는 말이다.

풀러[10]는 20세기에 기하학의 원리를 새로운 개념으로 건축에 도입한 토목기사, 철학자, 수학자이며 건축가였다. 그는 기능적인 목적뿐만 아니라 심미적인 목적을 위하여 단순한 기하학의 형태들을 건축에 사용한 선구자였고 구조상의 순수함으로 예술을 표현하였다.

"생물의 알은 모두 구형이며, 구형은 외부의 힘에 가장 강한 모습을 보여준다."라는 기본적인 논리와 자연의 미생물이 지닌 유기적인 형태 구조의 원리를 건축에 도입하려 한 그는, 1940년대 후반에 우주 전체의 이미지를 지닌 지오데식 돔(Geodesic Dome)을 발명하였다. 그의 발명은 인류의 주거문제를 개선하기 위하여 20년간 노력한 결과였다. 지오데식 돔은 기둥을 세우지 않아도 자체의 무게를 잘 견디고 재료가 적게 들면서 냉난방에 유리하다. 지오데식 돔의 뼈대가 되는 빔은 정삼각형이다. 이것은 정다각형 중에서 정삼각형만이 힘을 받아도 찌그러지지 않고 가장 안정된 구조를 이루기 때문이다. 그의 지오데식 돔은 1967년 몬트리올 만국박람회에서 미국관으로 사용되었고, 밴쿠버에 있는 사이언스 월드 돔은 1986년에 엑스포 개최를 위한 엑스포 센터로 지어졌다. 우리나라에도 대전 국립 중앙과학관의 천체관과 엑스포 과학공원의 자연생명관이 지오데식 돔 모양으로 되어 있다.

---

10) 풀러(B. Fuller, 1895.7.12－1983.7.1) 미국 매사추세츠주 밀튼 출생. 그는 제2차 세계대전 이후 지오데식 돔으로 세계적으로 알려지게 되었다.

그림17 플러의 몬트리올 만국박람회의 지오데식 돔

20세기 후반으로 오면서 강도가 매우 높은 새로운 건축자재가 발명됨에 따라 정삼각형이 아니더라도 여러 모양의 건축물이 가능해졌으며 이전에 중요시 했던 대칭이 깨어지며 다양한 모양의 건축물이 나타나게 되었다. 대칭이 깨진 건축물의 대표적인 예는 2002년에 완공된 영국 런던의 시청 건물이다. 유리달걀이라는 별명을 갖고 있는 이 건물은 보는 각도에 따라 건물의 모양이 바뀌어 어느 방향으로 보면 피사의 사탑처럼 기울어 진 모양을 하고 있다.

그림18 런던 시청사

## 생각해 볼 문제

1. 황금비가 무엇인지 설명하여라.
2. 본문에 주어진 정삼각수와 정사각수를 생각해보고 정오각수의 첫 4수를 구하여라.
3. 이집트에 있는 쿠푸(Cheops)왕의 피라미드의 밑면인 정사각형의 한 변의 길이는 230.363m이고 높이는 126.515m임이 탐험가들에 의하여 밝혀졌다. 계산기와 피타고라스의 정리를 사용하여 빗변의 길이를 구하라.
4. 지오데식 돔에 사용되는 다각형은?
5. 고대 로마의 유명한 건축가로 『건축십서』를 쓴 사람의 이름은?
6. 『건축십서』에 나오는 건축의 3대 요소는?
7. 피렌체(플로렌스)의 두오모 성당 돔의 설계로 건축에서 르네상스를 연 사람은?

## 참고문헌

김성숙, 김주영, **수학과 건축**, 수학사학회지 15권 1호, 2002.
비트루비우스 원저, 모리스 히키 모건 편저(오덕성 역), **건축십서**, 기문당, 2006
샌더스 스미스(황선욱 역), 수학사 가볍게 읽기, 한승, 2002
마이클 슈나이더(이충호 역), **자연, 예술, 과학의 수학적 원형**, 경문사, 2002
마이클 화이트(안인희 역), **레오나르도 다빈치 최초의 과학자**, 사이언스북스, 2003
개리 스티븐슨(조대성 외 역), **과학과 수학으로 본 건축학**, 태림출판사, 1995

# 제6장

# 수학과 문학

시인 기질을 갖추지 못한 수학자는 완벽한 수학자가 될 수 없다
– 바이어슈트라스(K. Weierstrass, 1815~1897, 독일의 수학자)

문학과 수학은 어떠한 관련성이 있을까? 문학작품에 대한 평가는 독자의 성향에 따라 다르고 평론가마다 다양한 관점이 존재하며 때로는 정 반대의 해석을 낳기도 한다. 하지만 수학에서는 이러한 다양성이 존재할까? 문학과 문학 너머의 문화적 세계 속에는 수학적 현상이 존재하기나 할까? 이상과 김삿갓, 걸리버를 만나보자.

## 01 『걸리버 여행기』에서 수학 비례

스위프트[11)]가 지은 『걸리버 여행기』는 주인공 걸리버가 여러 나라를 다니면서 겪은 여행기이다. 주로 많이 알려진 것은 소인국과 거인국이다.[12)]

그림1 소인국에서의 걸리버

11) 조나단 스위프트(Jonathan Swift, 1667~1745)는 아일랜드의 소설가이자 성직자. 1726년에 세상에 나온 『걸리버 여행기』는 당시 영문학의 최고봉으로 꼽히는 풍자소설로 주인공 걸리버가 여행한 나라들에 빗대어 인간의 위선이나 사회의 모순을 신랄하게 비판한다.

12) 『걸리버 여행기』는 소인국, 대인국, 날아다니는 섬의 나라 그리고 말의 나라 등 모두 4부로 되어 있다. 항해하는 도중에 폭풍우를 만나거나 혹은 해적을 만나기도 하고 부하들이 반란을 일으켜서 표류하다가 결국 새로운 나라를 만나게 된다.

「걸리버 여행기」의 흥미로운 특징은 각 여행지마다 건물의 높이와 도로의 길이, 광장의 크기, 사람 등을 숫자를 사용해 정확하게 표현하여 마치 머릿속에 그 도시에 와 있는 듯한 착각을 갖게 한다는 것이다. 그 많은 숫자들이 놀랄 만큼 수학적으로 정확하다.

소설에서 주인공 걸리버는 유럽인으로 묘사되고 소인국은 그보다 작은 사람들이 사는 나라로 사람의 평균 키가 15센티미터이다. 대인국은 유럽인보다 큰 사람들의 나라이다. 다음의 구절 "대여섯 명이 내 손바닥 위에서 춤을 추었고", "어떤 날에는 1만 명 이상 되는 주민들이 사다리를 이용하여 나의 몸에 올라 왔다." 등은 유럽인과 소인국 규모의 차이를 가늠케 한다.

### 1) 넓이의 비는 길이의 제곱비

소인국 사람들이 걸리버의 잠자리를 만드는 부분을 보자.

> "보통 크기로 된 담요를 6백 장 정도 수레에 싣고 와서는 나의 거처 안에서 내가 쓸 담요를 만들었다. 담요 1백 50장을 연결하고는 그것을 네 겹으로 포개어 만들었는데 그 위에 누워 있어도 딱딱한 바닥에 누워 있는 것과 별반 다를 것이 없었다."

담요 6백 장으로 걸리버의 담요를 만들었는데 어떻게 600이라는 숫자가 나왔을까? 소인국 사람들의 평균 키는 15센티미터로 걸리버 키의 1/12이다. 여기서 수학의 힘이 작용한다. 키는 길이이고 담요는 넓이를 가지고 있다. 넓이의 비는 길이의 비의 제곱비이다.

$$\text{소인국 사람의 키} : \text{걸리버의 키} = 1 : 12$$

$$\text{소인국 사람의 담요 크기} : \text{걸리버의 담요 크기} = 1^2 : 12^2 = 1 : 144$$

최소 144장이 필요하므로 담요 600장을 이용하여 150장씩 4겹으로 넉넉하게 만든 것이다.

### 2) 부피의 비는 길이의 세제곱비

「걸리버 여행기」에는 음식 장면이 유독 많이 등장한다. 다음 문장에서도 소인국에서 식사 준비하는 광경이 그대로 전달된다.

> "누워 있는 내 옆구리에 사다리를 여러 개 놓고 소인간들 백여 명이 음식이 가득 찬 바구니를 메고는 그 사다리로 올라와서 내 입 쪽으로 걸어왔다."

걸리버가 식사할 수 있는 음식의 양은 어떻게 정했을까?

> "나를 자유롭게 해 주는 포고문의 마지막 조항에서 릴리푸트 사람들 1,728명을 먹여 살릴 수 있는 음식을 나에게 제공한다는 약속을 황제가 했다. 어떻게 해서 그런 수치가 나왔는지 뒤쪽에 궁정에 있는 친구에게 물어 보았더니, 황제 소속의 수학자들이 나의 몸을 측량해 본 결과, 내가 12대 1의 비율로 그들보다 키가 크고 나의 몸통은 그들보다 1,728배는 된다는 계산이 나오게 되었다. 또한 나의 신체는 그들과 비슷하므로 내게 그만한 수의 릴리프트 사람을 먹여 살릴 음식이 필요하다고 결론을 내렸다는 사실을 알게 되었다."

어떻게 1,728이라는 수가 나왔을까? 여기에서도 지은이는 수학을 이용하였다. 부피의 비는 길이의 비의 세제곱비이므로 다음과 같이 적용된다.

소인국 사람의 키 : 걸리버의 키 $= 1 : 12$

소인국 사람의 한 끼 음식의 양 : 걸리버의 한 끼 음식의 양

$$= 1^3 : 12^3 = 1 : 1728$$

1,728배, 정확하다. 저자는 황제 소속의 수학자들을 등장시켜 걸리버가 먹을 음식의 양을 조절한 것이다.

대인국에서도 같은 수학적 비율은 적용된다. "사과 하나가 영국의 커다란 술통만 했다. 몸을 피하려고 하는 순간에 그 중 하나가 나의 등을 쳤고 나는 땅에 쓰러졌다."라던가, "우박 하나의 크기가 유럽의 우박보다 1,008배는

켰기 때문이다."라는 내용은 자연이 동일한 비율의 크기로 만들어 놓은 경이를 발견할 수 있는 대목이다. 여기서 1,008배는 위의 1,728배에 버금가는 수치이다. 다음 문장을 보면 대인국의 사람이나 건물, 물건 등의 크기를 일반 유럽의 그것과 비교하여 소인국과는 반대로 12배로 설정한 것을 알 수 있다.

"대인국의 식탁의 높이는 9미터나 되었다."

일반 식탁의 높이를 보통 75센티미터로 본다면 이의 12배는 9미터이다. 다음 왕비의 식사량도 거의 12의 세제곱비의 양이다.

"왕비는 식사량이 적은 편이기는 했지만 한 입에 먹는 분량이 영국에서 열두 사람이 한 끼에 먹는 식사량과 맞먹었다."

## 02 김삿갓[13] 시에 나타난 자유와 영속성

김삿갓 시에 암시된 자유와 수학에서의 자유는 상통할 수 있을까? 수학자 칸토르[14]는 수학의 본질은 그 자유로움에 있다고 했다. 눈에 보이는 유한을 넘어 저 멀리 보이지 않는 무한을 상상했다.

김삿갓의 시는 세상에 대한 비판과 풍자, 해학을 보여준다. 그의 시는 서민적이고 대중적이다. 김삿갓은 조선 후기 양반으로 태어났지만 몰락한 집안의 후손이 되어 모멸감과 절망감으로 전국을 누비며 일생을 떠돌이로 살았다[15]. 때문에 그의 문학작품에는 정신의 황폐와 함께 물질적

---

13) 본명 김병연(金炳淵, 1807~1863) 호는 난고 혹은 김립(金笠)

14) G. Cantor(1845~1918) 집합론의 창시자, 무한에서 큰 무한과 작은 무한을 구별하였다.

가난, 문전박대의 설움, 삶의 허무 등이 고스란히 드러난다. 시 「자탄(自嘆)」의 일부를 보자. 자신의 처지를 다음과 같이 빗대고 있다.

높고 높은 하늘인데 머리 둘 곳 전혀 없고
넓고 넓은 땅이건만 다리조차 못 뻗겠네.
(이하 생략)

개인적인 이유로 출가를 했지만 전국을 떠돌며 조선 후기 봉건질서의 파괴를 몸소 경험하면서 관료나 지주들의 부패, 피폐한 농촌, 굶주리는 민중 등을 목격했다. 그로부터 얻은 삶의 무게는 고스란히 살아있는 시로 생산되었다. 구름처럼 떠돌며 살면서 무소유의 자유인이었던 김삿갓은 그의 재담과 언어 유희로 사회의 부정과 부패를 거침없이 풍자하였다.

그의 시에는 유독 '한평생', '부질없고', '뜬구름', '운명', '나그네' 등의 시어가 많이 쓰인다. 산천을 유랑하던 김삿갓의 생활의 흔적을 담고 있다. 다음 「구월산[16]에서」를 읽어보자.

작년에는 구월에 구월산을 넘었는데
금년에도 구월에 구월산을 넘는구나.
해마다 구월 달에 구월산을 넘으니
구월산 경치는 언제나 구월이로다.

세상은 어지럽고 흥망성쇠를 거듭하지만 작년에도 올해도 또 내년에도 구월산은 거기 있을 것이라고 외친다. 자유로운 공명과 자연은 나와는

---

15) 김삿갓의 조부 김익순은 순조 11년(1811) 평안도에서 일어난 '홍경래의 난' 당시 선천부사로 있으면서 농민군에게 투항한 죄로 참형을 당하였다. 가족은 뿔뿔이 흩어졌고 아무도 이 사실을 어린 김삿갓에게 알려주지 않았다. 20세 되던 해 김삿갓은 과거 시험 백일장에서 김익순의 죄를 낱낱이 밝히는 시를 쓰면서 만 번 죽어 마땅하다고 적었고 장원에 당선되었다. 김익순이 자신의 조부임을 뒤늦게 안 김삿갓은 통탄하며 이후 하늘을 볼 낯이 없다 하여 평생 삿갓을 쓰고 다녔다고 전해진다. 22세에 출가하여 누구 하나 아는 사람 없이 객지를 35년간 떠돌다가 객사하였다.

16) 九月山, 황해도에 있는 높이 945m의 산, 우리나라 4대 명산 중 하나. 16세기 조선의 사회적 모순이 그대로 드러난 시기에 임꺽정이 의적으로 활동했던 주 근거지가 구월산이다.

상관없이 계속되고 있는 것이다. 자연에 대한 경이나 자연의 아름다움을 표현하기보다는 현실에서의 소외감을 자연과의 친화를 통해서 극복하고 자연에 감응되어 초월적인 자연 세계와의 조화를 꿈꾸고 있다. 제목이 붙여지지 않은 다음 시도 인간의 유한을 세월의 영속성과 대비시키고 있다.

해마다 해는 가되 무궁토록 가고
날마다 날이 오되 다함없이 오는구나.
해가 가고 날이 오되 오고 또 가서
천시와 인간의 모든 일 그 중에 생겨나도다.

해는 끝없이 가고 날은 끝없이 오고, 해가 가고 날이 오고, 왔다가는 다시 가고를 반복한다.

세상만사는 모두 운명이 정해져 있고 인생들은 공연히 허공에 떠돌아 다닌다는 그의 탄식은 자연의 무한, 시간의 무한을 꿰뚫고 있다. 김삿갓이 쉽지 않은 방랑의 길을 평생 버리지 않은 것은 생에 대한 체념이라기보다는 자신의 양심을 외면하지 않기 위한 싸움이었는지 모른다. 당시 자신이 할 수 있는 최선은 글로써 자신의 양심을 표현하는 것이라고 판단한 듯하다. 다음 시 「천지만물은 나그네를 맞이하다」에서도 무한한 우주에 비해 순간적인 인생의 덧없음을 비유하고 있다.

(전략)
무상한 세월은 순식간에 오고 가는데
아득하고 영원한 우주를 생각해보면
도통한 선인들 지난밤에 자고 간 곳일세
천지는 무한하나 만물은 한이 있으며
백년도 못사는 인생 그 속에서 묵어가는 객줏집일세.
(중략)
사람은 한번 살다가 가도 만물은 그렇지 않고
변화의 눈으로 살펴보면 크고 작은 것이 없도다.
(하략)

다음의 시 「하운다기봉(夏雲多奇峰)」 역시 자연을 경건하게 바라보기보다는 해학의 대상으로 다루고 있다. 하지만 표현 방법이 독특하다. 숫자 1~8까지를 사용하여 '무한히 많은 봉우리'를 표현하고 있다.

일봉 이봉 삼사봉
오봉 육봉 칠팔봉
순식간에 다시 천만 개의 봉우리를 만들어 내니
끝없는 하늘에는 온통 구름 봉우리뿐이로다.

자연수 전체의 집합을 '1, 2, 3, …'[17]라고 표현할 수 있다. 자연수는 무한집합이다. 혹자는 '겨우 숫자 세 개를 써놓고 무한이라니, 수학자들은 아주 편한 사람들이다'라는 말을 하기도 한다. 김삿갓 역시 여덟 개의 숫자 속에 무한을 담고 있는 것이다.

## 03 이상(李箱)[18]의 시와 수학

이상(李箱)은 실존주의적 모더니즘이 드러나는 작품으로 한국 현대시사에 한 획을 그은 시인이다. 그의 작품은 여러 관점에서 연구·조명되어 왔지만 여기에서는 이상의 시에 나타나는 숫자, 기호 등 수학의 코

17) 이러한 표현은 '잠재적 무한'의 한 예이다. 수학에서 무한은 잠재적 무한(potential infinity)과 실 무한(actual infinity)으로 나누어 진다. 무한은 현실에 존재할 수 없는 신의 영역으로 인식되어 왔다. 20세기 칸토르는 실무한의 개념을 도입하였고, 작은 무한과 큰 무한을 구별하였다.

18) 이상(李箱)(1910~1937)은 짧은 생애동안 이천 여 편의 시를 썼다고 전해진다. 본문에서 인용된 이상의 시는 권영민(2009)의 『이상전집1』에서 옮겨왔으며 시의 원형을 살리고자 띄어쓰기 등은 원문 그대로 두었다.

* 윗글은 「이상의 시에 나타난 수학적 표현과 의미」의 제목으로 『Journal for History of Mathematics vol.29 no.2』에 개제된 것을 일부 수정한 것이다.

드를 읽고 그것이 함축하고 있는 의미를 논하고자 한다.

이상의 작품에서 주목할 만한 것은 문학 양식의 경계를 넘나드는 다양한 글쓰기 표현이다. 이상의 독특한 표현 방법은 소설이나 수필보다 시에서 발견된다. 이상은 숫자와 기호학을 이용하여 시를 썼다. 이 논리적 구조를 분석하면 이상 문학의 내적 구조를 해석할 수 있다. 그의 작품은 시창작에 있어 글쓰기 표현의 확장성을 보여준다.

이상의 시에서 나타나는 숫자와 기호 등의 표현과 그것이 상징하고 있는 내용을 이해하려면 우선 그가 살았던 시대적 배경에 주목해야 한다.

이상은 국권상실과 식민통치의 어둠의 시대가 시작된 1910년에 태어나 폐결핵으로 스물여덟의 젊은 나이로 요절할 때까지 이천 여 편의 시를 썼다. 현재의 서울대학교 공대 전신인 경성고등공업학교 건축과를 졸업한 이상은 1930년대를 전후하여 세계에 만연해 있던 자의식 문학의 중심에 있었고 시대적인 지적 변화의 대변인으로 충실할 수 있는 위치에 있었다. 하지만 그의 나이 겨우 스무 살에 얻은 폐결핵과 개인적인 환경 등의 좌절에 대한 경험은 새로운 세계로 탈출하려는 그의 의식을 자극했다. 그럼에도 불구하고 그는 자신의 역경에 비굴해하지도, 물러서지도 않았다. 오히려 현실과 이상의 간극을 메우려는 처절한 몸부림은 그의 작품 곳곳에 드러나 있으며, 이렇게 비상식적이고 초월적인 세계로 표현된 작품들은 그의 시를 난해한 성격으로 구분 짓는 주된 요인이 되었다.

이해하기 힘든 행동과 괴팍함을 지녔고 때로는 익살스러운 웃음으로 자신을 가장하기도 했던 이상은 원고를 쓸 때만큼은 상당히 진지했다고 전해진다. 시대를 앞서간 이상은 자신의 문학과 사상을 이해하지 못하는 상황에 부딪치자 가면의 웃음으로 스스로를 지탱할 수밖에 없었다. 그의 웃음 뒤에는 그만의 고통과 슬픔이 가려져 있었다.

그의 시에서 발견되는 숫자나 기호는 일반적인 시를 읽는 관점에서 보면 매우 낯설다. 여태껏 어느 문학 작품에서도 볼 수 없었던 방식이다.

그래서 그가 말하고자 하는 것을 알아내기는 쉽지 않다. 이상은 자신의 내면을 담는 표현 방법으로 왜 도형 기호를 사용하였을까? 김승구(2004)는 총체적 이미지를 만들어내는 것은 활자보다 도형 기호가 월등할 수 있다며, 도형은 그 자체가 추상 형태로 특정한 의미를 가지고 있다고 설명했다. 이를 통하여 생각해 본다면 이상은 자신에게 합당한 실존적 근거를 확보하지 못했을 때 근대정신의 정점인 추상적 기호를 사용하여 내면에서 꿈틀대는 논리의 붕괴를 표현하려 했을 것이다.

이상이 1931년에 쓴 숫자 기호로 이루어진 시 「진단 0 : 1」을 보자. 여기서 1부터 0까지의 10개의 숫자가 의미하는 것은 무엇일까? 수학적으로 보기에는 행과 열의 개수가 열한 개인 행렬이다. 행렬이란 수나 문자 때로는 벡터나 대수식 혹은 연산자를 원소로 갖는 직사각형을 의미한다. 숫자와 점은 행렬의 원소가 될 수 있다. 이상은 시각적인 이 시를 통하여 무엇을 이야기하고 싶었을까?

환자의 용태에 관한 문제

1 2 3 4 5 6 7 8 9 0 ·
1 2 3 4 5 6 7 8 9 · 0
1 2 3 4 5 6 7 8 · 9 0
1 2 3 4 5 6 7 · 8 9 0
1 2 3 4 5 6 · 7 8 9 0
1 2 3 4 5 · 6 7 8 9 0
1 2 3 4 · 5 6 7 8 9 0
1 2 3 · 4 5 6 7 8 9 0
1 2 · 3 4 5 6 7 8 9 0
1 · 2 3 4 5 6 7 8 9 0
· 1 2 3 4 5 6 7 8 9 0

진단 0 : 1

26.10.1931

이상(以上) 책임의사 이상(李箱)

김명환(1998)은 위 행렬에서 점이 한 행씩 내려오면서 왼쪽으로 한 칸씩 이동하는 것으로 보아 공비가 0.1인 등비수열일 수 있다며, 만약 맨 첫 행의 모든 수가 있는 합리적인 세계관이라면 한 행씩 내려오면서 합리성이 십분의 일씩 감소하여 점차적으로 없어지는 것이라고 해석하고 있다. 이승훈(1987)과 김용운(2001) 역시 십진법을 표현할 수 있는 10개의 수를 과학의 세계로 해석하고 있다. 신범순(2007)은 대수적인 숫자에 명료한 질서가 있고 그 속에 이 질서를 붕괴시킬 만한 어떤 미지의 것이 존재하며, 이상은 그것을 점으로 심어 넣었다고 판단한다. 위 행렬을 보면 첫 행에는 점이 맨 끝에 있지만 한 행씩 내려올 때마다 왼쪽으로 파고드는 이상한 바이러스는 질서를 서서히 파괴시켜 궁극적으로 아무것도 남지 않는 상황을 묘사하고 있다. 하지만 후에 등장하는 이상의 또 다른 시 「선에관한각서 1」의 무한정원 좌표에는 점이 커져 대수적인 체계는 폭파되고 병이 치료된다고 진단한다. 정주아(2007) 역시 이상이 0 : 1로 진단했다고 해서 0을 자포자기로 해석하는 것을 경계하며 오히려 역동적인 과정에 초점을 두고 있다.

3년 후 이상은 「오감도」 중 시 제4호를 숫자 기호를 거울에 반사시켜 『조선중앙일보』에 발표한다. 숫자 1부터 9 그리고 0까지 질서 정연하게 배열하고 다시 거울을 이용하여 그것의 반사된 이미지를 시로써 표현하였다. 열 개의 수로 표상된 과학 세계를 뒤집어 거꾸로 표현함으로써 마치 거울 속에 갇혀 버린 상황을 연출했고 이는 이승훈과 김용운의 지적대로 과학 세계의 반성과 절망을 보여주고 있다.

### 멱좌표의 무한정원[19)]

「삼차각설계도」는 「선에관한각서 1」부터 「선에관한각서 7」까지의 부제가 붙은 총 일곱 개의 연작시이다. 이 중 1부터 3까지는 수학적 표현과 기호가

19) 신범순(2007)은 「선에관한각서 1」에서 이상의 독자적인 무한사상을 발견할 수 있고 그 세계를 '무한정원'으로 칭하였다.

주를 이룬다. 나머지 4개의 시는 빛의 빠르기, 진공, 우주, 방위, 역학, 음파 등 물리학적인 언어와 개념이 중심을 이루고 있다. '삼차각'이라는 용어는 수학적으로는 존재하지 않는다. 새로운 표현을 만들어가면서까지 이상이 나타내고 싶었던 것은 무엇이었을까? 여기서는 숫자와 기호 등을 사용한 세 개의 시를 알아보자.

선에관한각서 1

1 2 3 4 5 6 7 8 9 0
2 ● ● ● ● ● ● ● ● ●
3 ● ● ● ● ● ● ● ● ●
4 ● ● ● ● ● ● ● ● ●
5 ● ● ● ● ● ● ● ● ●
6 ● ● ● ● ● ● ● ● ●
7 ● ● ● ● ● ● ● ● ●
8 ● ● ● ● ● ● ● ● ●
9 ● ● ● ● ● ● ● ● ●
0 ● ● ● ● ● ● ● ● ●

(우주는멱에의하는멱에의한다)
(사람은숫자를버려라)
(고요하게나를전자의양자로하라)

**스펙톨**

**축X 축Y 축Z**

속도etc의통제예컨데광선은매초당300,000킬로미터달아나는것이확실하다면사람의발명은매초당600,000킬로미터달아날수없다는법은물론없다. 그것을몇십배몇백배몇천배몇만배몇억배몇조배하면사람은수십년수백년수천년수억년수조년의태고의사실이보여질것이아닌가,그것을또끊임없이붕괴하는것이라고하는가,원자는원자이고원자이고원자이다, 생리작용은변이하는것인가,원자는원자가아니고원자가아니고원자가아니다,방사는붕괴인가,사람은영겁인영겁을살릴수있는것은생명은생도아니고명도아니고광선인것이라는 것이다.

(이하 생략)

위 시는 수학적 시각으로는 1에서 0까지의 숫자를 가로와 세로 평면에 나열한 데카르트 평면(2차원)이다. 이상은 세로축과 가로축의 좌표로 한 점을 나타내기 위하여 이 그림이 필요했을까? 그 가운데의 동그라미는 단순히 한 점을 의미할까? 그 다음 행을 보면 '멱의 멱'에서 그 이상의 계속되는 수를 암시하고 있고, '사람은 숫자를 버려라'에서 그 한 점은 단순히 한 점이 아니라 무수히 많은 무한소들이 모인 집합체로서의 무한을 표현하고자 했던 것은 아닐까? 신범순(2007)은 위 점을 무한세계에서 볼 수 있는 '무한과일'이라고 하면서, 과일이 풍성한 축제의 세계를 창조한 이상을 시대를 앞서간 탁월한 선구자라고 하였다. '우주의 실제 운동과 사람의 실제 삶을 포함한 그 모든 것을 포괄하는 사람의 진정한 정신적 추구 활동'을 '시'로써 결합시키고 있음을 볼 수 있는 부분이다. 수는 곱의 곱으로 생명력을 지닌 채 무한을 향하고 있다.

그림2 에셔, <무한폭포>

아래로 떨어지는 폭포의 물줄기를 따라가 보면 다시 폭포 위이다.
에셔는 무한 공간의 확장과 순환, 대립을 통해 유한 속에서 무한을 상상했다.

'스펙톨'에 대해 이상은 '유령(spectre)'으로 표현하고 있고 이승훈(1987)은 '스펙트럼(spectrum)'으로 표현하고 있다.

백색광이 프리즘을 통과하면서 생기는 일곱 가지 색의 띠가 스펙트럼이고 정확히 같은 뜻은 아니지만 이를 통해 점 하나가 갖고 있는 무게감과 생명력을 가늠할 수 있다.

왜 '선에 관한 각서'일까? '선'은 무엇이고 '각서'라는 엄청난 도전을 해야 하는 이유는 무엇일까? '선'은 유클리드 기하의 기본 도형이다. 이상이 '축X 축Y 축Z'로서 선으로 시작한 그의 우주가 평면을 지나 공간으로 확장되고 있는 것이다. 뿐만 아니라 빛의 속도보다 빠른 초인간을 설정하면서 자신의 우주를 확대하고 있다. 선은 무한을 추구한다. 빛의 세계는 창조적이고 역동적이며 진취적이다. 당시까지 세상을 지배하고 있던 뉴턴의 물질적 역학에서 벗어난 근대적인 사고를 뛰어 넘는 다차원적이고 진실한 인간의 세계를 열망하고 있는 것이다.

다음 두 번째 「선에관한각서 2」에도 숫자와 수학 기호가 등장한다.

**선에관한각서 2**

1+3
3+1
3+1 1+3
1+3 3+1
1+3 1+3
3+1 3+1
3+1
1+3

선상의한점A
선상의한점B
선상의한점C

A+B+C=A
A+B+C=B
A+B+C=C

두선의교점A
세선의교점B
수선의교점C

3+1
1+3
1+3 3+1
3+1 1+3
3+1 3+1
1+3 1+3
1+3
3+1

(태양광선은, 凸렌즈때문에수렴광선이되어한점에있어서혁혁히빛나고혁혁히불탔다,태초의요행은무엇보다도대기의층과층이이루는층으로하여금凸렌즈되게하지아니하였던것에있다는것을생각하니낙이된다,기하학은凸렌즈와같은불장난은아닐는지,유클리드는사망해버린오늘유클리드의초점은도처에있어서인문의뇌수를마른풀과같이소각하는수렴작용을나열하는것에의하여최대의수렴작용을재촉하는위험을재촉한다,사람은절망하라,사람은탄생하라, 사람은탄생하라, 사람은절망하라)

왜 1과 3일까? 3은 3차원, 즉 공간의 세계를 나타내고 1은 시간 혹은 빛의 세계를 의미한다. 인간이 인지할 수 있는 우주를 1+3, 혹은 3+1이라는 숫자의 합으로 표현하고 있는 것이다. 이상이 일본에서 공부했던 시기는 아인슈타인의 '상대성이론'이 발표된 이후 관련 서적이 많이 출판되었을 때이니 이상은 이와 관련하여 충분한 지식을 갖고 있었을 것이다. 여기에서 4를 3+1로 표현한 것은 단순 4차원이 아닌 3차원에서

그림3 팬로즈의 삼각형
위 삼각형은 평면도형인가 혹은 공간도형인가? 현실 속에서 가능한 도형인가?

한 개를 추가하는 팽창의 의미를 담고 있다. 1+3의 모든 경우를 표현하면서도 윗부분과 아래 부분 각각의 8행은 시각적으로 볼록 렌즈 형태를 취하고 있다. 전체적으로 보면 위아래의 대칭, 좌우의 대칭을 보인다.

좌우대칭은 비록 중간에 등호는 없지만 수학의 덧셈에서의 교환법칙을 설명한 것처럼 보이기도 한다. 여기에서도 거울 이미지가 나타나고 있다. 또한 이 모든 경우를 일일이 다 드러냄으로써 이상 자신의 내면의 자유의지를 강조하고 있다.20)

이것을 다시 설명하고 있는 부분은 선상의 점 A, B, C이다. 세 점을 다 더해도 A가 되고 B가 되고 또 C가 되니 그 세 점은 같은 점이고, 수학적으로 말하면 원점이고 기준점인 것이다. '두 선의 교점 A'와 '세 선의 교점 B'에서 이미 3차원을 만들었고 '수선의 교점 C'는 이미 만든 3차원을 다시 지적한 것일 수도 있으며 네 번째 차원의 직선을 의미한 것일 수도 있다.

하지만 이상은 위에서 언급한 세계에 대하여 태양광선의 반사에 의해서 보여지는 물질의 세계이며 껍질의 세계이자 죽음의 세계로 인식하고 있다. 그것은 볼록 렌즈가 되어 유클리드의 초점이 되고 결국 인문의

20) 김학은(2014)은 1+3을 삼각형의 면(1)과 세 변(3)의 합(+)으로 해석하였다. 한편, 이상은 여러 작품에서 삼각형을 시어로 사용하고 있다.

뇌수를 메마르게 한다고 역설한다. 또한, 유클리드 기하나 뉴턴의 물리학은 근대적 유산이고 버려야 할 유물임을 주장하고 있다. 이는 당시 상대성이론과 함께 괴델의 불완전성 정리가 등장하여 세계는 새로운 패러다임으로 바뀌어가고 있는데 이를 아무도 알아주지 않는 현실에 이상이 자신과 나라가 처한 현실에 대한 답답함과 절망을 시로 표현한 것이다.

「선에관한각서 3」도 차원의 문제를 표현하면서 선대칭으로 거울 이미지를 사용하고 있다. 송민호(신범순외, 2007)는 이러한 거울 이미지를 자기 복제와 연관시키고 있다. 시공간차원의 확장에 의해 탄생된 복수적 주체는 대칭으로 한 번 더 현실적인 증식의 과정을 거친다고 주장한다. 그 다음 순열기호는 그러한 복제의 횟수를 의미하고 그러한 결과로 '뇌수는 부채와 같이 원에까지 펴졌다'가 가능한 것이다.

선에관한각서 3

| | 1 | 2 | 3 |
|---|---|---|---|
| 1 | • | • | • |
| 2 | • | • | • |
| 3 | • | • | • |

| | 3 | 2 | 1 |
|---|---|---|---|
| 3 | • | • | • |
| 2 | • | • | • |
| 1 | • | • | • |

$$\therefore\ {}_nP_n = n(n-1)(n-2)\cdots\cdots(n-n+1)$$

(뇌수는부채와같이원에까지펴졌다, 그리고완전히회전하였다)

다음의 시 「이상한가역반응」은 수학에서 기하학의 기본 요소인 '점', '선', '원'을 시어로 사용하고 있다.

이상한가역반응
임의의반경의원(과거분사에관한통념)
원내의한점과원외의한점을연결한직선
두종류의존재의시간적영향성
(우리들은이것에무관심하다)
직선은원을살해하였는가
현미경
그밑에있어서는인공도자연과다름없이현상되었다.

―――――

(이하 생략)

'임의의 반경의 원', 즉 '임의의 반지름을 가진 원'으로 시작되는 위 시는 '(과거분사에 관한 통념)'으로 이어지는 것에서 '반지름이 이미 주어진 원이 있다'로 해석할 수 있다. 그럼으로써 안과 밖이 생기고 원내의 한 점과 원 밖의 한 점은 선택이 아니라 그야말로 주어진 운명이다. 그 위로 시간이라는 직선이 지나가고 인간 개인의 의지와 상관없이 직선은 원을 지나친다. 이상은 이 장면을 굵은 글씨로 "직선이 원을 살해했다"라고 항변한다. 김학은(2014)은 이 과정에 대하여 이상이 '인간은 시간직선을 따라 태어나서 살다가 죽는 유한 존재'임을 표현했다면서 건축학도였던 그가 잡지 『조선과 건축』의 표지 디자인에 응모하여 당선되었던 작품과 대비시키고 있다. 그 작품은 실제로 점과 직선, 원으로 구성된 추상 디자인이다.

이 밖에도 이상의 「무한육면각체」는 반복과 무한 공간의 극치를 보여준다. 무한기하학의 관점으로 본다면 수많은 사각형 운동의 결과로 만들어진 무한육면각체는 부피가 제로인 무한개의 껍질만이 존재하는 '가면의 세계'로 등장한다. 이상은 획일적이고 전체적인 양식과 반자연적이고 서구적인 것만을 추구하는 당시의 껍질만의 세계를 비판하고자 하였다.

자신의 무한적인 사유로 근대적 시대상을 표현하고자 했던 것이다.

이상은 숫자와 기호를 매개로 내면의 세계를 논리적으로 드러내는 독특한 표현 방법을 채택하였다. 괴델은 수학적 기초 부호와 변수, 공식, 증명 등에 자신만의 독창적인 수(괴델수)를 부여하고 '수학은 불완전하다'를 논리적으로 증명하였다. 숫자를 이용하여 이상은 시를 쓰고 괴델은 불완전성 정리를 완성하였다. 둘은 동시대인이다. 이상은 상대성 원리를 이해했고 불완전성 정리를 알고 있었다. 스스로를 '박제가 되어버린 천재'로 표현했던 이상은 근대정신의 해체와 새로운 세계의 도래 사이에서 지식인으로서의 절망과 불안, 상처를 숫자와 기호를 통하여 추상적으로 시적 변용하였다.

숫자와 기호로 표현된 이상의 시는 몇 가지 특징을 갖는다.

이상은 자신만의 세계를 표현하는 독특한 방법으로 숫자와 기호를 사용하였다. 이로써 단어나 문자가 담아낼 수 없는 복잡한 내면의 사고를 추상적인 기호를 이용하여 그 누구도 범접할 수 없는 경지를 만들었다. 더 놀라운 것은 그가 만들어 낸 숫자에는 생명력이 있다는 것이다. 4를 3+1이라 표현함으로써 3은 팽창의 욕구를 지니게 된다. 유한개의 수를 사용하면서도 무한으로 향하는 과정을 담아내고 위아래로의 배치 혹은 대칭을 이용하여 모든 방향을 암시하고 있다. 그래서 융통성이 있다. 이상 시의 또 한가지 특징은 간결성이다. 문학에서 시는 다른 어느 장르보다도 표현이 간결하다. 하지만 숫자로 표현된 시어의 함축성은 그 어느 단어가 갖는 의미보다 클 수 있으므로 상대적으로 간결하다고 말할 수 있다. 따라서 이상의 시는 시각적으로 독특하고 낭독하기 어렵다.

## 생각해 볼 문제

1. 「걸리버 여행기」의 소인국 편에 다음과 같은 구절이 있다.

   "수도 주위에 있는 모든 마을에서는 매일 소 여섯 마리와 양 40마리만큼의 고기를 나에게 제공하도록 한 것이다."

   대인국이라면 얼마만큼의 소고기와 양고기를 섭취한 것일까?

2. 이상의 시에 나타난 숫자 이외의 수학용어나 기호 등을 찾아보고 그것이 의미하는 것을 생각해보자.

3. 다양한 장르의 문학작품에서 수학의 기호나 개념을 찾아보자.

## 참고문헌


권영민, 이상 전집1 시, 문학에디션 뿔, 2009

김명환, 이상의 시에 나타나는 수학기호와 수식의 의미, 권영민 편저, 이상 문학연구 60년, 문학사상사, 1998

김승구, 이상, 욕망의 기호, 도서출판 월인, 2004

김용운, 이상 문학에 있어서의 수학, 이상 문학전집4, 문학사상사, 2001

김학은, 이상의 시 괴델의 수, 보고사, 2014

네이글·뉴먼, 괴델의 증명(강주헌 역), 경문사, 2003

박홍규, 걸리버, 세상을 비웃다, 가산출판사, 2005

송민호, 이상의 「선에관한각서」에 나타난 시공간 차원과 분신의 주제(신범순편, 이상의 사상과 예술), 신구문화사, 2007

신범순, 이상의 무한차원 삼차각나비, 현암사, 2007

신범순, 무한육각면체의 정원(신범순편, 이상의 사상과 예술), 신구문화사, 2007

이승훈, 이상시 연구, 고려원, 1987

이창식, 김삿갓 문학의 풍류와 야유, 태학사, 2011

정공채, 오늘은 어찌하랴, 김삿갓 시와 인생, 학원사, 1985

정대구, 김삿갓 연구, 문학아카데미, 1990

정주아, 평면으로부터의 탈주와 반원근법의 설계도(신범순편, 이상의 사상과 예술), 신구문화사, 2007

조너던 스위프트, 걸리버 여행기(박용수 역), 문예출판사, 2011

팰레 유어그라우, 괴델과 아인슈타인(곽영직 오채환 역), 지호출판사, 2005

# 제7장

# 수학과 철학

이 장에서는 수학과 철학의 관계를 다룬다. 수학의 정체성을 파악하는 일은 철학이라는 거울을 통해 가능하다. 이는 우리가 눈을 통해 외부 세계를 보지만 정작 자신의 눈은 볼 수 없는 것과 같은 이치이다. 그런데 수학도 역사에 따라 변화하지만 철학이라는 거울도 역사에 따라 달라진다. 철학의 거울에 비친 다양한 수학의 모습을 소개한다.

## 00 들어가는 말

"수리철학"이라는 용어가 이미 광범위하게 '수학에 관한 철학'이라는 의미로 사용되고 있지만 수학적 이치를 활용하거나 적용한 결과로서의 철학이라는 인상을 준다. 이런 오해를 피하기 위하여 두 학문을 지칭한 것을 병치시키는 어색함은 있지만 최근에는 수학에 대한 철학적 성찰을 의미하는 용어로 '수학철학'을 사용하는 사람이 많아졌다.

"1+1은 왜 2가 되는가?" 라는 질문에 대부분의 사람들은 당황하게 된다. 그것은 너무 당연하다고 생각하기 때문이다. 그러나 영국의 경험론자 밀(Mill)에게 있어서 1+1=2는 공리적인 체계로부터 나온 결과라기보다는 인간의 감각을 일반화한 것에 불과하다. 실용주의자인 듀이(Dewey)에게 "1+1=2는 참인가?"라고 묻는다면 망치(도구)가 참인지 거짓인지를 묻는 것과 같은 부적절한 질문이라는 답변을 얻을 것이다. 수학자들이 수행하는 작업에서 그들은 스스로 의식하든 그렇지 않든 간에 수학에 대한 어떠한 관점(perspective)을 가지고 있다고 여겨진다. 이러한 관점은 어떤 수학철학을 전제하고 있음을 의미한다.

수학적 대상들−수, 함수, 다양체 등−은 어떠한 방식으로 존재하는가? 인식하는 주체와 독립적으로 존재하는가? 아니면 인간 정신내의 구성물에 불과한가? 만약 수학적 대상들이 플라톤의 이데아의 세계처럼 존재한다면 수학자의 작업은 그 영역에 있는 것들을 '발견'하는 것이 되고, 수학자들의 인식 내에 구성되는 것이라면 '창조'하는 행위가 된다. "수학적 대상들은 어떻게 발견되어지는가?" 혹은 "어떻게 만들어지게 되는가?", "무한은 어떻게 이해해야 하는가?", "수학적 진리란 무엇인가?", "왜 순수수학은 물리학에 응용될 수 있는가?", "수학에서 사용하는 논리는 반드시 연역적이어야만 하는가?", "컴퓨터를 이용한 증명을 인정할 것인가?" 등의 물음을 수학철학에서는 묻는다. 환언하면 수학철학은 수학의 존재론적 문제,

인식론적 문제, 수학적 진리의 문제, 수학과 다른 학문과의 관계, 수학의 문화사적 의의 등을 다룬다고 할 수 있다.

인간이 유아기를 지나면서 점차로 자의식이 발달하고 인생의 의미를 놓고 고뇌하게 되듯이 수학철학은 수학의 정체성을 탐구한다. 수학에 대한 현학적 유희처럼 수학철학을 오해하기도 하지만 수학의 본질적인 측면을 점검해보고 수학에 대하여 가능한 여러 가지 견해를 살펴보는 일은 수학 자체를 연구하거나 수학을 교육하는 데 있어서도 매우 의미 있는 일이다. 왜냐하면 어떠한 수학 철학적 입장에 서 있느냐에 따라 수학을 연구하는 태도와 이해하는 방식, 그리고 수학을 가르치는 교육의 내용과 방법이 달라지기 때문이다. 이 글은 수학철학에 있어서 수학에 관한 상이한 인식을 보이고 있는 '모더니즘'과 '포스트모더니즘'을 소개하려는 데 있다.

오늘날을 흔히 포스트모던 시대라 한다. 포스트모던이라는 단어는 이제 일반인에게도 익숙한 단어가 되었고 이에 대한 논의가 한때 대학가에 붐을 이루었던 때도 있었다. 포스트모더니즘은 좁게는 문학과 예술 그리고 넓게는 현 시대의 문화 전반에 걸쳐서 나타난 가장 핵심적인 시대정신이다. 혹자는 포스트모더니티와 포스트모더니즘을 구분한다. 이러한 입장에 있는 사람들은 포스트모더니즘을 포스트모더니티의 하위 개념으로 포섭하여 그것을 주로 포스트모더니티라는 시대정신이 예술이나 문학 등에서 발현된 양식으로 이해하고 있지만, 본고에서는 이 둘을 특별히 구분하지 않고 사용한다. 마찬가지로 모더니즘과 모더니티도 같은 의미로 사용하며, 모더니즘은 데카르트 이후의 이성 중심의 확실한 지식을 추구하는 철학에 근거한 문화를 가리킨다.

역사학자들은 모더니즘의 뿌리를 르네상스 시대로 거슬러 올라가 인본주의에서 찾는다. 르네상스 시대에는 인간이 다른 모든 것을 규정하고 토마스 모어의 『유토피아』에 나타난 것과 같이 이상적인 사회에 대한 낙관적인 전망이 팽배했다. 르네상스 시대의 인본주의에서 우리는 인간이 자연을 이해하고 장악하여 세계의 미래를 좌지우지할 수 있다는 확신을 엿볼 수 있다. 르네상스 시대에 표출된 인본주의는 18세기에 인류의 각 문화 영역에서 거대한 조류를 형성하게 되고 유럽 지성계에 소위 "고대와 모던에 대한 논쟁"을 유발하게 된다. 논쟁의 핵심은 과연 그 당시로 말하면 모던(18세기)이 고대(그리스와 로마)보다 도덕적으로나 예술적으로 우월하냐는 것이었다고 한다.

18세기의 계몽주의는 갈릴레오와 뉴턴 등에 의해 17세기에 이룩된 과학혁명에 자극을 받은 지적 운동이었다. 당시 사람들은 이성에 대한 절대적 신뢰를 가지고 자연을 탐구하여 진리를 얻었던 방식을 전통이나 관습, 역사 심지어 예술에 이르기까지 이성의 적용 영역으로 확장했다. 즉, 인간의 정치와 사회에 제기된 문제들을 해결하는 데에도 과학적 방법은 유용할 것이라고 생각했다.

수학은 참이라고 받아들이는 전제를 상정하고 추상적인 개념과 기호를 채용하여 체계적이고 논리적인 절차를 거쳐 결과를 유도하는 학문이다. 사람들은 수학의 이러한 성격 때문에 인간이 경험하는 많은 영역에서 대상과 상황을 추상하고 기술하여 모델을 만들고, 행동의 어떤 차원을 통제하는 데 수학이 활용될 수 있을 것이라고 자연스럽게 생각했다. 수학은 엄밀함, 정합성, 객관성의 모범으로서 이런 면에서 다른 학문보다 우위를 점하고 있는 것처럼 보인다. 역사적으로 보면 수학으로써 모든 것이 표현 가능하고 통제 가능하다는 생각에 심취한 나머지 '수학 제국주의'가 풍미했던 근대 사회가 있었는가 하면 그에 대한 회의 내지 한계가 더 부각되는 현대와 같은 포스트모던 사회도 있다.

수학의 발전은 수학 내부적으로는 새로운 개념의 도입이나 개념의 정교화 그리고 증명방법의 개선 등을 통해서 이루어졌지만, 수학 외적으로는 자연계에 수학을 적용하고 사회과학과 인문과학까지 응용 범위를 넓히는 것이었다. 이것은 수학적 방법이 가지는 엄밀성과 효율성에 기인한다고 볼 수 있다. 수학을 수학 이외의 다른 영역으로 확장하여 적용하는 것을 '수학화'라고 한다면 수학화는 모더니즘의 핵심적 내용을 구성한다.

수학화의 기원은 고대 그리스로 거슬러 올라간다. 실재의 본성에 대한 어떤 철학적 견해나 과학적 실천에도 수학화는 존재했다. 피타고라스, 유클리드, 플라톤, 아리스토텔레스, 아르키메데스와 같은 수학화의 선구자들이 제시한 길을 통과하여 수학은 2000년 동안 점차 과학, 상업, 문화의 여러 영역에 침투했다. 특히 유클리드의 원론은 공리로부터 연역을 통하여 가장 높은 수준의 확실성이 무엇인지를 보여 주었고, 지식을 체계적으로 구성하는 방법을 제시했다. 그리스의 철학자들 중 일부는 수학화에 대한 그들의 이상을 제시했으며, 비록 광범위한 실험에 근거하지는 않았지만 그리스 시대 말에는 몇몇 수리과학이 시작되었다고 볼 수 있다. 그리스적인 이상은 중세에도 일부 학자들에 의해 계승되었지만 과학의 수학화는 약간의 진보만이 있었을 뿐이다. 중세 말과 르네상스 시대가 되어서야 수학화는 덜 이론적이고 실제적인 방식으로 이루어지기 시작했다. 즉, 사상가나 장인은 그들의 관심을 현학적인 것으로부터 계량화하고 측정하는 것으로 전환했고, 수학은 시민의 관심과 일상적인 일에 뿌리를 내려 예술과도 깊은 연관을 가지게 되었다. 르네상스 시대의 인본주의자들은 고전 수학을 부활시키려 했고 천문학, 역학, 대수학 등에서 진보를 이루었다.

케플러, 갈릴레오, 데카르트, 뉴턴, 라이프니츠 등으로 대표되는 17세기 과학자들은 그들의 작업에서 수학이 핵심적인 지위를 차지한다고 생각했고 그들의 빛나는 업적을 통해 이를 사람들에게 확인시켰다. 수학적 방법과 조망은 비단 물리학과 같은 자연과학에만 한정되지는 않았고, 점차 인간의 사상이나 경제 활동과 같은 영역에도 수학이 도입되기 시작했다. 18세기의 계몽사상가들 중에 상당수는 수학을 높이 평가하고 수학화를 삶의 모든 영역으로 확장하려고 했다. 물론 이에 대한 역풍이 없었던 것은 아니었지만 수학은 인간 지식의 모범으로 자리를 잡았다.

이러한 근대적 수학관은 특히 20세기 후반에 들어서서 소위 '포스트모던 수학관'에 의해 비판된다. 사회구성주의 수학철학과 수학에 있어서 '인본주의'를 강조하는 이 포스트모던 수학관에 따르면, 수학은 17세기나 18세기에 생각했던 것과는 달리 신비하지 않은 단지 사회적, 문화적, 역사적 산물일 뿐이다. 그렇다고 현대 모든 수학철학자들이 포스트모던 수학관을 지지하는 것은 물론 아니다.

한편 수학화가 가지는 문제점 또한 간과할 수 없다. 수학화가 결국 다루고자 하는 것을 양적인 것으로 환원시키는 것이라면, 인간의 삶이 모두 양적인 것으로 환원되지 않는다는 것은 상식이기 때문이다. 무리하게 양적으로 바꾸어 버림으로써 없어져 버리는 정보의 유실은 실체의 일부만을 반영하기에 올바른 판단을 불가능하게 하고 결국 계량화가 가지는 의미는 매우 제한적이 되고 만다. 그러나 수학화에는 보다 근원적인 철학적 문제가 도사리고 있다. "수학이 왜 이 세계에 응용가능한가?", "다양한 이론에서 제시되는 대상들은 단지 수학적 대상인가 아니면 다른 존재론적 지위를 가지는가?", "왜 수학은 과학에 필수적인가?"하는 물음이 그것이다. 그러나 본고에서는 이러한 문제를 다 취급하지는 않는다. 다만 모더니즘의 핵심이 수학화에 있다고 주장하고 수학화가 지니는 문제점과 이에 대한 철학적 의미를 살펴보는 것이다. 수학화에 따라 제기된 문제가 무엇인지를 살펴보는 것은 수학의 역사와 정체성을 밝히는 의미에서 뿐만 아니라 문화 전반을 성찰하기 위해서도 필요한 일이다. 그리고 계몽주의에 대하여 모더니즘을 대변하는 18세기의 사조로 보고 모더니즘에 시간적 제약만을 가진 것으로 간주한다. 즉, 계몽주의를 '18세기 모더니즘'이라는 의미로 사용한다. 그리고 수학화에 대한 논의는 호웰(Russell W. Howell)과 브래들리(James Bradley, 1693－1762)가 공동 편집한 『포스트모던시대의 수학(Mathematics in a Postmodern Age)』에 제시된 견해를 수용하여 전개하고, 모더니즘과 포스트모더니즘의 철학적 성찰은 강영안의 『주체는 죽었는가?』를 참고하여 인용한다.

## 01 모더니즘에 근거한 18세기 수학과 자연과학

모더니즘은 보편적이고 객관적이며 확실한 지식 체계의 수립이라는 열망에서 비롯되었다고 할 수 있다. 일반적으로 모더니즘은 데카르트(1596 – 1650)로부터 시작된다고 본다. 그의 “나는 생각한다. 고로 나는 존재한다”는 모더니즘의 시작을 대변하고 있다. 데카르트는 지식 획득과 관련해서 “건축물”과 “토대”라는 용어를 사용했다. 그가 생각한 이상적인 인식 체계는 건물이 토대와 상부 구조로 나누어지듯이 인식 체계 역시 의심할 바 없이 확실한 인식론적 토대와 그것으로부터 도출된 인식의 상부 구조로 구성된다는 것이다. 이런 인식론적 방법론을 토대주의라고 하는데 유클리드 기하학에 나타난 수학의 공리적 체계에 익숙한 사람들에게는 지극히 자연스러운 것이기도 하다.

데카르트는 직관과 연역만을 지식 획득의 방법으로 인정하는데, 특히 연역은 의심할 수 없는 참된 기본 신념으로부터 참인 다른 명제를 유도해내는, 즉 진리를 보존하는 추론방식으로 다음과 같이 인정되었다.

> “우리가 직관에 덧붙여 또 하나의 인식 형태를 제안하는 이유에 대해 의문을 가질지도 모르겠다. 이 또 하나의 형태 – 연역 – 는 확실한 것으로 인식된 다른 명제들로부터의 필연적결과를 추론하는 일이다. 그러나 연역을 직관과 구분 지을 필요가 있었으니, 이는 자명 하지 않은 많은 사실들이 확실한 것으로 인식될 수 있기 때문이다. 물론 이것은 이 사실들이 연속적이고 부단한 사고 작용 – 개개의 명제가 명료한 것으로 직각되는 – 을 통해 참 되고 이미 알려진 원칙들로부터 추론되는 것을 전제 조건으로 한다.”

이렇듯 모더니즘은 수학적 방법을 확실한 지식을 얻는 것으로 받아들이는 데서 출발한다. 즉, 수학적 방법은 모더니즘의 핵심적인 요소이고 이것이 수학화로 나타난 것이다.

18세기 수학에는 당시의 지배적인 시대 조류인 모더니즘 내지 계몽주의가 전제되어 있다. 또한 이 시기의 수학은 오늘날 입장에서 보면 순수수학과 응용수학이 명확하게 분리되어 있지 않은 '혼합수학'이었고 '결과 중심의 수학'이었다. 미적분학과 미분방정식에 있어서 수학적 연구는 역학, 천문학 등과 밀접하게 연관되어 있었다. 1743년 달랑베르와 1788년 라그랑주의 작업에서 볼 수 있듯이 역학은 필연적으로 참으로 여겨지는 첫 번째 원리로부터 결과를 보일 수 있는 폐쇄적인 수학 체계일 뿐이었다. 혼합수학은 그 본질상 응용수학과 구별된다. 응용수학은 수학의 한 주제를 다른 주제에 응용하는 것이고 혼합수학에서는 한 주제와 그것을 수학화하는 것이 매우 긴밀하게 연관되어 있어 두 분야는 나누어질 수 없는 것이다. 사실 수학과 그것이 응용되는 세계는 혼합되어 있다기보다는 차라리 구분됨 없이 화학적으로 결합되어 있었다고 할 수도 있을 것이다. 실제로 18세기에는 많은 수학자들이 역학과 천문학에서 그들 연구의 근원과 영감을 찾았다. 이것은 다음과 같은 수학자들의 작업에서 확인할 수 있다.

야곱 베르누이(Jalcob Bernoulli, 1655－1705)는 등속하강곡선(isochrone)에 관한 연구를 하였으며 최대 넓이를 가지는 고정된 둘레의 평면 폐곡선인 등주곡선(isoperimetric figures)문제를 제시하고 고찰하여 변분법을 연구한 최초의 학자였다. 야곱 베르누이의 동생인 요한 베르누이(Johann Bernoulli, 1667－1748)는 반사와 굴절에 대한 광학적 현상, 곡선 족의 수직궤적들의 결정, 중력장에서 주어진 두 점 사이를 움직이는 질점 중 가장 빠르게 하강하는 곡선을 결정하는 최단강하선(brachystochrone)문제 등을 연구하였다. 한편, 오일러(Leonhard Euler, 1707－1783)는 생애 동안 530편의 책과 논문을 발간했고 사후에는 886점의 책과 논문이 기념집으로 출간된 수학자이자, 물리학자이다. 그는 광범위한 분야에서 자신의 업적을 쌓았는데 이에는 달에 관한 이론, 조수, 천체역학의 3체 문제, 타원체의 인력, 수리학, 조선학, 포술학 및 음악이론에 대한 저술을 포함하고 있다. 클레로는 『지구형상론(Théorie de la figure de la Terre)(1743)』이라는 뛰어난 책을 남겼고 「달의 이론(Théorie de la Lune)(1752)」이라는 논문을 써서 상을 받았다. 달랑베르는 현재도 그의 이름이 붙어 있는 운동학의 원리에 근거한 『역학론(Traité de dynamique)(1973)』을 저술했으며, 그 이후에 「유체의 평형과 운동(1744)」, 「바람의 원인(1746)」, 「진동하는 현(1757)」 등에 대한 연구 논문들을 남겼다. 람베르트는 쌍곡선 함수들의 전개와 혜성 궤도의 결정에 대한 연구를 했으며, 라그랑주는 기념비적인 『해석 역학(Méchanique analytique)(1788)』과 『해석 함수론(Théorie des fonctions analytiques contenant les principes du daldul différentiel)(1797)』 등을 저술했다. '프랑스의 뉴턴'이라는 칭호를 얻은 라플라스는 다섯 권으로 이루어진 방대한 『천체역학(Tratié des mécanique céleste)(1799－1825)』을 남겼다.

이처럼 르네상스 이래로 새로운 지식을 획득하는 것이 과학의 주요한 목적이 되었고 과학혁명으로 인하여 과학에 수학을 적극적으로 도입함으로써 수학도 과정보다는 결과를 중시하는 경향을 띠게 되었다. 18세기를 풍미했던 기호에 대한 믿음도 결과 중심적인 수학을 추구하는 동인이 되었다. 당시 사람들은 기호적으로 일관성 있게 쓴 진술은 참을 보장받는 것이라고 가정한 듯하다. 이 같은 내용으로 보아 기호에 대한 신뢰는 대수학과 미적분학의 성공에서 비롯되었다고 할 수 있다.

한편, 역학이나 천문학에서 뿐만 아니라 실험 수준에 머물러 있던 다른 자연과학에서도 수학화는 의미 있게 진행되었다. 전기, 자기, 열 그리고 화학 등은 18세기 초까지는 주로 실험과 관련되어 있었다. 그러나 18세기 말에 과학자들은 이러한 분야들에 대한 수학적 이론을 정립하기 시작했다. 수학화가 역학과 천문학 등을 넘어서 실험 수준에 머물던 자연과학 전반으로 확산되기 시작한 것이다. 1787년 쿨롱(coulomb, 1736－1806)은 정전기와 자기에 대한 결과를 발표했는데 이것은 중력과 같은 형태의 것이었다. 19세기 초, 전자기 현상에 대한 깊이 있는 분석이 패러

데이에 의해 이루어졌고 1865년 맥스웰에 의해 전기와 자기를 포괄하는 수학적 취급이 이루어졌는데 이를 위해 벡터해석학의 개념이 사용되었다. 조셉 블랙은 열에 대한 계량적인 접근을 시도했는데 1822년이 되어서야 프리에에 의해 열에 대한 수학적 접근이 이루어졌다. 프리에는 프리에 급수를 사용하여 열전달에 대한 연구를 하였다. 열을 계량적으로 취급하게 됨으로써 화학과 관련된 분야들이 수학적으로 다루어지기 시작했고, 1789년 라부아지에에 의한 화학혁명은 화학에 대한 수학적인 접근을 가속화 했다. 즉, 화학물질에 이름을 부여하고 기호를 붙였으며 화학반응을 설명하기 위해 무게와 방정식을 사용하였던 것이다. 그 후, 1808년 돌턴의 원자설은 화학에 대해 보다 깊은 수학적 취급이 이루어지는 것에 기여했다.

## 02 자연과학을 넘어선 수학화

물리세계에 대한 수학적 방법의 성공은 인간과 사회에 대해서도 수학화의 길을 열어주었다. 수리 물리학의 성공에 힘입어 인문학과 사회과학에도 17세기 초, 토마스 홉스에 의해 '수학화'를 이루려는 시도가 생겨난다. 그는 유클리드의 원론이 단순한 몇 개의 공리로부터 논리적인 추론을 거쳐 결론에 이른다는 사실에 주목했다. 홉스는 인간은 기쁨을 극대화하고 고통은 극소화하려고 행동한다는 원리를 채택하여 개개인들이 사회에서 자신의 이익을 추구하는 것에 대해 마치 입자가 충돌하는 것과 같이 서로 부딪힌다고 보았다. 이것은 당시의 지배적인 유기체론을 대치하기에 이르렀고 후에 사회학자들이나 정치경제학자들에게는 공리처럼 인식되었다.

18세기에 출간된 아담 스미스의 국부론에서도 경제를 뉴턴 역학처럼 결정적인 과학으로 간주한 것으로 반영한다. 당시 사회이론가들은 합리적 경제행위자는 자기 자신의 이익을 위하여 행동하고 시장은 수요와 공급의 자연스런 역학을 가지고 있다고 생각했다. 이들은 경제의 기본 원리를 뉴턴 역학과 같이 결정적인 것으로 보고, 이를 통해 광범위한 경제 현상을 설명하려고 했다. 19세기와 20세기에 들어와서 경제학과 수학의 연계가 더욱 긴밀해지면서 미적분학이 경제학에 도입이 되었다.

물리과학에서는 확고한 지위를 가지게 되었고 사회 과학에서도 그 가능성을 보여준 수학은 그 적용 영역을 인간의 정신적 활동과 관련한 곳으로도 확대하기 시작했다. 특히 수학은 언어활동에 영향을 주었는데 자연 언어가 애매하다고 생각한 18세기 사상가들이 단어의 형식과 의미를 고정하기 위해 사전을 편찬하기도 했다. 급진적인 계몽 사상가들은 인간의 삶과 사상의 모든 분야가 수학적 방법으로 추구되어야 한다고 확신했다.

계몽주의의 본질은 세계가 기계적인 용어들로 표현될 수 있고 수학적 언어로 정의될 수 있다는 신념이었다. 계몽주의자들은 인간이 자연 법칙을 볼 수 있는 눈만 있다면 모든 실재는 자연 법칙에 의해 움직인다고 보았다. 그리고 그와 같은 법칙이 모든 것을 지배하기 때문에 인간 사회는 자연 세계를 지배하는 것과 같은 원리에 의해 파악될 수 있다고도 생각했다. 그러므로 계몽 사상가들의 임무는 실재를 지배하는 일반적인 법칙을 알아내어 그것들을 정치, 경제, 사회, 종교 등 여러 경우에 적용하는 것이었다.

## 03 모더니즘의 문제점

모더니즘의 제창자라고 할 수 있는 데카르트 철학은 오늘날 여러 가지면에서 비판을 받고 있다. 이에 포스트모더니즘의 핵심 인물의 한 사람인 라캉(Jacques Lacan, 1901－1981)은 데카르트의 "나는 생각한다. 고로 나는 존재한다."를 "나는 내가 생각하는 곳에 있지 않고, 있지 않는 곳에서 생각한다"라고 패러디하기도 했다. 라캉은 프로이트를 따라서 인간을 지배하고 인간의 행동을 유도하는 것은 이성이 아니라 무의식적 충동과 욕망이라고 주장한다. 그리고 환경보호론자들은 자연의 질적인 측면을 배제하고 양적으로만 취급하여 결국 인간과 자연은 지배와 착취의 대상으로 관계를 맺게 되었다고 비판한다. 즉, 데카르트가 이성, 자아, 의식, 명증성, 토대, 일원성을 추구했다면 포스트모더니스트들은 반(反)이성, 타자, 무의식, 모호성, 반(反)토대, 다원성을 추구했다고 볼 수 있다

데카르트의 입장은 근세 초기로부터 조금씩 도전을 받다가 1960년대 전후에는 포스트모더니즘이라는 거대한 조류에 밀려 표류하게 된다. 철학에서 의심 불가능한 진리의 토대를 확보할 수 있는지에 대한 의문은 18세기 영국의 철학자 흄(David Hume, 1711－1776)에 의해 제기되었다. 그는 경험과학과 철학은 기껏해야 개연적 지식에 도달할 수 있을 뿐이라고 주장했다. 그 후, 칸트를 비롯한 여러 철학자들이 흄의 회의론을 극복하려 했으나 결코 성공적이었다고 할 수 없었다. 20세기에 들어서 독일의 관념론 철학자인 후설(Edmund Husserl, 1859－1938)은 확실한 지식의 가능성이 보장될 수 없다면 문화 전반에 위기가 올 것이라고 우려하였다. 이후 토대주의에 대한 문제점이 드러나면서 근거 또는 기반 자체를 부정하는 허무주의와 상대주의가 점차 득세하기 시작했다. 수학과 과학의 성과들－비유클리드 기하학, 괴델의 불완전성 정리, 불확정성 원리, 양자역학 등－도 여기에 한몫을 했다고 보인다. 특히 1960년대 초 토마스 쿤의 '패러다임 이론'은 객관주의의 무장해제를 요구한 것과도 같았다.

모더니즘에 기초한 수학에 대한 입장은 다음과 같이 요약할 수 있다.

1. 수학은 연역적이다.

2. 수학은 확실한 지식을 제공한다.
3. 수학적 진술은 변함없이 옳다.
4. 수학적 증명은 의문의 여지가 없다.
5. 엄밀성의 기준은 변치 않는다.

그러나 모더니즘의 퇴조와 함께 위와 같은 수학관도 도전을 받고 있으며, 수학철학도 수학은 인간적이라는 "인본주의"나 수학이 사회에 의해 구성되어 있다는 "사회구성주의"가 회자되고 있는 실정이다. 모더니즘을 비판하는 '새로운 수학철학'은 분명 지나친 점이 없지는 않으나 모더니즘이 간과했던 수학적 실천을 강조하고 그것을 수학철학에 반영하려 했다는 점에서는 평가받을 만하다고 본다. 수학화가 인류 문명에 기여한 것은 아무도 부인할 수 없는 사실이다. 전술한 바와 같이 수학자들은 과학혁명에서 핵심적 역할을 담당했다. 수학적 방법은 역학과 천문학을 넘어서 실험과학으로 확장되었고, 인문학과 사회과학에서도 수학화는 매력 있고 설득력을 가지는 강력한 도구였다. 그러나 모더니즘에 대한 반성은 모더니즘의 핵심적 요소인 수학적 방법, 즉 수학화에 대한 반성을 동반하게 된다. 이와 같이 수학을 이 세계에 적용함에 있어서 고려해야 할 문제점이 무엇인가에 대해 보다 분별력이 있는 성찰이 요구된다. 따라서 다음과 같은 몇 가지 사항을 염두에 두지 않는다면 모더니즘에서 추구하는 이상은 독선적인 이데올로기라는 비난에 직면하게 될 것이다.

우선 수학의 사용이 인식론적으로나 형이상학적으로 반드시 중립적이지는 않으며, 이는 인간이 세계를 객관적이고 공정하게 다루지 않고 자신이 이미 가진 이해나 인간의 능력 안에서 가능한 방법만을 적용한다는 것이다. 이것은 인간 이성에 대한 근원적 반성과 지식의 본성에 관한 성찰과도 관련되므로 현대 철학자들이 객관성에 대한 회의적 견해를 피력하는 것을 고려한다면 음미해야 할 문제이다. 다음으로 염두에 둘 것은 인간에게 어떤 기준으로서 제시하려는 것이 오히려 인간을 규정하고 고정된 상황으로 몰고 간다는 것이다. 지능검사가 그러한 예 중의 하나이다. 1904년경 지능검사가 프랑스에서 도입되었을 때는 특별한 교육이 필요한 학생들을 알아내는 것이 목적이었다고 한다. 왜냐하면 그런 학생들은 보통 수행하는 수업이 유익하지 않았기 때문이다. 그러나 지금은 지능검사가 마치 인간의 모든 지적 능력을 평가할 수 있는 유일한 도구인 것처럼 여겨지고 있다. 단순히 학력을 평가함에 있어서도 과연 한 사람의 진정한 학력을 평가하는 것이 가능한가 하는 의문이 제기되는 상황에서, 어떤 사람의 지적 능력을 평가한다는 것 자체가 쉬운 일이 아니라는 것은 지극히 상식적인 사실이다. 지능이라는 정의 자체가 인위적이고 측정의 편리성을 가진 조작적인 개념인데, 이러한 편의적 개념에 의해 규정된 인간은 마치 그리스 신화에 나오는 프로크루스테스의 침대에 누운 사람처럼 실체 그 자체는 아닌 것이다. 그 다음 염두에 둘 것은 수학적 모델이 인간의 마음이나 사회적 현상이 가지는 역동성과 가치담지적인 인간 혹은 사회적 개념을 수용하기에는 너무 단순하다는 것이다. 인간과 세계의 모든 것에 대한 수학화를 시도했던 극단적 계몽주의자들은 이 점에 특히 유념해야 했다. 역사적으로 보면 낭만주의는 바로 기계론적 세계관과 이를 뒷받침하는 수학화에 대한 반동으로 나온 것이라 할 수 있다. 이에 따라 낭만주의자들은 수학적 접근이 실재의 사회적이고 문화적인 특성은 사상해버리고 실재를 오로지 양과 기계적적인 측면으로 환원시킨 오만한 것이라고 믿었던 것으로 보여진다.

식물조차 생장에 관한 최소율의 법칙이 있고, 카오스 이론에 따라 초기에 무시할 정도의 작은 변화가 나중에 큰 변화를 초래할 수 있듯이, 단순한 계량화는 불가피하게 따라오는 정보의 유실로 인해 실체적 진실에서 멀어질 수 있음을 겸허히 인정할 필요가 있다. 따라서 이미 역사적으로 축적된 수학화의 빛과 어두움을 직시하여 어떤 조건과 한계 내에서 수학화가 진행되어야 하는지 교훈을 얻어야 할 것이다.

## 04 포스트모더니즘

포스트모더니즘은 현대의 전반적인 문화 현상을 나타내고 있다. '포스트모던'이라는 용어는 건축분야에서 먼저 쓰이기 시작했고 철학이나 과학보다는 건축, 문학, 예술 등에서 더욱 두드러지게 나타났다. 그러나 포스트모더니즘은 단지 표면적인 어떤 현상에 일어난 변화가 아니라 세계를 보는 관점의 변화이고 그동안 의식을 지배해온 모더니즘에 대한 근본적인 반성으로부터 비롯된 것이다. 강영안은 현대철학의 경향과 포스트모더니즘의 성격을 다음과 같이 정리하였다.

> "서구에서는 2차 세계대전의 상처가 아물어 가던 60년대에 들어서서 철학사적으로 주목할 만한 강력한 운동이 전개되었는데 이 운동은 모더니즘이 전제하고 있던 이성의 절대성과 자아의 명증성, 언어의 도구성, 과학의 합리성과 객관성 등을 거부하는 모더니즘의 뿌리를 흔드는 것이었다. 이 소용돌이의 중심에는 철학적 해석학, 후기 구조주의, 새로운 과학철학이 자리 잡고 있었으며 기존의 패러다임, 즉 모더니즘을 반성, 해체하고 전통적인 과학관을 기초부터 흔드는 "반(反)데카르트적"인 경향을 띠고 있었다."

현대철학은 포스트모던적이다. 왜냐하면 현대철학은 과학과 기술의 절대적 권위를 의심하고 세계의 의미근원으로서 인간주체가 그렇게 절대적이 아님을 주장하기 때문이다. 그리고 모더니즘이 내세우는 과학관인 객관주의나 실증주의에 대하여 매우 비판적이다. 이러한 비판은 포스트모더니즘을 상대주의나 다원주의로 귀결시키게 된다.

특히 '새로운 과학철학'의 대두는 종래에 객관적이고 합리적인 학문이라고 여겨졌던 과학에 대한 지위에 큰 변화를 초래했다. 1958년 핸슨(Jean Hanson, 1919－1973)은 『발견의 패턴』에서 소위 '관찰의 이론적 재성'을 주장했다. 그의 주장에 따르면 순수한 관찰은 존재하지 않으며 관찰은 관찰자의 지식, 신념, 이론에 영향을 받는다는 것이다. 또한 쿤은 과학적 지식이 누적적으로 진보한다는 것을 부정하고, 패러다임들 간에는 평가 기준, 언어의 의미, 세계관 등에 있어서 어떤 공통점도 없기 때문에 통약불가능(incommensurable)하다고 주장했다. 파이어아벤트(Paul Feyerabend, 1924－1994)는 더욱더 극단적으로 나아가 "어떻게 해도 좋다(Anything goes.)"라며 인식론적 무정부주의를 표방했다. 폴라니(Polanyi)는 그의 저서 『인격적 지식』에서 '믿음의 틀' 없이는 어떠한 지적 활동도 있을 수 없다고 주장한다. 이러한 주장들은 모더니즘이 견고했을 때는 감히 제기될 수 없었던 것들이었다. 포스트모더니즘이 이제 객관성과 합리성에 집착하는 과학에도 들어온 것이다. 그러나 포스트모던 현상은 여기서 끝나지 않고 엄밀성과 확실성의 전형이고 최후의 보루라고 할 수 있는 수학에까지 나타났다. 허쉬(Reuben Hersh, 1927～)의 '인본주의'나 키처(Philip Kitcher, 1947～)의 '수학적 실천' 등이 이를 반영한다. 이들의 주장은 종래의 전통적인 수학관을 근본적으로 뒤엎는 현대 수학철학의 포스트모던적인 성격을 드러낸다. 뿐만 아니라 포스트모더니즘은 사회구성주의를 표방하는 어네스트(Ernest)의 수학철학에서 더욱 극명하게 부각된다. 수학철학에서 포스트모더니즘이 대두한 것은 20세기 후반인데 이에 앞선 20세기 초에는 어떠한 상황이 전개되었는지 먼저 살펴보자.

## 05 수학기초론의 대두와 전개

19세기 초 비유클리드 기하학의 등장은 가장 확실한 지식이라고 여겨졌던 기하학에서 일어난 일이었기에 비단 수학에서 뿐만 아니라 학문전반에 충격이 컸다. 수학자들은 수학의 기초를 기하학에 두기가 불안했고 보다 안전한 기초를 찾으려 했다. 그래서 새롭게 정초하려고 한 것이 산수였는데 이 과정에서 무한집합의 개념이 도입되었고 집합론은 모든 수학에 통일된 관점을 제공하리라 기대하게 되었다. 그것은 집합론이 가진 일반성과 포괄성 때문이었는데 프라엔켈(Fraenkel)은 집합론의 발견을 천문학의 코페르니쿠스의 지동설과 물리학에서의 상대성이론에 비해서 뒤떨어지지 않는다고 주장했다. 그러나 일련의 역설들-Burali-Forti(1897), Cantor(1899), Russell(1903) 등-이 발생하면서 집합론은 물론, 수학 전체의 기초가 흔들리게 되었다.

이러한 상황에서 흔들리는 수학의 기초를 확실하게 정초하려는 과정에 나타난 것이 20세기 초에 전개되었던 수학 기초에 관한 논쟁이다. 위기를 구출하고자 나타난 학파는 논리주의, 직관주의, 형식주의로 대별될 수 있다. 이 학파는 약간의 입장차이로 세분되기도 하지만 20세기 초를 주도했던 수학에 대한 상이한 입장을 대변하기도 했다.

프레게와 러셀로 대표되는 논리주의는 흔들리는 수학을 논리라는 반석위에 세울 수 있다고 생각했다. 그러나 수학을 논리로 환원시키려는 그들의 시도는 논리학의 발전을 가져왔는지는 모르나 목표에는 성공적이지 못했다. 왜냐하면 수학은 비논리적인 추론규칙과 공리들-수학적 귀납법의 원리나 무한공리와 선택공리 등-을 요구하기 때문이었다. 그리고 설령 모든 수학적 공리를 논리적인 것으로 환원시킬 수 있다고 해도 연역적 증명으로 모든 수학적 진리를 입증하기에는 불충분했다.

브라우어(Brower)의 직관주의는 수학의 근거와 본질이 직관에 있다고 보았다. 따라서 수학은 인간의 심적 구성 활동의 결과이며, 수학적 대상 역시 직관주의에서는 유한 단계의 구성이 가능해야 했다. 그는 배중률의 무제한적 적용에도 반대했다. 직관주의를 받아들이면 역리들을 쉽게 제거하는 장점은 있으나 기존의 많은 수학을 포기해야 하는 부담을 안게 된다. 또한 수학적 활동을 인간 정신 안에만 한정할 때 어떻게 수학자들이 주관적인 입장을 넘어서서 의사소통할 수 있는지 대답하기 곤란했다.

그래서인지 직관주의는 대다수의 수학자에게 그렇게 끌리는 처방이 아니었다.

힐버트의 형식주의는 수학을 형식화된 체계로 파악하고 그 체계가 가지는 의미와 해석에는 관심이 없다. 형식주의자들은 수학적 참은 형식적 체계에서 정리로 표현된다고 주장하며, 형식 체계의 안전성은 메타수학을 통하여 모순으로부터의 자유를 보임으로써 확립될 수 있다고 생각했다. 그러나 괴델의 제1불완전성 정리는 자연수 체계를 포함하는 무모순인 임의의 형식체계에는 결정불가능한 명제－그것이나 그것의 부정을 증명할 수 없는 명제－가 존재한다고 보았다. 즉, 연역적 증명에 의해 모든 수학적 참인 명제들이 증명되는 것은 아니라는 것이다. 이는 산수의 진리조차도 모두 페아노공리계로부터 유도되지 않는다는 것을 함축하고 있으며, 실제로 패리스(Paris)와 해링턴(Harrington)은 램지(Ramsey)의 정리에 대한 그들의 개작에 대하여 이는 참이지만 페아노공리계에서는 증명이 불가능하다는 것을 보였다. 형식주의자들의 최대 관심은 수학의 무모순성을 입증하는 일이었다. 그러나 괴델의 제2불완전성 정리는 자연수 체계를 포함하는 무모순인 임의의 형식 체계가 그 자신의 무모순성을 증명하기에 충분하지 않으며 추가적인 가정이 요구된다는 것을 보여주었다. 예를 들어 페아노 산수의 무모순성을 증명하려면 그 체계의 공리는 물론이고 가산 서수를 넘어선 초한귀납의 원리 같은 것이 추가로 필요하다.

이렇게 수학의 토대 만들기는 부수적인 성과가 없었던 것은 아니었지만 모두 실패로 돌아갔다. 논리주의 프로그램은 수학이 논리로 환원되기에는 너무 크다는 점 때문에 일찍이 실패로 판명되었고, 컴퓨터의 발달과 더불어 새로운 조명을 받기도 했던 직관주의는 수학을 축소시켰다는 비판과 함께 많은 학자들의 호응을 받지 못하였다. 그리고 괴델의 불완전성 정리가 형식주의 프로그램에 치명적인 타격을 가했음은 주지의 사실이다. 괴델의 불완전성 정리 이후 수리논리학의 주요 관심은 메타수학의 문제로 집중되었다. 즉, 계산가능성(computability)이나 결정불가능성(undecidability)의 문제, 공리 체계의 모델에 관한 연구 등이 수리논리학의 새로운 주제로 부상된 것이다.

비록 수학의 기초 만들기라는 원대한 꿈은 사라졌지만 수학기초론의 세 학파들은 자체 변신을 시도하여 명맥을 유지하려 했다. 특히, 이 중에서 일찍 실패로 판명된 논리주의에 몸담았던 사람들은 규약주의(conventionalism)로 피신하기도 했다. 그렇게 수학철학은 20세기 초반에 활발했던 토대론적 논의가 괴델의 불완전성 정리에 의해 한차례 정돈된 후 표면상 긴 동면의 시기에 들어간 것처럼 보였다. 어쩌면 수학철학자들은 '거대한 이야기'를 하기에는 무기력함을 실감했는지도 모른다. 이는 20세기 수리논리학의 이상이었던 논리적 환원가능성과 형식 체계의 완전성, 그리고 모든 정리의 결정 가능성이 좌절됨으로써 오는 후유증이기도 했다. 그렇다고 주류의 수학철학이 사망선고를 받은 것은 아니었다. 호흡은 유지하면서 20세기 후반에 플라톤주의 논쟁으로 깨어나기까지 수학의 안정성과 정체성을 확보하려는 장고의 시기였다고 볼 수가 있는 것이다. 그런데 그와 함께 전통적 수학관과 다른 수학에 관한 다양한 입장들이 등장하게 되는데 이는 포스트모더니즘의 세례를 받은 것이라 할 수 있다.

## 06 수학철학에서 포스트모더니즘

수학은 그 성격상 현실 세계와 직접적으로 맞설 필요가 없는 은둔이 가능한 학문처럼 여겨지지만, 과학의 대명사인 수학도 포스트모더니즘이라는 도도한 물결로부터 자유롭지는 못했다. 포스트모더니즘에 근거하여 수학에 대한 전통적 입장들은 비판되어졌고 해체가 시도되었다. 이러한 시도는 수학의 정체성을 수학사를 통해, 즉 역사적으로 나타난 증거를 통하여 확립하려는 것이었다고 볼 수 있다. 이러한 경향을 수학철학에서 포스트모더니즘이라 할 때, 이런 입장을 지지하는 다양한 사람들은 수학의 본성에 관해 모더니즘을 거부하며 다음과 같은 입장을 제시한다.

1. 수학적 실재론을 거부한다.
2. 명제의 진리에 대한 대응설을 거부한다.
3. 수학적 명제의 선험적 성격을 거부한다.
4. 수학적 지식이 확실하고 교정 불가능하며, 오류 불가능하고 절대적이라는 것을 거부한다.
5. 수학이 단일하고 통합적이며 정합적인 지식체라는 것을 거부한다.
6. 수학적 실천의 자취는 개인적인 수학자와 더불어 이루어졌다는 것을 거부한다.

자신의 수학철학을 '인문주의'라고 부르는 포스트모더니즘 경향의 허쉬(Hersh)는 수학의 본성에 대해 다음과 같이 정리한다.

1. 수학은 '인간적'이다. 수학은 인간문화의 한 부분이고 문화와 조화한다.(Frege식의 추상적이고 시간에 매이지 않는 객관적 존재가 아니니다)
2. 수학적 지식은 오류 가능하다.(과학처럼 오류를 수정하고 재수정함으로써 진보한다.)
3. 시간과 장소 그리고 다른 어떤 것에 따라 증명이나 엄밀성에 대하여 상이한 해석이 존재한다. 증명에 컴퓨터를 사용하는 것은 엄밀성에 대한 전통적이 아닌 해석이다.
4. 경험적 증거와 수치적 실험, 확률적 증명도 수학에서 믿어야 할 것을 결정하는 데 도움을 준다. 아리스토텔레스의 논리만이 항상 필수적으로 결정을 위한 최선의 방법은 아니다.
5. 수학적 대상들은 사회적, 문화적, 역사적 존재의 한 특수한 종류이다.

한편 키처는 『수학적 지식의 본성(The Nature of Mathematical Knowledge)』이라는 저서에서 쿤(Thomas Samuel Kuhn, 1922－1996)의 '전문분야 행렬(disciplinary matrix)'을 원용하여 '수학적 실천(mathematical practice)'을 제안했다. 키처는 쿤의 입장에 서서 수학사를 수학적 실천의 발전으로 보았다. 이 수학적 실천은 5개의 요소로 구성되어 있는데 이 5개의 요소는 서로 구별되면서도 상호관련을 가진다. '실천'을 위한 5개의 요소는 'L, M, Q, R, S'인데 이때 L은 실천의 언어이고, M은 초수학적 견해의 집합, Q는 수용된 질문들의 집합, R은 수용된 추론들의 집합, S는 수용된 진술들의 집합을 각각 나타낸다. 수학적 지식의 성장을 설명하는 문제는 'L, M, Q, R, S'가 'L′, M, Q′, R′, S′'으로 바뀌는 것에 대한 이해의 문제가 되는데 키처는 수학적 변화의 5개의 중요한 패턴을 다음과 같이 소개하고 있다.

### 1) 질의－응답형(question－answering)

'L, M, Q, R, S'는 'L′, M, Q′, R′, S′'로 표시할 수 있으며 M은 그대로 유지되고 나머지 요소인 L, Q, R, S는 변하는 경우이다. 이것은 수학 공동체에 의해 중요하다고 인식되어진 질문에 대한 응답을 제공하기 위한 참신한 방법으로 '수학적 실천'의 광범위한 수정을 수반할 때 나타난다. 이때 특기할 점이 한 가지 있다. 바로 잘못 이해된 언어나 진술, 엄밀하지 않은 추론은 질문에 대한 응답의 중요성 때문에 용인될 수 있다는 것이다. 뉴턴과 라이프니츠의 미적분학이 그 기초가 엄밀하지 않았음에도 불구하고 실제 문제를 해결하는 차원에서 발달했음은 이러한 유형의 예라고 할 수 있다.

### 2) 질문－생성형(question－generation)

'L, M, Q, R, S'는 'L, M, Q′, R, S'로 표시할 수 있다. 즉, 언어 L이 L′으로 확장됨에 따라 새로운 질문 Q′을 생성하게 된다. 예를 들면, 복소수의 기호가 소개되었을 때 실수에서와 같이 복소수에 로그를 취할 수 있는지에 대한 질문이 생성되었다.

### 3) 일반화(generalization)

사소한(trivial) 일반화와 설명적(explanatory) 일반화로 나눌 수 있으며 후자는 어떤 조건을 완화하여 일반화되기 전의 중요한 결과들을 유지해야 된다는 점에서 어려운 작업이라 할 수 있다. 예를 들면 퍼지집합은 보통집합의 일반화로 이해할 수 있는데 퍼지집합은 보통집합의 중요한 성질들을 유지하고 보통집합은 퍼지집합의 특수한 예로서 간주될 수 있다.

### 4) 엄밀화(rigorization)

'수학적 실천'의 엄밀하지 않은 부분이 엄밀하게 된다면 수용된 추론의 집합 R이 변하고 새로운 언어 L′과 새로운 진술 S′이 소개된다. 코쉬(Cauchy)와 아벨(Abel)의 무한급수의 수렴에 대한 개념 소개에서와 같이 중요한 문제들이 추론기법과 언어에 대한 보다 자세한 조사 없이는 풀리지 않을 때, 엄밀화는 수학적 지식의 확장으로 이르게 된다.

### 5) 체계화(systematization)

두 종류의 체계화를 생각할 수 있는데 '공리화에 의한 체계화'는 적은 수의 '기초원리'로부터 많은 진술들을 유도하기 위해 새로운 공리들과 새로운 정의 그리고 새로운 증명을 소개함으로써 이루어지고, '개념화에 의한 체계화'는 전에는 다양한 것으로 간주되었던 결과들 사이에 있는 유사성을 드러내도록, 혹은 어떤 추론기법의 공통된 특질을 보여주도록 수학적 언어를 조절하는 데에 있다.

키처와 관련하여 한 가지 흥미로운 사실은 엄밀성과 관련된 합리적이라는 개념이다. 키처는 뉴턴 추종자들이 버클리(Berkeley)의 공격에 귀를 기울여 미적분학(Calculus)을 엄밀한 용어로 정당화하려고 노력했던 데 반하여, 18세기의 라이프니츠 추종자들이 엄밀성은 제쳐두고 이론의 적용을 추구했던 것을 지적하며, 이러한 라이프니츠 추종자들의 엄밀성에 대한 '무시'가 오히려 합리적이라고 주장한다. 키처의 견해가 수학적 지식의 사회적인 성격에 지나치게 무게를 실었다는 비난도 있을 수 있으나 해박한 수학적, 철학적 지식을 배경으로 수학 지식의 변화와 그 패턴에 관한 자연주의적 모델을 제시했다는 점에서 의의가 있다고 하겠다.

## 07 사회구성주의

사회구성주의는 이러한 수학 외적인 것을 강조하는 수학철학의 하나이다. 사회구성주의가 주장하는 것을 한마디로 요약하자면 사회가 수학을 구성했다는 것이다. 이는 20세기 초에 있었던 수학기초론적 논의가 수학 지식의 근거를 수학 내에서 찾으려 했던 내재적 입장인 것과 대비된다. 사회구성주의는 수학의 근거가 수학 외적인 영역이라 할 수 있는 사회에 있다고 본다. 이러한 사회구성주의를 대표하는 수학철학자는 어네스트이다. 사회구성주의자들의 수학에 대한 접근은 규범적이기보다는 기술적이다. 사회구성주의자들은 이러한 기술을 통하여 수학철학이 해명해야 하는 여러 문제들—수학적 지식 및 이론 그리고 수학적 대상들이 가지는 성격과 기원, 수학의 응용, 수학적 실천, 수학에 대한 학습 등—을 사회구성주의가 다른 수학철학보다 더 설득력 있게 해결한다고 생각한다. 이런 논의들은 과학철학과 밀접한 연관성을 가지고 이루어지며 사회구성주의에서 수학사는 핵심적인 위치를 점하게 된다. 왜냐하면 그것은 서술 중심적인 철학이기 때문이다.

사회구성주의에서는 수학을 사회의 구성물로 보기 때문에 인간의 언어, 규칙, 규약이 수학적 진리를 확립하고 정당화함에 있어서 중요한 역할을 수행한다고 주장하는 수학철학인 규약주의가 사회구성주의의 기초가 된다. 어네스트는 이를 정리하여 다음과 같이 표현한다.

– 수학적 지식의 기초는 언어적 지식, 관습, 규칙이고, 언어는 사회적 구성물이다.
– 개인의 주관적 수학지식이 객관적 수학지식이 되려면 사람들 사이에 상호작용이 필요하다.
– 객관성은 사회적인 것으로 이해된다.

또한 사회구성주의에서는 수학적 지식이 발전하고 변화한다는 오류주의를 받아들이고, 추측과 반박을 통하여 수학적 지식이 성장한다는 것 또한 받아들인다. 이런 점에서 사회구성주의는 비트겐슈타인의 철학과 라카토슈의 수학철학에 그 뿌리를 두고 있다고 할 수 있다.

어네스트는 지식의 창조에 대한 사회구성주의자들의 설명을 지탱하고 있다는 가정으로서 다음을 들고 있다.

1. 개인은 수학에 대한 주관적 지식을 가지고 있다.
2. 주관적 지식을 공포하는 것은 주관적 지식이 객관적 수학 지식이 되는 데 충분하지는 않으나 필요한 조건이다.
3. 공포된 지식은 라카토슈의 발견술을 거쳐서 객관적 수학 지식이 된다.
4. 이 발견술은 객관적 기준에 의존한다.
5. 공포된 수학적 지식을 비판하기 위한 객관적 기준은 수학뿐 아니라 언어의 객관적 지식에도 근거한다.
6. 수학에 대한 주관적 지식은 대개 내면화 되고 재구성된 객관적 지식이다.
7. 개인은 수학적 지식을 증가시키고 재구조화하고 또 현존하는 수학적 지식을 재생산하는 데 기여할 수 있다.

그러나 사회구성주의에 대해 적지 않은 비판이 제기된다. 우선 수학이 사회나 문화의 체계 내에 있다면 객관성은 어떻게 확보되는가? 사회적 수용이 객관성과 반드시 일치한다고 할 수 있는가하는 물음이다. 물론 사회구성주의자들은 객관성을 새롭게 정의하지만 사회구성주의는 지식을 상대화했다는 데 대한 비판에서 자유로울 수 없다. 수학적 대상을 실체가 없는 언어적이고 문화적인 대상으로만 단순히 볼 수 있는가? 수학이 언어 게임에 불과한 것이라면 어떻게 물리세계에 응용이 가능한가? 사회적 인과관계를 규정하기에는 많은 비일관성이 있지 않는가? 수학적 지식을 얻는 것도 심리적인 것으로 만들어 버리지 않았는가? 등이다. 물론 이에 대해 사회구성주의자들의 답변은 철학적 논의와 함께 수학에 대한 근본적인 재개념화를 요구한다.

## 08 나가는 말

인간은 자연과 사회에서 야기된 문제를 해결하기 위해 지식을 축적해 왔다. 지식을 획득하는 일은 순수한 지적인 호기심에서 비롯된 경우도 있겠지만 결국 이 세계와 관련되어야 의미를 갖는다. 모더니즘은 인간이 자연과 사회 나아가 세계의 미래를 이성의 힘으로써 제어할 수 있다는 확신에 근거한다. 이러한 확신을 가능하게 한 것이 바로 수학이다. 모더니즘의 핵심적 성격의 하나가 바로 수학화에 있었던 것이다. 모더니즘은 수학화라는 병기로 지경을 넓혔고 추동력을 가질 수 있었다. 그래서 18세기는 수학에서 '영웅의 시대'라고 불린다. 왜냐하면 당시의 수학자들은 아주 잘 다듬어졌다고는 볼 수 없는 수학이라는 무기를 가지고 과학을 통해 자연을 정복했다고 보았기 때문이다. 그 후 지속적으로 인간은 수학이라는 무기를 잘 다듬어가며 또 신형 무기를 개발해가며 이곳저곳을 정복해 영토를 넓혀갔다. 즉, 수학화는 인류 문화에 전반에 걸쳐 이루어졌고 이것은 인류에게 세계를 이해하는 힘을 제공하여 지상낙원인 유토피아를 건설할 수 있을 것이라는 희망을 갖게 했다.

이러한 수학화의 거침없는 행군이 가능했던 것은 수학이라는 학문이 가지는 보편성 때문이라고 보인다. 오늘날 포스트모던 수학철학이 대두되고 모더니즘이 비판되고 있는 상황에서도 수학화는 여전히 포기할 수 없는 것이다. 왜냐하면 인간과 세계에 대해 의미 있는 성과를 집적하기 위해서는 비록 유일한 방법은 아닐지 모르나, 인간은 그리스 기하학에서처럼 참이라고 여겨지는 소수의 원리들을 확보하고 연역을 통해 의미 있는 결과를 유도해내는 형식적 체계로 환원시키려는 욕망을 여전히 가지고 있기 때문이다. 데카르트가 중시했던 직관과 연역은 바로 유클리드 기하학에 나타난 것이고 뉴턴도 의식했던 방법이었다. 과학혁명과 이에 따른 모더니즘의 돌풍은 바로 이런 수학화에 의해 진행되었던 것이다. 그러나 모더니즘을 패러다임으로 삼았던 18세기의 많은 과학자들, 특히 역학을 연구하던 학자들이 뉴턴과는 대조적으로 실험을 무시하고 선험적 방법을 선호했던 것은 '지나친 수학화'가 아니었는지 다시 한번 생각해볼 문제이다. 모더니즘 아래 전개된 수학화의 교훈은 어떠한 사조이든지 자기 반성적이어야 한다는 것이다. 한편 포스트모더니즘 경향을 보이는 수학관 또한 수학의 사회적, 역사적 측면만을 지나치게 강조하여 수학이 갖는 객관적이고 보편적인 측면을 간과하고 있다는 점에서 자기 반성적이어야 한다.

그러면 포스트모더니즘이 편만한 현대에는 과연 수학화가 중단되었을까? 결코 그렇지 않다. 오늘날도 수학이 문화에서 차지하고 있는 비중은 과소평가될 수 없으며 사람들이 당연하다고 받아들이고 누리는, 소위 디지털 문화라는 것도 수학에 기반을 둔 것이라는 것은 주지의 사실이다. 그러나 수학화는 비단 수학적 지식이 직접 활용되고 실천이 이루어지는 곳에서만 작동되고 있는 것은 아니다. 오히려 수학의 경계를 넘어서 광범위한 문화 영역에서 수학화는 암묵적으로 진행되고 있다. 즉, 수학화는 '수학적 정신'－논리성, 추상성, 엄밀성－이 추구되는 현대 문화의 제반 영역에서 그곳을 떠받치는 굳건한 기초가 되고 있다.

### 생각해 볼 문제

1. 모더니즘 수학과 포스트모더니즘 수학의 어떻게 다른가?
2. 수학사가 수학을 연구하는 데 있어서 필수적이라고 할 때 어떤 이유에서 그러하다고 생각하는가?
3. 모더니즘의 핵인 '수학화'에 대해 어떠한 비판이 가능한가?
4. 수학과 철학의 관계는?

## 참고문헌


강영안(1996), 주체는 죽었는가?, 문예출판사

박우석(1997), 잃어버린 과학을 찾아서, 담론사

Bloor, D, 1984, *A Sociological Theory of Objectivity* in Brown(1984), p.229–245.

Brown, S.C., ed., 1984, *Objectivity and Cultural Divergence(Royal Institute of Philosophy lecture series, 17)*, Cambridge: Cambridge University Press

Clouser, Roy A., 1991, *The Myth of Religious Neutrality*, University of Notre Dame Press: Notre Dame

Davis, Philip and Hersh, Reuben, 1981, *The Mathematical Experience*, Boston: Houghton Mifflin Company

Ernest, Paul(1991), *The Philosophy of Mathematics Education*, Falmer Press

Ernest, Paul(1998), *Social Constructivism as a Philosophy of Mathematics*, Albany: State University of New York Press

Frege, G.(1953), *Foundations of Arithmetic. trans*, J. L. Austin, Oxford: Blackwell

Field, Hartry(1980), *Science Without Numbers*, Princeton: Princeton University Press

Gödel, K., *On Formally Undecidable Propositions of Principia Mathematica and Related Systems,* reprinted in J. van Heijenoort, ed., 1971, From Frege to Gödel, Cambridge, MA: Harvard University Press

Grabiner, J. V. *Is Mathematical Truth Time–Dependent?*" in Birkhäuser Thomas Tymoczko, ed., 1986, *New Directions in the Philosophy of Mathematics,* Boston. pp.201–213

Howell, Russell W. and Bradley, W. James, eds., 2001, *Mathematics in a Postmodern Age: A Christian Perspective*, Wm. B. Eerdmans Publishing

Kitcher, Philip(1984), *The Nature of Mathematical Knowledge*, Oxford: Oxford University Press

Maddy,Panelope(1990), *Realism in Mathematics*, Oxford: Clarendon Press

Popper, K. R.(1979), *Objective Knowledge*, Rev. ed. Oxford: Oxford University Press

Resnik, M.(1981), *Mathematics as a Science of Patterns: Ontology and Reference,* Nous 15(1981), p. 529–550

Shapiro, S.(1989), *Structure and Ontology,* Philosophical Topics 17 (1989), p. 145–171

Tymoczko, Thomas, ed., 1986, *New Directions in the Philosophy of Mathematics*, Birkhäuser.

Wells, Ronald A., 1989, *History Through the Eyes of Faith: Western Civilization and the Kingdom of God*, San Francisco: Harper and Row

Wittgenstein, L. (1953), *Philosophical Investigations*. trans, G. E. M. Anscombe, Oxford: Blackwell

# 제8장

# 수학과 카오스

01 신화와 철학에서의 카오스(Chaos)

02 동역학계, 카오스 그리고 로렌츠 끌개

03 결정론과 카오스

카오스[혼돈]이라는 용어가 인구에 회자된다. 막연하게 혼돈이란 단어를 사용하고 있지만 그것의 수학적인 정의는 대부분의 사람들이 잘 모르는 것 같다. 카오스는 "나비효과" 나 "초기 조건에 대한 민감성" 또는 혼돈 속의 질서" 로 많이 인식되고 있다. 이 장에서는 신화와 철학, 영화 등에서 카오스를 살펴보고 그것의 정확한 수학적 정의, 로렌츠의 이상한 끌개를 알아본다. 그와 더불어 카오스와 과학적 결정론, 특히 라플라스의 악마와의 관계, 역사 및 그 논박을 알아본다.

## 01 신화와 철학에서의 카오스(Chaos)

그림1

스필버그 감독의 인기 있는 영화인 ≪주라기 공원 2 – 잃어버린 세계≫에서는 카오스에 관한 이야기가 나온다. 영화에서 수학자 말콤 박사(제프 골드브럼 분)은 사라 박사(줄리안 무어 분)에게 공룡들을 통제할 수 없는 이유가 바로 카오스 때문이라고 하면서 카오스(혼돈) 이론을 설명하려고 한다. 그는 물 한 방울을 그녀의 손가락 관절들에 떨어뜨리면서 "미세한 변이들, 당신 손 위의 털들의 방향들, 당신의 혈관을 확장시키는 혈액의 양은 그 결과에 큰 영향을 미친다"라고 말한다. 사실 물방울이 떨어지는 위치는 정확히 알 수가 없다. 우리는 그 물방울이 손가락 관절의 정 중앙에 떨어졌다고 보지만, 자세히 들여다보면 아주 극미하게 정 중앙을 벗어나 있을 것이다. 그래서 그 물방울이 어느 쪽으로 흘러내릴지 우리는 도저히 알 수가 없다. 아주 작은 차이로 인해서 결과적으로 물방울은 전혀 다른 경로로 흘러내릴 것이기 때문이다. 그러므로 그 물방울의 궤적은 미리 예견될 수가 없다고 그는 암시한다.

도대체 '카오스'란 무엇일까? 그 단어는 언제 생겼으며 어떻게 그 의미와 용법이 역사적으로 진화하게 되었을까? '카오스(Chaos)'라는 영어 단어는 한국어로 '혼돈(混沌)'이라는 단어로 번역될 수 있을 것이다. 국어 사전에는 혼돈은 '마구 뒤섞여 있어 갈피를 잡을 수 없음. 또는 그런 상태.(비슷한 말)'이라고 나온다.

### 1) 그리스 로마 신화에서의 카오스

'Chaos'라는 영어 단어는 그리스 신화에서 기원한다. 기원전 8세기경 그리스 시인 헤시오도스(Hesiod)는 『신통기(The Theogony)』에서 태초에는 카오스(입을 크게 벌림 또는 하품을 가리키는 Chaino에서 나온 말)가 있었다고 말한다. "참으로 처음에 혼돈(Chaos)이 생겼고, 그 다음에 넓은 가슴의 대지가 생겼다" (신통 ll. 116－138)

성경의 창세기에도 비슷한 맥락의 문구가 나온다.

"땅이 혼돈하고 공허하며 흑암이 깊음 위에 있고 하나님의 신은 수면에 운행하시니라" (창세기 1 : 2)

이처럼 태초에는 혼돈스럽고 공허한 상태였다는 것이다.

로마 시인 오비디우스의 이야기 시 『변신이야기(Metamorphoses)』에서 카오스는 모든 원소들이 '모양이 없는 더미'에서 뒤죽박죽 뒤섞인 형체가 없는 하나의 덩어리로 묘사되었다. 그 이후로 카오스라는 말의 의미는 현대적 의미의 '완전한 무질서'의 의미로 진화해갔다.

### 2) 중국 신화에서의 혼돈

중국에서도 이미 기원전부터 태초 상태의 '혼돈'을 연관시키는 사상들이 있었다. 삼국시대 서정(徐整)이 지은 『삼오역기(三五曆紀)』에 나오는 반고(盤古) 신화에서 혼돈이 언급된다.

"태초에 우주에는 형체가 없는 혼돈만이 있었다. 이 혼돈은 약 18000년 동안 하나의 우주적 알로 합쳐졌다"

의미론적으로 혼돈이라는 용어는 공허 또는 삭막하고 원초적인 무한과 관련되어 있다. 그것은 노자의 도덕경 25장에서 발견되는 혼성(混成)과도 유사하다.

> "무엇인가 뒤섞였지만 완전한 것이 하늘과 땅이 생기기 전에 있었다. 그것은 아주 고요하게 있었고 형태도 없고 홀로 서 있으면서 전혀 변하지 않았다" (노자, 도덕경(道德经) 25장)

『열자(列子)』에서도 우주의 태초는 혼돈(혼륜)상태였다고 말한다. 열자는 혼돈이라는 뜻으로 혼륜(渾淪)이라는 단어를 쓴다. 그것은 마구 뒤섞여 있어 갈피를 잡을 수 없는 상태를 말한다.

> "원초적 단순함이 있었다(有太易). 태초가 있었고(有太初), 태시가 있었고(有太始), 원초적 물질이 있었다(有太素)"(제1 천서편(列子 第一 天瑞篇) 2 列子)

장자(莊子)도응제왕(應帝王)편에 혼돈에 관한 우화를 말한다.

> "남해의 왕은 숙(儵[빠르다, 갑자기])이라 하고 북해의 왕은 홀(忽[돌연히])이라 하며, 중앙의 왕은 돈(沌[혼돈])이라 한다."
> (『莊子』, 「內篇」, "應帝王")

## 02 동역학계, 카오스 그리고 로렌츠 끌개

지금까지 신화나 철학에서 카오스, 혼돈 또는 무질서에 대한 내용들을 살펴보았다. 이러한 것들은 '카오스'에 대한 일말의 느낌을 주긴 하지만, 아직도 카오스라는 말의 의미는 무엇인가 하는 막연한 의문이 있다. 이는 우리가 정성적으로만 '카오스'를 바라보았기 때문일 것이다. '카오스'에 관한 정확하고 정밀한 이야기를 하려면 우리는 어쩔 수 없이 약간의 초보적인 수학이 필요하다. 정성적 관점만이 아니라 정량적으로도 카오스를 접근해야 한다. 그래야 우리의 이해는 더 깊어지고 완전해진다. 다음 미적분학에 관한 몇 가지 간단한 사실들을 상기하자.

### 1) 미적분

어떤 함수가 주어졌을 때, 그 함수의 "변화율"을 구하려고 한다. 일반적으로 실수 구간 $I$에서 정의된 함수 $y=f(x): I \to R$의 한 점 $c \in I$에 대해

$$f'(c)=\lim_{\Delta x \to 0}\frac{\Delta y}{\Delta x}=\lim_{x \to c}\frac{f(x)-f(c)}{x-c}$$

를 $P_0(c, f(c))$에서의 함수 $f$의 순간변화율(또는 순간기울기)이라 부른다. 순간변화율을 구하는 과정에 대해 그 함수를 미분한다고 표현하는데, 이때 $f'(c)$는 $x=c$에서의 함수 $f(x)$의 미분계수라고 부른다.

미분계수 $f'(c)$는 기하학적으로는 그 곡선상의 한 점 $P_0(c, f(c))$에서의 곡선의 '기울기'이고, 해석학적으로는 그 함수(방정식)의 $c$에서의 순간적인 변화율, 즉 순간변화율이다.

그러므로 미분계수 $f'(c)$가 양이면, 그 곡선은 그 점에서 증가하고, 음이면 감소한다.

다른 한편, 함수의 변화율은 그 함수가 그 점에서 팽창하고 있는지 수축하고 있는지에 관한 정보를 준다. 가령 직선 $y=mx+n$은 기울기 $m$의 크기에 따라 구간 $I=[a,\ b]$를 수축($|m| \le 1$)시키거나 팽창($|m| \ge 1$)시킨다. 이것은 직선만이 아니라 모든 함수에 대해 참이다. 그 정리는 평균치 정리라고 부른다. 즉,

$$f(x)-f(a)=f'(c)(x-a)\ (c\text{는 } a\text{와 } x \text{ 사이의 어떤 값})$$

이며 다음과 같은 사실이 바로 나온다.

(정리) $|f'(x)| \le K < 1,\ \forall x \in I$ 이면

$|f(x) - f(c)| \le K|x-c|$, 즉 $f$는 $I$를 수축시킨다.

$|f'(x)| \ge K > 1,\ \forall x \in I$ 이면

$|f(x) - f(c)| \ge K|x-c|$, 즉 $f$는 $I$를 팽창시킨다.

직선의 기울기는 $(mx+n)' = m$임을 상기하자.

(정리) $(x^n)' = nx^{n-1}$ ($n$은 정수)

### 2) 로지스틱 차분 방정식, 카오스 그리고 상징역학

한 동물군의 개체 수를 매년 말에 센다고 하자. $x_n$을 $n$번째 연말의 개체 수라고 하자. 만일 그 개체군이 과밀 되지 않는다고 가정하면, 그 개체 수는 기하급수적으로 늘어날 것이다. 그러한 경우에 그런 모델들 중의 하나로 다음과 같은 개체 수 증가 모델을 택해도 그리 현실과 괴리되지 않는다.

$$x_{n+1} = kx_n \quad (k > 1)$$

즉, 내년의 개체 수는 올해의 개체 수에 직접적으로 비례한다. 그러면 매년 개체 수는

$$x_n = kx_{n-1} = k^n x_0$$

이다. 이런 경우에 개체 수는 무한대로 폭발한다. 이 방정식은 1계차분방정식의 한 예이다. 사실 개체 수 증가에는 한계가 있다는 가정이 더 현실적일 것이다. 또한 개체 수가 '환경수용력(carrying capacity, 環境收容力)'을 넘어서면 개체 수는 줄기 시작할 것이다. 바로 이러한 가정하에서 나온 모델이 이산 로지스틱 개체 수 모델이다.

$$x_{n+1} = kx_n\left(1 - \frac{x_n}{M}\right)$$

여기서 $k$와 $M$은 양수 매개변수들이다.

만일 $x_n \geq M$이면, $x_{n+1} \leq 0$으로서 그 개체군은 사멸함을 관찰하자. 다시 방정식을 정리하면

$$x_{n+1} = kx_n(1-x_n) \quad (\lambda \geq 0)$$

이다. 이 방정식은 1845년에 페르훌스트가 인구 성장과 관련하여 연구한 방정식으로서 그는 이것을 "로지스틱(logistic)"이라고 불렀는데, '산술(arithmetic, 算術)'이라는 의미를 갖는다. 그러므로 2차 함수 $f_\lambda(x) = \lambda x(1-x)$를 반복하면 초기 개체군의 운명을 예측할 수 있다. 개체 수는 0과 1 사이에만 있어야 하므로 단위 폐구간 $[0, 1]$ 위에서만 정의된 로지스틱 함수 $y = f_\lambda(x) = \lambda x(1-x) : I = [0, 1] \to R$만을 생각하자.

1차원 이산 동력학계는 그래프를 반복하면 시각적으로 그 궤도(orbit, 궤적), 즉

$$x,\ f(x),\ f^2(x),\ \cdots,\ f^n(x),\ \cdots$$

이 어디로 가는지를 보여준다. $y = f(x)$의 그래프와 $y = x$의 그래프가 만나는 점을 $y = f(x)$의 고정점(fixed point, 부동점), $f^n(x) = x$인 $x$를 $f$의 $n-$순환($n-$주기점)이라 부른다. $x$가 주어졌을 때 수직으로 간 후, $y = f(x)$와 만나는 점에서 다시 수평으로 가고 $y = x$의 그래프와 만나는 점에서 다시 수직으로 가는 과정을 반복하면 $x$의 궤도가 그려진다.

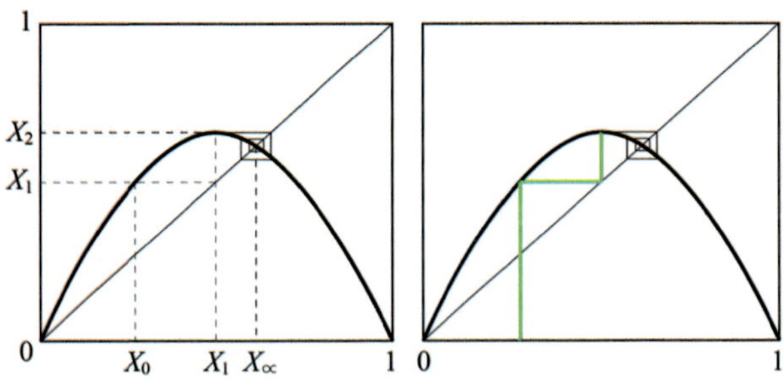


그림2

위 '웹 다이어그램'은 '씨앗' $x_0 = 0.22$에서 출발한 궤도가 점점 더 고정점에 가까이 감을 보여준다.($1 < \lambda < 3$)

고정점들(주기점들)은 세 가지 타입으로 나눌 수 있는데 $y = f(x)$의 한 고정점 $c$는 다음과 같다.

1) $c$의 한 '근방'에서 출발하는 궤도가 전부 $c$로 가까이 가는 근방이 있으면 $c$는 $y = f(x)$의 유인고정점(attracting fixed point) 또는 싱크(sink, 침수구)이다.
2) $c$의 한 '근방'에서 출발하는 궤도가 전부 $c$에서 점점 더 멀어져 가는 근방이 있으면 $c$는 $y = f(x)$의 반발고정점(repelling fixed point) 또는 소스(source, 샘)이다.
3) 위의 어떤 경우도 아니면 중립 또는 무차별 고정점이라 한다.

위 그림에서 보듯이 $y = f(x)$가 한 고정점 $c$ '근방'에서 수축하면 그 고정점은 유인고정점이 되고 팽창하면 반발고정점, 어떠한 경우도 아니면 중립고정점이 된다. 팽창과 수축은 변화율(기울기)의 크기가 1보다 작거나 크다는 성질에 달려 있으므로 다음과 같은 정리가 나온다.

(정리) $y = f(x)$의 한 고정점 $c$는
1) $|f'(c)| < 1 \Rightarrow$ $c$는 싱크
2) $|f'(c)| > 1 \Rightarrow$ $c$는 소스
3) $|f'(c)| = 1 \Rightarrow$ $c$에 관한 정보를 얻을 수 없다.

로지스틱 함수 $y = f_\lambda(x) = \lambda x(1-x)$에서 $f_\lambda(0) = 0$이므로 모든 매개변수 $\lambda$에 대해 0는 고정점이다. $f_\lambda{}'(x) = \lambda(1-2x)$에서 $f_\lambda{}'(0) = \lambda$이므로 $0 < \lambda < 1$이면 0은 싱크, $\lambda > 1$ 이면 소스가 된다. 또 다른 고정점은 $\lambda x(1-x) = x$에서 $x_\lambda = (\lambda - 1)/\lambda$이다. 따라서

$$f_\lambda{}'(x_\lambda) = \lambda(1 - 2x_\lambda) = 2 - \lambda$$

이다.

그러므로 $-1 < 2 - \lambda < 1$, 즉 $1 < \lambda < 3$ 이면 $x_\lambda$는 싱크, $\lambda > 3$이면 소스가 된다.

이와 같이 매개변수 $\lambda$의 값의 변화에 따라 그 평형점의 성질이 전혀 다르게 변하는 현상을 '분기(bifurcation)'라고 부른다. 로지스틱 함수인 $f_\lambda(x) = \lambda x(1-x)$의 평형점의 타입은 $\lambda = 1$ 그리고 $\lambda = 3$에서 '분기' 된다.

한편, $\lambda = 4$이면 이상한 현상이 나타난다.

여기에서 $f_4(x) = 4x(1-x)$는 $x = 1/2$에서 최댓값을 갖고 그 값은 1임을 주목하자.

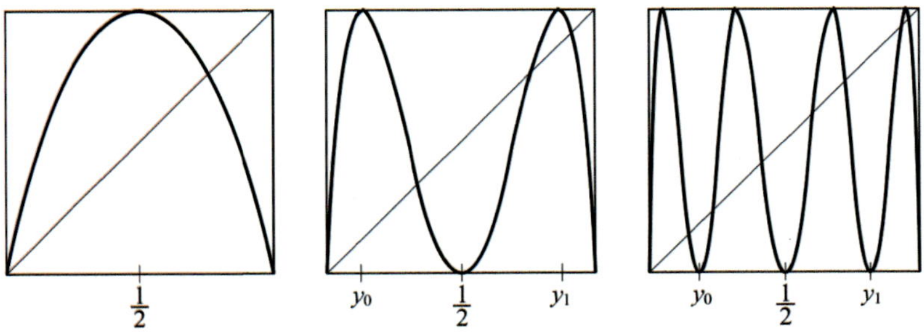


그림3 $f_4(x)$, $f_4^2$, $f_4^3$의 그래프

위 그래프에서 명백하듯이 주기점들은 배로 증가한다. 즉, $f_4(x)$의 고정점은 2개, $f_4^2$의 고정점은 $2^2$개, $f_4^3$의 고정점은 $2^3$, $f_4^n$의 고정점은 $2^n$개이다. $f_4(x) = 4x(1-x)$의 '동역학'을 더 자세히 알기 위해서는 더 간단하면서도 $f_4(x)$와 그 동역학이 같은 함수를 찾을 필요가 있다.

예를 들면 텐트 사상이 있는데 다음과 같은 함수를 말한다.

$$T(x) = \begin{cases} 2x & 0 \le x \le 1/2 \\ 2 - 2x & 1/2 \le x \le 1 \end{cases}$$

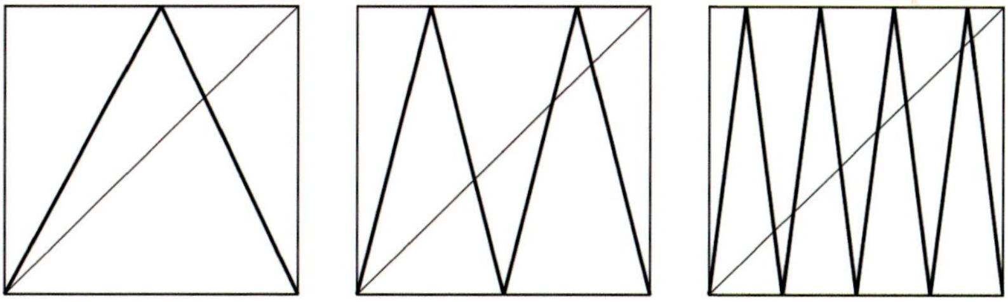

그림4

텐트 사상 $T$, $T^2$, $T^3$의 그래프가 로지스틱함수 $f_4(x)$, $f_4^2$, $f_4^3$의 그래프와 '동형(同形)'임은 명백하다.

(정의) 구간 $I=[\alpha, \beta]$ 에서 자기 자신으로 가는 사상 $f$가 다음을 만족하면 카오스적(혼돈, chaotic)이라고 말한다.

1) $f$의 주기점들은 $I=[\alpha, \beta]$ 위에서 '조밀(dense)'하다. 즉, $I$ 상의 임의의 점 $x_0 \in I$의 임의의 '근방'($x_0$를 포함하면서 $I$속에 포함되는 개구간)에는 반드시 $f$의 주기점이 있다.

2) $f$는$I$ 위에서 추이적(transitive)이다. 즉, $I=[\alpha, \beta]$의 임의의 두 부분구간 $U_0$와 $U_1$에 대하여 어떤 $x_0 \in U_0$와 $n>0$이 있어서 $f^n(x_0) \in U_1$이다.

3) $f$는 $I$ 위에서 초기 조건에 민감하다. 즉, 어떤 $\gamma > 0$ 이 있어서 그 어떠한 점 $x_0 \in I$와 $x_0$의 근방 $U$에 대해서도 어떤 $y_0 \in U$와 $n>0$이 있기 때문에 $|f^n(x_0) - f^n(y_0)| > \gamma$이다.

(주의) 혼돈스럽다는 정의를 정성적으로 해석하면
1)은 $f$의 주기점들은 $I=[\alpha, \beta]$의 어디에나 있다는 말이고
2)는 $I$ 상의 임의의 두 점의 근방들을 지나가는 궤도가 있다는 말이고
3)은 $I$ 상의 한 점의 아무리 작은 근방에서도 그 궤도는 그 점의 궤도와 멀어지는 점이 있다는 말이다.

텐트 사상의 혼돈스러움은 그림에서 바로 알 수 있다.

(정리) **텐트 사상은 카오스적이다.**

위 그래프에서 보았듯이 우리는 로지스틱 함수 $f_4(x)$와 텐트 사상 $T(x)$는 '동형'이므로 $f_4(x)$도 텐트 사상처럼 혼돈적임을 미루어 짐작할 수 있다.

(정리) **로지스틱 함수** $f_4(x)=4x(1-x)$**는 카오스적이다.**

$\lambda > 4$일 때도 로지스틱 함수 $y=f_\lambda(x)=\lambda x(1-x)$는 카오스적일까? 그 답은 "그렇다"이다. 그러나 우리는 '상징 역학'을 필요로 한다.

### 3) 상징 동역학

$\lambda > 4$일 때 로지스틱 함수 $y=f_\lambda(x)=\lambda x(1-x)$의 그래프 반복을 보면 거의 대부분의 궤도들은 $-\infty$로 가는 것으로 보인다.

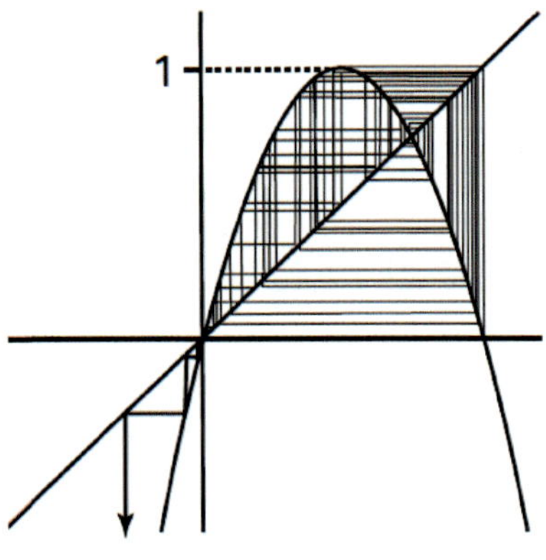


그림5

$\Lambda \subseteq I=[0, 1]$을 그 궤도가 결코 $I$를 떠나지 않는 점들의 집합이라고 하자.

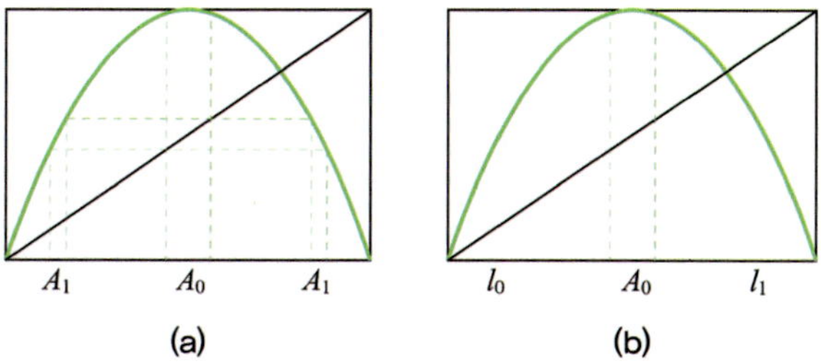

그림6

$A_0$는 $I$의 부분 개구간으로서 $f_\lambda(x) > 1$인 점들의 집합이다. 그러면 $f_\lambda^2(x) < 0$이 되어서 $f_\lambda^n(x) \to -\infty$가 된다. $A_1$은 $A_0$의 전상, 즉 $A_1 = f_\lambda^{-1}(A_0)$라고 하면 $A_1$은 $I_k$에 있는 2개의 개구간으로 이루어진다. 비슷하게 $A_n$은 $2^n$개의 개구간으로 이루어진다. 그러므로

$$\Lambda = I - \cup A_n$$

이다. $A_0$에 있는 한 점 $x_0$의 궤도는 언제나 위 그래프 (b)의 $I_0$나 $I_1$에 있게 된다. 그러므로 j－번째 반복이 $I_0$에 들어가면 $s_j$는 0, $I_1$에 들어가면 $s_j$는 1로 정의하자.

$$s_j = k \quad (f_\lambda^j(x_0) \in I_k)$$

그리고

$$S(x_0) = (s_0 s_1 s_2 \cdots)$$

으로 정의하자. $S(x_0)$는 0과 1만으로 구성된 수열이다. 이 수열을 $x_0$의 순회(itinerary)라고 부르자.

예) 0은 언제나 제자리에 있으므로 $S(0) = (000\cdots)$이다. 1은 $y = f_\lambda(x) = \lambda x(1-x)$에 의해 0으로 가고 그 다음에는 언제나 0에 머물러 있기 때문에 $S(1) = (100\cdots)$이다. 고정점 $x_\lambda = (\lambda-1)/\lambda$는 언제나 $I_1$에 고정되어 있으므로 $S(x_\lambda) = (111\cdots)$이며, $I_0$와 $I_1$을 왔다갔다 하는 2－사이클들은 $\overline{01} = (0101\cdots)$이나 $\overline{10} = (1010\cdots)$이다.

이제 $\Sigma$를 0과 1로 구성된 수열들의 집합이라고 하자. 그러면 $S : \Lambda \to \Sigma$에 의해 $f_\lambda : \Lambda \to \Lambda$에 대응되는 $\sigma : \Sigma \to \Sigma$는 $\sigma(s_0 s_1 s_2 s_3 \dots) = (s_1 s_2 s_3 \dots)$임을 바로 알 수 있다. 이 밀림 사상(이동사상 shift map)은 연속함수이고 $f_\lambda$와 $\sigma$는 순회함수를 통해서 한 '결레'이다. 따라서 $\sigma$가 카오스적이면 $f_\lambda$도 카오스적이다. 그러므로 우리는 단지 기호들(상징들)의 다이내믹스만 조사하면 된다. 하지만 우리는 $\sigma$의 모든 주기점들을 다 명시적으로 적을 수 있을 뿐만 아니라 $\Sigma$에서 그 궤도가 '조밀'한 하나의 점까지도 명시할 수 있다. 또한 밀림 사상은 초기 조건에 민감함을 쉽게 알 수 있다. 따라서 $\sigma$가 카오스적이기 때문에 $f_\lambda$도 카오스적이다

(정리) $\lambda > 4$일 때 $f_\lambda$는 카오스적이다

### 4) 로렌츠(Edward Norton Lorenz, 1917－2008)의 이상한 끌개

1972년 12월, 미국의 수학자 로렌츠는 "브라질에서의 나비 날개의 퍼덕임이 텍사스에 토네이도를 일으킬 수 있는가?"라는 강연으로 '나비효과'라는 단어를 인구에 회자되게 하였다.

그림7 로렌츠의 "이상한" 끌개

(출처 http : //www.livescience.com/17455-butterfly-effect-weather-prediction.html, Creative Commons)

그 강연에서 그는 다음과 같이 말하였다.

> "얼마나 많은 나비들이 있는지, 또 어느 시점에 어느 것이 날개를 퍼덕이고 있는지는 말할 것도 없고 그것들이 어디에 위치해 있는 지조차도 모르기 때문에 우리는 충분히 먼 미래 시점의 토네이도의 발생을 정확하게 예측할 수 없다"

이것은 날씨가 초기 조건에 대해 민감하기 때문에 먼 미래의 날씨를 예측하지 못한다는 주장과도 같은 맥락이다.

한편, 로렌츠의 모델은 소위 '이상한 끌개(strange attractor)'로도 유명하다. 로렌츠 모델이 헤드라인 장식하기를 시작하기 전에는 미분 방정식들에서 알려진 '안정적인 끌개'의 유일한 타입은 '평형점들'이거나 '닫힌 궤도들'뿐이었다. 로렌츠 시스템 덕분에 과학과 공학의 모든 분야에 진정으로 새로운 지평이 열렸다. 로렌츠 시스템에 나타나는 많은 현상들이 나중에 생물학, 회로이론 ,역학 등에서도 발견되었기 때문이었다. 1963년에 로렌츠는 날씨의 종잡을 수 없는 행태의 일부를 설명하는 미분방정식을 세우려고 시도하였다. 미분방정식이란 미지의 함수의 변화율에 관한 정보를 주는 방정식으로서, 그 정보에서 원래 함수를 찾는 방정식을 말한다. 예를 들어 독립변수가 $t$인 미지의 함수 $x(t)$에 대해

$$x' = 2t,\ x(0) = 1$$

은 초기치 미분방정식이다. $x' = 2t$에서$x(t) = t^2 + c$이고 여기에 다시 초기치 $x(0) = 1$을 대입하면 $c = 1$이 되어서 우리가 찾는 방정식의 해는 $x(t) = t^2 + 1$이다. 그러나 예를 들어, 미분방정식

$$x' = x,\quad x(0) = 1$$

이 있다면 그 해는 $x(t) = \exp(t)(= e^t)$이다.

(1) 비선형 미분방정식

위 로렌츠 미분방정식은 소위 '비선형' 방정식이며, 미분방정식은 선형과 비선형 방정식으로 나뉜다. 미지의 함수와 그 도함수들에 관해서 선형(1차)이면 선형방정식으로 비선형, 즉 일차식이 아니면 비선형 방정식으로 분류한다.

선형방정식과 비선형방정식은 근본적으로 다르다. 선형방정식의 해에 대해서는 모든 것이 알려져 있는데 소위 평형점(원점)이 결정적이고, 이 점에서 그 행렬의 고유치가 그 평형점 근방에서의 해들의 흐름을 완전히 결정한다. 모든 고유치의 실수부가 양이면 그 점은 소스가 되고, 모든 고유치의 실수부가 음이면 싱크가 되며 음과 양이 있으면 그 평형점은 안장점이 된다. 또한, 아래 그림과 같이 고유치가 순허수들이면 '센터'들이 생긴다.

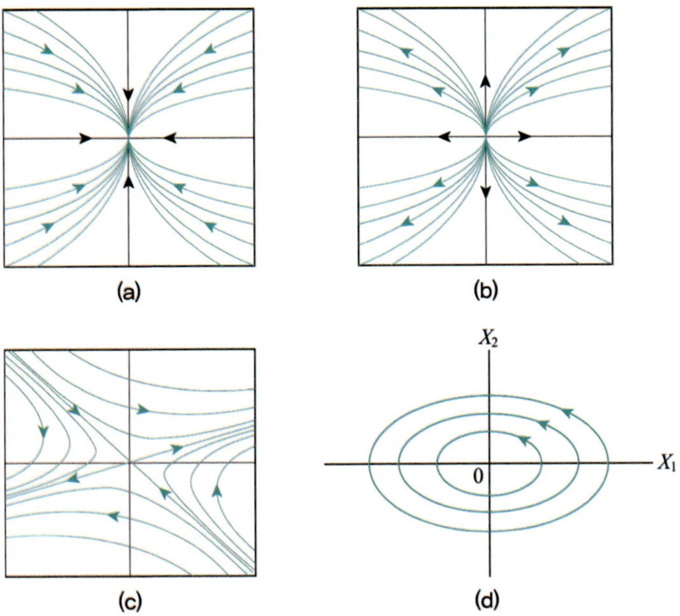


그림8

(2) 로렌츠의 이상한 끌개

비선형 미분방정식의 해를 직접적으로 구하는 것은 어렵고 많은 경우에는 불가능하다. 따라서 정량적인 해가 아니라 그것의 성질들을 이해하는 정성적 방법이 요구된다. 그 방법 중의 하나는 평형점 주위에서 그 비선형 미분방정식을 '선형화'하는 것, 즉 그 방정식을 일차 미분방정식으로 만드는 것이다. 평형점이 아닌 점의 주위에서 미분방정식의 해의 흐름(flow)이 본질적으로 모두 동일한 방향으로 직선 운동을 한다는 사실은 미분방정식의 벡터장 펴기 정리(Straightening theorem for vector fields)로 알려져 있다. 따라서 평형점이 아닌 점들에서는 단 한 가지 동일 방향 직선 운동만이 있으며, 다양한 운동은 오직 평형점 주위에서만 발생한다. 그러므로 우리는 평형점에서 '선형화'하여 그 미분방정식의 정성적 성질을 연구한다. 또한, 선형화된 미분방정식과 원래의 비선형 미분방정식의 해들을 흐름(flow)으로 보면, 그 평형점의 '주위'에서는 그 흐름의 정성적 성질들은 같다. (Hartman-Grobman theorem)

로렌츠 미분방정식의 해들을 시간에 따라서 흘러가는 플로들(flows)로 보면, 이 흐름들은 시간이 미래로 가면 결국에는 원점을 둘러싼 하나의 '근방'으로 흘러들고, 그 후로 영원히 이 근방에 머문다는 사실을 알 수 있다. 그러므로 아득히 먼 과거부터 미래까지 언제나 이 근방에 머무는 해를 갖는 점들의 집합을 $\Lambda$라고 하면 이 '끌개'의 부피는 0이다.

로렌츠 '끌개' $\Lambda$는 실제로 끌개일 뿐만 아니라 '카오스적' 끌개라고도 한다. 즉, $\Lambda$에 대해

① 초기 조건에 민감하다. 즉, $\Lambda$의 아무리 가까운 두 점에서 출발한 흐름도 언젠가는 서로 멀어진다.
② 흐름은 $\Lambda$에서 추이적이다.
③ 닫힌, 즉 주기적 궤도들은 $\Lambda$에서 조밀하다,

결과적으로 로렌츠 끌개는 이상한 끌개이다. 끌개 자체가 카오스적이고 혼돈스럽다.

그림9

현실에서 로렌츠의 이상한 끌개와 비슷한 현상으로는 '목성의 대적점(great red spot, 大赤點)'이 유명하다. 그것은 목성(木星)의 남위 22° 부근에서 붉은색으로 보이는 타원형의 긴 반점의 반사이클론 폭풍우를 가리킨다.

이상한 끌개 자체는 아니지만 미술작품들에서도 그와 유사하게 보이는 것들이 있다. 일본에서는 에도시대의 풍속화가인 호쿠사이의 <가나가와의 거대한 파도> 그리고 서양에서는 반 고흐의 <별이 빛나는 밤>이 이상한 끌개와 유사한 작품으로 유명하다.

그림10

가츠시카 호쿠사이는 일본 에도시대 서민생활을 기조로 하여 제작된 회화의 한 양식인 우키요에(Ukiyo－e, 浮世繪(부세회)) 화가이자 인쇄업자이다. 우키요에는 일반적으로는 목판화(木版畵)를 뜻하며 그림 내용은 대부분 풍속화이다. 그의 유명한 목판화 시리즈인 <후가쿠 36경(富嶽三十六景)>은 일본 풍경 판화 역사에서 정점을 이룬다. 이 시리즈가 탄생하게 된 배경으로는 그가 후지산에 매료되었기 때문이기도 하지만 그 당시 일본 내에서 국내 여행 붐에 편승하였기 때문이기도 하다. 특히 <36경> 중 제1경 <가나가와의 거대한 파도(The Great Wave of Kanagawa, 1825년)>가 가장 유명한데 이는 '프랙털' 그림으로도 유명하다. 다른 한편으로 이 작품은 이상한 끌개와 유사한 느낌을 준다.

고흐가 정신병동에 있으면서 일출 직전에 그린 밤 풍경도 이상한 끌개와 흡사하게 혼돈스런 모습을 잘 표현하고 있다.

그는 동생에게 "쇠창살 창을 통해서 나는 정사각형의 밀밭을 볼 수 있고 아침에는 그 위에서 태양이 영광스럽게 오르는 것을 지켜본다."라고 편지를 썼다.

그림11

## 03 결정론과 카오스

'나비효과'나 '카오스'가 대중들에게 회자되게 된 이유 중의 하나는 그것이 사람들의 상상력을 자극하기 때문이기도 하지만, 그것이 일반 사람들이나 과학자들이 간직하고 있는 의식적이거나 무의식적으로 깊은 믿음인 과학적 결정론을 부정하는 것으로 보였기 때문일 것이다. 결정론(Determinism)은 모든 인간의 결정과 행위를 포함하여 모든 사건이나 사물의 상태는 선행(先行) 상태의 필연적 결과라는 철학적 관념이다. 또한 결정론은 인과적 결정론적 법칙들이 원자들의 운동을 통제하고 인간 마음을 비롯하여 모든 것은 빈 공간 속의 원자들로 이루어진 것에 불과하다는 데모크리토스의 고대 관념에 대한 현대적 이름이다.

### 1) 라플라스의 악마

결정론에 따르면, 미래는 결정되어 있지만 미래를 예측하기 위해서는 미분방정식들을 풀 수 있는 초강력 지능을 가진 존재가 필요하다. 라이프니츠나 보스코비치도 그런 존재를 상상했지만 그런 존재를 사람들에게 가장 뚜렷하게 각인시킨 사람은 프랑스 과학자인 피에르 시몽 라플라스(Pierre Simon Laplace, 1749－1827)일 것이다. 1814년, 라플라스는 인과적 또는 과학적 결정론을 생생하게 묘사하는 글을 발표하였다. 그의 결정론에 따르면, 만일 누군가(Demon, 악마)가 우주 안의 모든 원자의 정확한 위치와 운동량을 안다면 그것들의 과거와 미래값은 고전 역학의 법칙들에 의해서 계산될 수 있다고 주장한다. 이 지능은 종종 라플라스의 악마(demon)로 불린다.

"우리는 현재 상태의 우주를 과거의 결과이자 미래의 원인으로 간주할 수 있다. 어떤 순간에 자연을 움직이는 모든 힘들을 알고 있고 자연이 구성된 모든 물체들의 위치를 알고 있는 지능이 이 자료들을 분석할 수 있을 정도로 방대하다면, 단 하나의 공식에 우주의 가장 큰 물체의 운동과 가장 극미한 원자의 운동들을 담을 것이다. 그러한 지능에게는 그 어떠한 것도 불확실하지 않을 것이며 과거와 마찬가지로 미래도 그것의 눈앞에 보일 것이다."(확률에 관한 철학적 시론 A Philosophical Essay on Probabilities, 1814)

### 2) 카오스의 짧은 역사

1876년에 발간된 『물질과 운동(Matter and Motion)』에서 전자기학의 방정식들을 정립한 물리학자 맥스웰(James Clerk Maxwell, 1831－1879)은 물리현상들에서 초기 조건에 대한 민감성을 주장했다.

"같은 원인은 언제나 같은 결과를 낳는다"라는 격언이 있다. 이 격언이 의미가 있으려면, 우리는 같은 원인과 같은 결과라는 것이 무엇을 의미하는지를 정의해야 한다. 왜냐하면 그 어떠한 사건도 한 번 이상 일어나지 않기 때문에 원인과 결과가 모든 면에서 같을 수는 없다. (중략) 이 글의 서두에서 인용된 격언과 혼동되어서는 안 될 또 다른 격언이 있는데 바로 "비슷한 원인은 비슷한 결과를 낳는다"라는 것이다. 초기 환경들에서 작은 변이가 그 계의 최종 상태에서의 작은 변이를 낳을 때에만 이것은 참이다. 아주 많은 물리 현상들에서 이 조건은 만족된다. 그러나 작은 초기 변이가 그 계의 최종 상태에서의 큰 변화를 낳을 수도 있는 다른 경우들도 있다. '점들'의 변위(變位)로 인해서 철도 열차가 본래의 코스를 가지 않고 서로 충돌하게 될 때가 그런 예이다."

카오스를 '발견'했다고 통상 믿어지는 사람은 프랑스 수학자이자 물리학자인 앙리 푸앵카레(Henri Poincare, 1854－1912)이다. 그는3체 문제를 해결하려고 하는 과정에서 카오스를 '발견'했다고 전해진다. 물리학과 고전역학에서 3체 문제란 특정 시각에 3개의 천체의 위치, 질량 및 속도들의 초기치를 결정하고 나서 고전역학의 법칙에 따라서 그 3체들의 운동을 결정하는 문제이다. 역사적으로 3체는 지구, 달 그리고 태양으로 구성된다. 초기 조건에 대한 민감성은 맥스웰도 지적했지만 푸앵카레는 맥스웰이 상상하지 못한 방식으로 어떤 역학 운동이 아주 복잡하다는 것을 알고 있었다. 그는 1890년 『천체 역학의 새로운 방법』에서 카오스의 복잡다단함을 극적으로 유명하게 묘사하였다.

> "이 중 점근해를 나타내는 이 두 곡선과 그것들의 무수히 많은 교점들이 형성하는 모양을 나타내려고 할 때, 이 교점들은 극도로 미세한 망을 갖는 한 종류의 격자, 조직 또는 그리드를 형성한다. 이 두 곡선들은 그 어느 것도 자기 자신과 다시는 교차하지 않는다. 그러나 그 모든 망들과 무한 번 교차하기 위해서 아주 복잡한 방식으로 그것은 자기 자신 위로 다시 휘어져야 한다. 이 그림의 복잡성은 확연하다. 나는 그것을 그릴 엄두를 내지 못한다. 그 다른 어떤 것도 3체 문제 그리고 일반적인 동역학의 모든 문제들의 복잡한 본성이라는 관념을 우리에게 제공하는 데 이보다 더 적합한 것은 없다."

1898년에 수학자 자크 아다마르(Jacques Salomon Hadamard, 1865－1963)는 음의 곡률을 갖는 곡면들의 측지선의 행태에 관한 근본적인 논문에서 "한 측지선의 방향이 극미하게 변해도 그 곡선의 최종 모양은 얼마든지 바뀔 수 있다"라고 관찰하였다.

다시 1908년에 푸앵카레는 그의 저서 『과학과 방법』에서 초기 조건에 대한 의존성을 아주 명백하게 표현하였다. 그는 나비효과와 아주 흡사하게 날씨에 관한 예를 들어 초기 조건에 대한 민감성을 설명했고 심지어 그 예에는 아주 파괴적인 사이클론도 포함되어 있었다.

> "기상학자들이 정확하게 날씨를 예측하는 것은 왜 그렇게 어려운가? 또한 많은 사람들이 소나기나 폭풍은 우연적인 현상에 대해 기도를 하며 일식을 비는 것은 우스꽝스럽다고 느끼면서, 비 오는 날씨나 좋은 날씨를 비는 것은 자연스럽다고 생각하는 이유는 무엇인가? 큰 교란(disturbance, 攪亂)은 일반적으로 대기가 불안정

한 평형에 있는 지역들에서 발생된다. 기상학자들은 평형이 불안정하면 어디선가 사이클론이 형성될 것임을 아주 잘 알고 있지만 정확히 그 곳이 어디인지는 말할 위치에 있지 않다. ; 주어진 지점에서 1/10 정도만 벗어나도 그 사이클론은 저기가 아니라 여기서 발생할 것이고 전혀 생각하지 못한 곳을 유린할 것이다. 만일 그들이 이 벗어난 정도를 알고 있었다면, 사전에 그것을 알 수 있었겠지만 그 관찰은 충분히 포괄적이지도, 정확하지도 않았다. 그리고 그것은 그 모든 것이 우연적으로 보이는 이유이다."

그러나 불행하게도 당대의 그 누구도 푸앵카레의 아이디어를 제대로 파악하지 못했고, 거의 70년의 세월이 흐른 뒤에야 그 아이디어를 재발견하게 되었다.

특히, 1963년의 로렌츠의 「결정론적 비주기적 플로」라는 논문은 거의 10년간이나 수학자들에게 주목받지 못했다. 그러다 1972년에 로렌츠가 강의한 「예측가능성 : 브라질에서 나비가 날개를 퍼덕이면 텍사스에서 토네이도가 발생하는가?」를 통해 나비효과의 시발점이 되는 계기를 마련하게 되었다.

### 3) 라플라스 악마의 논박

만일 우리가 사는 우주가 카오스적이라면, 결정론적 시스템에서도 예측이 불가능한 그런 사건들이 일어난다. 관찰 자료의 아주 극미한 차이도 그 결과에서는 엄청난 차이가 날 수도 있기 때문에 라플라스의 악마 역시 미래를 정확히 예측할 수 없을 것이다.

1928년에 독일 물리학자인 베르너 하이젠베르크(Werner Karl Heisenberg, 1901－1976)는 한 입자의 위치와 속도를 동시에 정확히 측정할 수 없음을 보였다. 한 입자의 위치를 측정하기 위해서는 그것에 빛을 비추어야 한다. 그러나 플랑크(Plank Max, 1858－1947)의 주장에 따르면 임의적으로 작은 양의 빛은 쏠 수가 없고 최소한 하나의 양자를 써야 한다고 한다. 이것은 그 입자를 교란시키고 우리가 알지 못하는 방식으로 그것의 속도를 변화시킬 것이다. 그 입자의 위치를 정확히 재기 위해서는 자외선, X선 , 감마선 같은 단파장의 빛을 사용해야 하지만 다시 플랑크의 원리에 의하면, 이런 형태의 빛의 양자들은 가시광선의 양자들보다 더 많은 에너지를 갖기 때문에 그것들은 그 입자의 스피드를 더욱 더 교란시킬 것이라고 주장한다. 입자의 위치를 더 정확히 측정하려고 할수록 그것의 스피드는 더 부정확해지고 그 역도 마찬가지이다. 이것은 하이젠베르크의 불확실성 원리라고 불린다. 한 입자의 '위치의 불확실성×스피드'는 플랑크 '상수/입자' 질량보다 언제나 더 크다. 그러므로 물체의 위치와 속도를 동시에 정확하게 측정하는 것은 물리적으로 불가능하다. 언제나 측정 오차는 있을 수밖에 없고, 따라서 카오스적 계에서는 정확한 예측이 불가능하다.

한편, 저명한 물리학자 스티븐 호킹(Stephen Hawking, 1942～)은 블랙홀에 의한 '정보 손실'의 문제로 결정론적 세계에서도 정확한 미래 예측은 불가능하다고 주장한다.

> "불확정성 원리에 따르면 우주의 모든 영역은 극미한 가상 블랙홀로 가득 차 있다. 그것들은 생겼다가 사라지기를 반복한다. 입자들과 정보들은 이 블랙홀에 떨어져 상실될 수 있으며, 이 가상의 블랙홀들은 원자의 지름보다 수조분의 일만큼이 작기 때문에 정보가 상실되는 속도는 아주 느릴 것이다. 그래서 과학 법칙들은 결정론적으로 보인다. 그러나 초기 우주에서처럼 극단적인 경우에는 상당한 양의 정보가 손실될 수 있고 우주의 진화는 예측할 수 없게 된다."
>
> (신은 주사위 놀이를 하는가?
> http : //www.hawking.org.uk/does-god-play-dice.html)

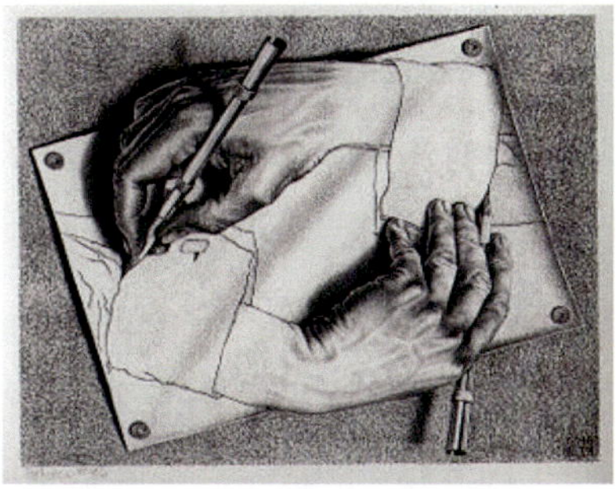

그림12

다른 논법도 있다. 이것은 일종의 자기 지시(self-reference)로 인한 역설문제이다.

미국의 인지과학자 호프스태터(Robert Hofstadter, 1915-1990)의 저서 『괴델 에셔 바흐 : 영원한 황금 노끈』에는 자기 지시의 많은 예가 나온다. 자기 지시란 아이디어나 물체가 자기 자신들에 관해 말을 하거나 가리키는 것을 말한다. 네덜란드의 판화가 에셔(Maurice Cornelis Esher, 1898-1972)의 <서로를 그리는 두 손>은 자기 지시를 극명하게 보여준다.

스필버그(Steven Allan Spielberg, 1946~) 감독의 또 다른 영화 ≪마이너리티 리포트≫는 결정론의 문제를 다룬 철학적인 영화이다. 그 영화에서 톰 크루즈는 프리크라임팀(Pre-Crime unit)의 팀장인 존 앤더턴으로 나온다. 프리크라임 시스템은 범죄가 일어날 시간과 장소, 범행을 저지를 사람까지 미리 예측해내는 시스템으로, 이를 바탕으로 프리크라임 특수 경찰이 미래의 범죄자들을 체포한다. 그러던 중 톰 크루즈는 선지자들이 보게 된 미래에서 자신이 살인자가 되는 것을 목격한다. 즉 그는 자기 자신의 미래를 본 것이다. 결정론에 따르면 그는 결국 살인을 하게 되고 평생 복역을 하게 된다. 그 사실을 알고 있는 톰 크루즈는 과연 그렇게 할 것인가? 그런 사실을 알기 때문에 톰 크루즈는 예견된 것과는 다른 행동을 취하고 선지자의 예언과는 다른 미래가 펼쳐진다. 이것은 자기 지시의 역설이다.

그림13

비슷하게 라플라스의 악마를 논박할 수 있다.

> "미래를 예측할 수 있는 장치가 있다고 하자. 그 장치에게 오늘 저녁에 당신이 무엇을 하고 있을지를 질문하라. 두 가지 옵션만이 있다고 가정하자. (1) TV를 본다. (2) 라디오를 듣는다. 이에 그 장치가 당신은 TV를 보고 있을 것이라고 하면 당신은 일부러 라디오를 듣는다. 그 장치가 뭐라고 하든지 청개구리처럼 그 예측과는 반대로 행동을 한다. 그러므로 그런 장치는 있을 수 없다."(Josef Rukavicka, Rejection of Laplace's Demon. The American Mathematical Monthly 121(6) : 498 (2014))

## 생각해 볼 문제

1. 쥬라기 공원의 말콤 박사가 주장하는 “카오스”는 수학적 정의와 합치하는가?
2. 카오스에 대한 정성적 관점과 정량적 관점과의 관계는 무엇인가? 둘은 상보적인가?
3. 카오스에 대한 맥스웰의 생각은 현대적 관점과 어떻게 다른가?
4. 당구공들이 널려 있는 당구대에서 한 공을 쳤을 때 당구공들의 운동은 카오스적일까?

5. 뉴턴은 “나는 가정을 하지 않는다.”라고 주장하였다. 우주 법칙이 단순한 수학적 방정식에 의해 묘사될 수 있다는 믿음은 가정일까 아닐까?

# 제9장

# 수학과 역사

• • •

현대 수학교과서에서 도달하고자 하는 중요한 정리 또는 사실들은 많은 정의(공리)와 표기법, 정리 및 기술적인 증명을 통하여 표현된다. 이것은 수학의 엄밀성 면에서 물론 중요한 측면이기도 하지만, 수학을 공부하는 학생들 입장에서는 수학을 공부하는 중요한 목적에 대한 설명이 숨겨져 있기 때문이다. 최종 목적지까지 도달하기는 여간 어려운 것이 아니다. 이를 극복하기 위해서는 수학사에 대한 공부가 필수적이다. 수학사는 현재 다루는 수학 문제들이 도출된 그 시대의 사회, 문화, 자연현상을 알려주며, 사회 발전에 수학이 어떤 기여를 하면서 함께 발전해 왔는지는 물론, 우리가 다루고 있는 현대 수학의 주요 문제들의 본질과 그 답을 확인해야 하는 이유와 가치를 준다.

## 01 수학과 문명

인류의 역사를 돌아보면 계산, 측량, 달력(曆)의 제작을 위해 주로 사용된 수학과 천문학으로부터 지렛대(lever)의 법칙이나 빛의 반사 법칙과 같은 과학 기술의 이론과 실제는 인류 문명의 영원한 유산이 되었다. 특히 근대에 접어들면서 수학과 과학은 역사를 바꾸는 원동력으로 강하게 작용하게 되었고, 이를 통해 인간정신은 종교적인 세계로부터 해방되기도 하였다. 또한 과학을 통해 이루어진 실제적인 여러 변화는 전통과 낡은 생활방식을 해소시키고 근대 문명의 성격을 형성하는 데 크게 이바지하였다. 수학의 원초적 대상은 수(특히 자연수)이다. 이에 역사학자들은 석기 시대 유물의 예를 근거로 들고 있다. 원시인들은 수학적인 본능에 의존하여 판단하였으며 시간이 흐름에 따라 그들이 수의 개념을 형성하고 수를 만들어내면서 점차 수로써 문화를 표현했다는 것이다. 세계 4대 문명을 대표하는 고대 민족들은 각각의 독자적인 문화를 형성했지만, 숫자, 계산법, 도량형, 시간계측, 측정, 작도와 같은 '기초수학'이 사회의 필요로 생겨나고 공통적으로 '수학(數學)'은 사회를 지탱하는 중요한 역할을 했다. 그러나 수학사 이야기를 시작할 때 그리스와 지중해를 먼저 떠올리는 이유는, 현재 우리가 연구하고 있는 '근대 수학'이 동아시아의 전통 학문에서 자생적으로 발전한 것이 아닌 19세기 이후 서구로부터 전해지며 그 발전에 의지하였기 때문이다. 인류가 집단생활을 영위하면서 그 안에서 '문화와 문명'을 향유한 것은 약 1만년 전부터였다. 세계수학사는 대개 수학 관련 기록이 남아 있는 동서양의 지난 5,000년 동안 수학이 발전해 온 과정을 서술하고 있다.

'수학(數學)'은 질병, 무역, 전쟁, 경쟁으로 제기된 다양한 문제들을 인류가 해결하며 사회가 발전하는 과정에서 중요한 역할을 해왔다. 수학적 연구 성과를 이용해 온 분야는 물리와 천문학뿐만 아니라 생물학,

지질학, 사회학, 경제학 또는 회화, 조각에 이르기까지 광범위하다. 현대에는 일상의 전자제품, 운전제어, 교통관리, 물류, 주식운용까지 그야말로 사회 전반에 걸쳐 수학문화의 시대가 펼쳐진 것이다.[4]

> "현재를 지배하는 나라가 과거를 지배하고, 과거를 지배하는 나라가 미래를 지배한다."

[표1] 시대로 본 수학 발전사

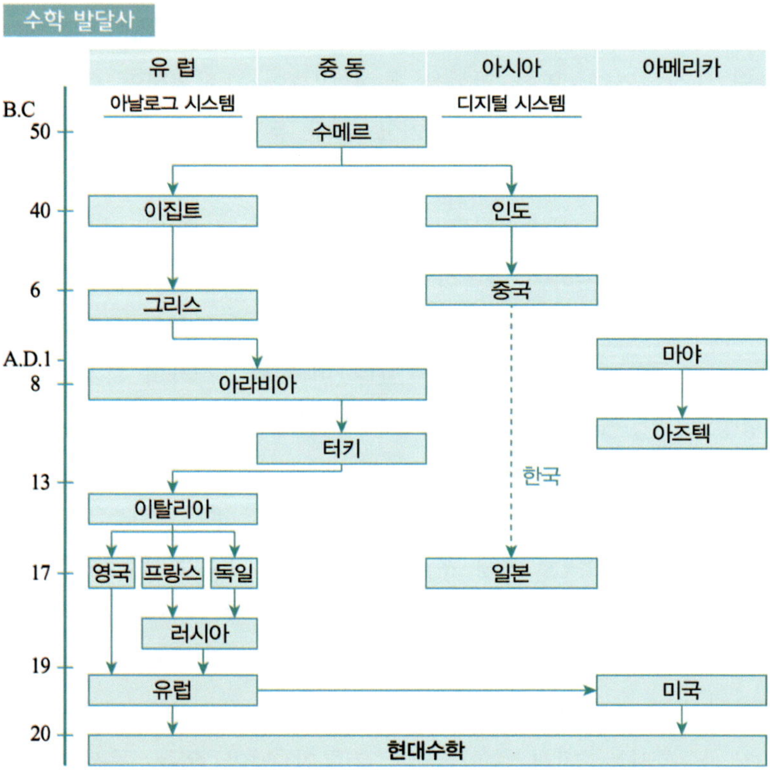

## 02 동양 수학과 서양 수학의 만남

오래 전부터 각각의 민족은 나름대로 물건을 세는 법을 창안해 사용하였으므로 덧셈, 뺄셈을 하는 데는 큰 불편이 없었다. 그러나 곱셈과 나눗셈은 쉽지 않아서 동아시아의 경우 '아바쿠스(abacus, 일종의 산반)'라는 도구(일종의 계산기)를 이용했는데, 2세기 한나라 사람 서악(徐岳)이 쓴 『수술기유(數術記遺)』에 의하면 아바쿠스는 고대 그리스와 로마에서 그 틀이 잡혔다고 한다. 그 후 이것이 계산에 도움이 되는 도구로 널리 알려지면서 실크로드를 따라 중국에 전파되어 동양의 '주판'으로 발전하였다. 이와 반대로 6세기경에는 인도의 0을 사용해 자릿수를 활용한 '위치잡기 기수법'(이것은 구조적으로는 아바쿠스와 같다)과 필산법(筆算法)이 동방에서부터 실크로드를 통해서 아라비아를 거쳐 다양한 경로로 서양으로 전해졌다. 즉, 이집트나 바빌로니아의 수학과 함께 인도와 동아시아의 수학 역시 중동의 이슬람 국가를 통하여 이탈리아를 거쳐 유럽으로 전해지면서 서양 근대 수학이 발전하는 발판을 제공했다.

※ 계산을 기록해 온 방법

그림1 점토판의 설형 숫자

- 먼 옛날 : 점토(메소포타미아), 파피루스(이집트), 나무글, 대나무편지 – 죽간(중국)
- 2세기 : 종이(중국)는 한국을 거쳐 8세기경에 일본으로 전래된다.

• 고대~중세 : 양피지(서양)
• 12세기 : 중국전래지(서양) ⇒ 후에 펄프를 사용
• 20세기 : 합성지, 중성지, 부직포 등을 나무와 석유를 이용해 만들었다.

표2 여러 가지 계산방법

- 계산
  - 암산
    - 눈으로 세기
  - 계산기
    - 손가락, 작은 돌, 나무, 대나무, 뼈
    - 아바쿠스, 산판, 주판
    - 계산자
    - 계산기, 컴퓨터
  - 필산
    - 수표, 그래프
    - 모래 위 석판, 종이

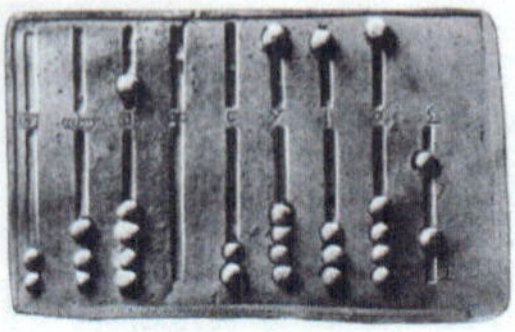

로마의 아바쿠스

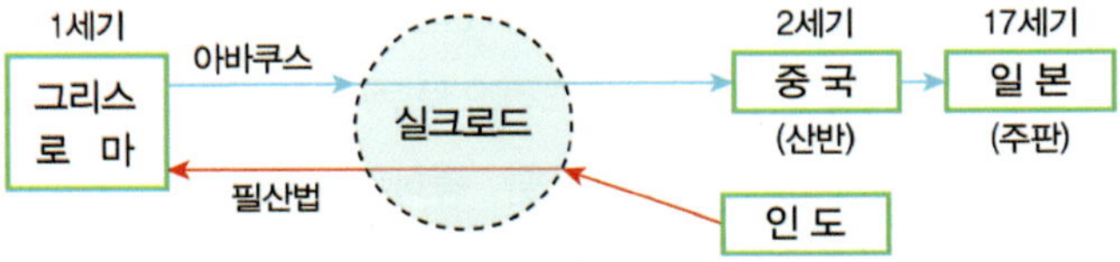

동아시아의 주판

유럽은 아시아에서 필산법을 수입하고, 아시아는 유럽에서 아바쿠스(주판)를 수입한다.

그리스인이 기하학에 뛰어났던 반면, 인도인은 산술과 대수학에 강했다. 그들은 우리가 지금 사용하고 있는 숫자인 인도-아라비아 숫자를

만들었고 10진 기수법을 사용했다. 인도의 수학자는 일찍이 음수에 대한 개념을 가졌고 이것을 법칙으로 만들어 사용하였다. 놀랍게도 인도인이 발명한 숫자와 그 계산법은 당시 다른 나라 사람들이 상상도 못할 만큼 완전하였다. 동아시아 수학－과학의 전반적인 수준 역시 기원전 2세기에서 16세기까지는 유럽에 뒤지지 않았다고 평가할 수 있다. 동아시아의 과학은 유럽 과학 발전에도 큰 영향을 끼쳤다. 이 근거로 동아시아의 4대 발명품인 종이, 화약, 인쇄술(목판인쇄, 활자, 금속활자), 나침반은 물론, 자기학과 연금술, 관찰 천문학, 무한한 우주를 가정하는 우주론, 정확한 시간 측정을 위한 측정 장치의 발전을 들 수 있다. 이러한 동아시아의 과학이 유럽의 과학에 뒤쳐지기 시작한 시점은 1450년경이며 이는 유럽의 르네상스기에 해당한다. 17세기 초부터 중국에서는 예수회 선교사 마테오 리치(Matteo Ricci, 利瑪竇, 1552～1610년) 등이 기독교 선교의 한 방법으로 수학, 천문학, 물리학 등 당시 유럽의 최신 과학 지식을 소개하는 등 중국과 유럽 사이에는 빈번한 학술적 교류를 통하여 서양의 수학 및 과학의 내용과 수준을 나름대로 이해하여 왔다. 따라서 청(淸)이 들어선 1644년까지도 수학, 물리학, 천문학 수준에서 동아시아와 서양 사이에 넘어설 수 없는 큰 차이는 없었다.

우선, 서양 근대 수학의 발전 과정에 대하여 살펴보자. 중세에 이르러 서양 수학은 맥이 끊기고 퇴보한 반면, 지중해를 장악하고 동아시아, 인도, 그리스, 유럽 문화가 모두 모인 이슬람의 수학은 9세기에 전성기를 이룬다. 아라비아의 이슬람교도들은 서기 661년부터 백년에 걸쳐 동쪽으로는 인도의 인더스 강, 서쪽으로는 스페인 피레네 산맥까지 동서양에 걸친 광대한 영토를 점령했다. 이를 이슬람 제국 또는 사라센(Saracens) 제국이라고 한다. 당시 이슬람 제국은 바그다드(Baghdad)와 코르도바(Cordoba)를 각각 수도로 하는 두 개의 왕국을 중심으로 지중해 무역을 장악했고 동서 무역을 독점하는 세계 상업의 중추였으며, 학문과 예술의 중심지로 번영했다.[4]

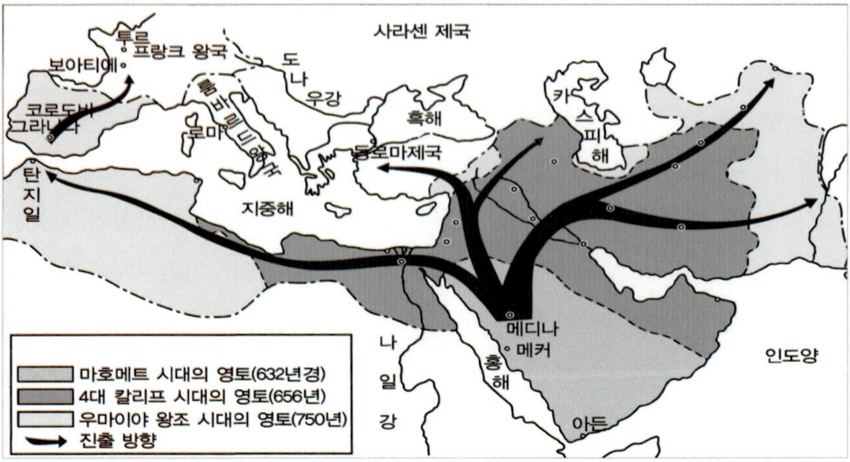


그림2 우마이야 왕조(Umayyad Dynasty, 661~750) 시대의 이슬람 제국

아라비아인이 다양한 문화를 받아들여 동화, 흡수하면서 동양과 서양의 문화가 아라비아에 모였고, 이것들이 하나로 묶이고 다듬어져 문명 전체의 수준은 한 단계 높아졌다. 당시 아랍 언어의 수학은 고대 그리스의 유산을 활용했고, 바빌론과 인도, 동아시아의 지식까지 흡수하였다. 즉, 고대 문명에서 발전한 수학은 이집트와 바빌로니아의 수학을 통하여 방법과 주제를 크게 확장하였고, 이슬람 수학에서 더욱 발전한 것이다. 칼리프(마호메트 사후 이슬람 제국의 최고 지도자)의 지원을 받아 뛰어난 학자들을 모아서 천문학, 의학, 수학 등에 관한 인도와 중국, 그리스 등의 많은 저작들을 부지런히 아랍어로 번역하였다. 덕분에 후에 유럽 학자들이 그것을 라틴어 및 그 밖의 다른 언어로 번역할 수 있었다. 유클리드, 아폴로니우스, 디오판토스와 같은 그리스 주요 수학자들의 많은 업적들은 9세기 말경 아랍어로 번역되어 연구에 사용되었다. '지혜의 집(Bayt al-Hikma)'이라 불리는 연구소에 아라비아 반도 곳곳에서 학자들이 모여들었는데 이들은 바그다드에 수집된 자료들의 번역뿐만 아니라 독창적인 연구도 병행했다. 한 예로, 유클리드의 『원론(Elements)』으로 대표되는 '논증기하'를 들 수 있다.

그림3

논증기하는 그리스가 멸망함과 동시에 이를 계승한 민족이 없어지면서 거의 600년간 학문 세계에서 그 모습을 찾아볼 수 없었는데, 아라비아 수학자들이 서구에 퍼져 있던 모든 기하 자료를 수집해 『원론』을 정확히 복원하는 데 성공했다. 뿐만 아니라 15세기의 아라비아 수학자 2명은 '입체기하에 관한 14권과 15권'을 추가하기까지 하였다. 이로써 이슬람 수학이 근세 유럽 수학의 출발점이 된 것이다. 이는 대단히 놀라운 공적으로, 만약 아라비아인이 존재하지 않았더라면 유클리드의 『원론』은 영원히 소실되었을지도 모를 일이다.

당시 아라비아의 수학자들은 인도의 대수학과 그리스의 기하학을 동시에 연구했는데, 이런 과정을 거쳐 동서양의 수학을 모두 아우르게 된 아라비아의 수학은 11세기에 이르러서야 번역서를 통해 서양에 전해진다. 아라비아 수학자 중 가장 유명한 사람은 알콰리즈미(Al-Khwarizmi, 800-847)이다. 그는 대수에 관한 논문과 인도 숫자에 관한 책을 썼는데, 그 두 가지 다 12세기에 라틴어로 번역되면서 유럽에 엄청난 영향을 끼쳤다. 오늘날 일정한 계산 과정을 뜻하는 알고리즘(algorithm)이라는 용어는 그의 이름에서 유래하였다. 아라비아 수학을 공부한 이탈리아의 수학자

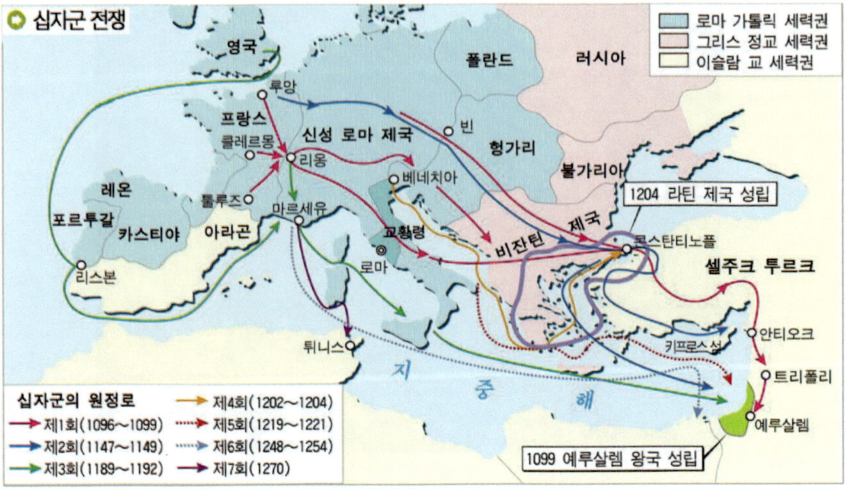


그림4 십자군의 원정로(11~13세기)

레오나르도 피보나치(Leonardo Fibonacci, 1170－1250) 또는 피사의 레오나르도(Leonardo da Pisa)라고도 불리는 그는 로마 숫자를 대신하여 아라비아 숫자도 서양에 소개한다. 그러나 유럽은 3세기에서 13세기에 이르기까지 천 년이라는 긴 세월 동안 기독교에 의한 정신적인 속박으로 인해 이런 수학적인 변화의 의미를 깨우치지 못한다.[4]

이탈리아의 항구도시들은 십자군 수송에 활용되면서 지중해를 발판으로 많은 동방 물자를 수입하였고 이로 인해 상업적으로 크게 번성한다. 한편, 1453년 비잔틴 제국(콘스탄티노플)이 오스만 투르크(Ottoman Turks, Osman Turk)에 의해서 멸망하면서 지중해를 장악 당하여 통상에 중과세를 내게 된 지중해의 유럽인들은 이를 피하여 인도에 이르는 새로운 항로 개척에 나서게 되는데, 이것이 300년에 걸친 유명한 '대항해 시대'의 개막이었다.

가장 선봉에 선 것은 이탈리아 상인들이었고 그 중 대표적인 인물이 바로 제노바의 콜럼버스(Christopher Columbus, 1451~1506년)였다. 십자군 원정 및 대항해 시대를 통하여 동양의 문화와 문명 그리고 물자가 유럽에 수입되면서 서양은 동양의 과학 문명이 서양보다 앞서 있다는 것을 알게 되었고, 유럽인들이 이런 변화를 정신적으로 반영한 시대가 바로 15세기 르네상스 종교개혁 시대라고 할 수 있다. 당시 유럽의 계산법은 아바쿠스(산반)를 이용한 불편한 방법이었는데, 피보나치는 아라비아의 명저 『이항과 약분』을 모델로 자신의 필산법을 『계산판에 대한 책(Liber Abaci, 산반서)』에 소개했다. 이것은 인도, 아라비아식의 필산법으로 능률적이면서 정확한 계산을 할 수 있었기 때문에 빠르게 다른 상인들에게도 전파됐다. 그러나 십자군 원정을 시작으로 이탈리아를 거쳐 동양의 앞선 과학 기술을 접한 유럽의 수학자들은 16세기까지 이러한 변화의 진정한 수학적 의미를 실감하지는 못하다가, 16세기 이후 해석 기하학을 중심으로 서양 수학이 발전하기 시작한다. 그 후로도 계속 된 발전을 거듭한 서양 근대 수학은 18세기와 19세기에 이르러서는 역으로 동아시아의 수학에 엄청난 영향을 미치게 된다.

## 03 수학의 발전

17세기 이후, 기하학, 대수학, 확률론, 통계학, 미적분학, 해석학의 발전은 순수수학과 응용수학을 넘어서 사회와 문화 발전을 선도하면서 모든 것을 새롭게 한다.

몇 가지 예를 들어보자, 발전하는 유럽의 도시, 특히 영국의 수도 런던에는 사람과 물자가 몰려드는 것과 함께 여러 차례에 걸쳐 페스트가 유행하였는데, 특히 1665년에는 런던으로 퍼져 사망자가 속출하는 등 런던 시민들을 공포에 떨게 하였다. 그래서 1517년부터 매년 연말에 시(市)

표3 기하학의 발전과 분류

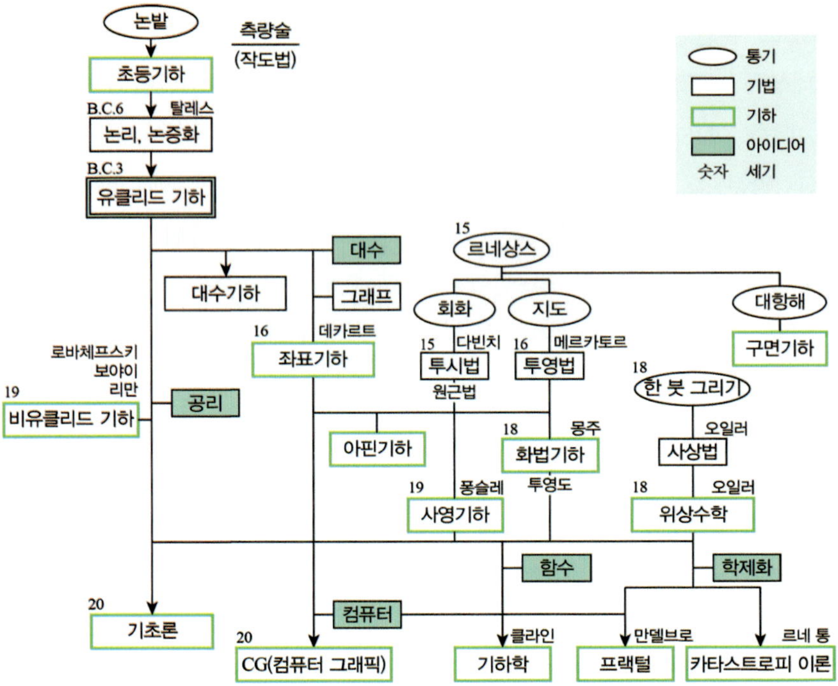


에서는 남녀의 출생아 수, 결혼의 상황, 연령별 생사잔존상태(생존자수, 사망자수)를 기록한 「사망표(死亡表)」를 발행하였다. 이미 상인 존 그랜트(John Graunt, 1620~1674)는 사망표에 관심을 갖고 지난 60년간의 자료를 소급하여 모두 조사한 후, 근대 통계학을 탄생하게 한 책 『사망표에 관한 자연적 및 정치적 관찰(1662)』을 썼다. 한편 거의 같은 시기(17세기 전반)의 독일은 '30년 전쟁'이라는 유명한 종교전쟁의 한가운데에 있었다. 독일의 경제학자 헤르만 콘링(Hermann Conring, 1605~1681)은 전쟁 후 복구에 있어 가장 중요한 것은 국가가 당면한 상황에 대한 정확한 파악에 있다고 생각하면서, 국세(國勢, national strength, situation in a state) 조사를 실시하고 관련된 수치적 데이터를 얻어 「국세학(1660년경)」이라는 주제의 강연을 했다. 영국은 전염병으로부터, 독일은 전쟁의 재난으로부터

그림5 1666년 런던 대화재기념비

각각 독자적인 통계학을 창설하였고, 이를 통해 영국은 '사회통계학'으로 시작하여 후에 보험이나 추측 통계학으로 발전시켰으며, 독일은 'statistics(통계학)'의 어원인 'state(국가)'를 따와 국가를 관리하는 도구라는 의미로 '국세(國勢)통계학'을 세상에 소개했다.[4]

또 하나의 예를 소개한다. 1666년 9월 2일 새벽. 런던의 한 빵집에서 아궁이에 남은 불로 인해 화재가 일어났는데 이는 4일 동안 밤낮으로 타들어가 도시의 2/3에 상당하는 13,200채의 집과 87개의 교회를 태우고 꺼졌다. 이 런던 대화재 이후 수학자들은 화재보험제도의 기초를 통계학과 확률론 지식을 활용하여 수학적으로 엄밀하게 구축하였다.

화재보험의 성공에 이어서 핼리혜성으로 유명한 천문학자인 핼리(Edmund Halley)가 1693년에 '생명표(生命表)'[22]를 작성하였는데, 이 생명표는 '대수(Large number)의 법칙'에 입각하여 연령대별로 사망확률을 나타내는 표이다. 이를 바탕으로 각 연령마다 보험료를 내는 사람 수와 보험금을 받게 되는 사람 수를 추정할 수 있게 되었는데, 이에 근거하여 생명보험(生命保險)이

22) '사망표(死亡表)'라고도 부른다.

만들어졌다. 현대의 보험 제도는 다양한 개인 사회생활을 보장하도록 건강보험, 자동차보험, 운전자보험, 상해보험, 종신보험, 자녀보험, 해상보험, 재보험, 연금보험과 같은 개인보험 외에도 국가차원의 사회보장보험이 확립되고, 이에 따라 사람들이 안심하고 일상생활을 할 수 있도록 해 준다. 이런 보험 상품을 개발하는 계리인들의 대부분은 수학 전공자들이다. 한국보험은 2014년에 보험료 수입을 기준으로 세계 8위의 보험 강국으로 평가받는다.

## 04 동아시아 수학사

동아시아 과학기술의 전통을 논할 때 그 주된 대상은 한·중·일 세 나라가 될 것이다. 물론 동아시아 과학의 전통은 한·중·일 세 나라 이외에도 전통 시대 때부터 인도, 이슬람, 베트남 등의 지역을 비롯한 세계 여러 나라와 문화적·경제적 교류를 가져왔고, 이러한 교류는 과학과 관련된 영역에 영향을 주었다. 동아시아에는 화려한 수학의 전통이 존재한다. 현존하는 동양 최고의 수학서인 『구장산술』은 서기 3세기에 유휘가 엮은 책으로, 이 책에 쓰인 수학적인 내용은 수백년 전, 서양의 수학자들이 활발하게 활동하기 전부터 이미 동양에서 그 이상의 화려한 수학적 전통이 이어져 오고 있음을 잘 보여준다. 유휘의 주석은 단순한 해설에 그친 것이 아니라 무한등비급수개념을 이용하여 원주율의 근사치를 계산해내었을 뿐 아니라, 극한 개념을 이용하여 넓이와 부피 등을 계산해 내었다. 이 때문에 그는 동서양을 통틀어 위대한 수학자 가운데 한 사람으로 꼽히고 있다.[5]

그림6

『구장산술』은 전답의 넓이와 가로·세로 길이를 구하는 방전장(方田章)에서부터 직각삼각형의 높이와 길이, 넓이를 구하는 구고장 등 9개의 장으로 이루어져 있는데, 문제들을 보면 당시에 이미 방정식과 원주율, 피타고라스 정리 등이 이용되고 있었음을 알 수 있다. 또『구장산술』에는 모두 246개의 수학 문제들이 실려 있는데 이 문제들은 대부분 사회생활과 밀접하게 연관된 실용 수학 문제들로서 당시의 중국을 비롯한 동양의 과학 수준은 물론이고, 정치·경제 및 사회사까지도 추정해 볼 수 있는 귀중한 자료가 되고 있다. 지금으로부터 2000년 전인 후한 시대에 그 모습이 갖추어진 이 수학서는 우리나라를 비롯한 동양 여러 나라에 보급되어 국가 통치와 수리 계산 및 수학 발전에 중요한 역할을 했던 책이다. 이 책은 고대 중국 및 동양 여러 나라에서 조세 및 부역의 징발이나 관개수로 사업을 담당하던 관리들이라면 반드시 학습해야 할 필독서의 하나였다. 우리나라에서도『구장산술』은 신성한 책으로 받아들여졌는데, 조선 말기 최고의 수학자로 예조판서를 지냈던 남병길(南秉吉, 1820년~1869년)은 조선의 사정에 맞게 해설을 붙여『구장술해』라는 수학서를 펴내 산술교본으로 삼기도 하였다. 성균관대 차종천 교수의 번역서를 비롯하여 최근 한국에서 다양한 해설서가 출판되어 관심을 더하고 있다. 다음으로 『구장산술』에 버금가는 중요한 수학책은 『주비산경』이다. 『주비산경』은 천문 수학 분야의 책으로 신라 천문관 교육의 교재로 쓰이고 한글을 창제한 조선 세종 때는 기본적인 천문 역술서로 사용되었다.[9] 이 책은 동양에서 가장 오래된 수학책으로, 약 2000년 전에 중국 한나라의 조군경(趙君卿, 3세기)이 쓴 책이다. 한국의 수학 교재로 신라 시대에는 『구장』, 『육장』, 『철술』, 『삼개』와 같은 책이 있었다. 고려 시대에는 『구장』, 『육장』, 『철술』이 계속 사용되었고 조선시대에는 실학이 활발해지면서 『산학계몽』, 『양휘산법』, 『상명산법』 등 많은 책들이 나왔다. 특히 실학자들은 『동국산서』, 『산학입문』, 『산학본원』이라는 책들을 썼다. 산사(수학자)가 되려면 시험에 합격해야 했는데 산사를 뽑는 시험에 바로 이러한 책들이 그대로 반영되었으며, 기본적인 산서에서 시험 문제가 출제되었기 때문에 산서는 산경이라고도 불릴 만큼 중요했다. 그래서 산사를 뽑는 시험을 보려면 경전을 외우듯 책을 암송해야 했고, 책에 나오는 문제도 풀어 보아야 했다.[6][7][8] 한 예로 수학에서도 중국의 유명 수학자 하국주(何國柱)가 한국에서 중국의 수학을 뽐내려다 본인은 시도도 못한 문제를 한국인 수학자 홍정하(1684년~?)가 중국에서는 보지 못한 방법으로 거뜬하게 푸는 것을 보고 감탄했다는 기록이 있듯이, 독창적인 한국의 과학적 전통은 다양한 부분에서 존재하였음이 분명하다. 『수리정온』의 서양 수학은 한국 근대 수학 교육의 아버지라고 불리는 보재 이상설이 19세기 말에 쓴 책 『수리』와 『산술신서』로 이어지고, 이를 통해 수학이 소수의 전문가들이 아니라 모든 학생이 배우는 보편적인 과목이 되도록 국가 교육 과정에 수학과 과학을 필수 과목으로 지정함으로써

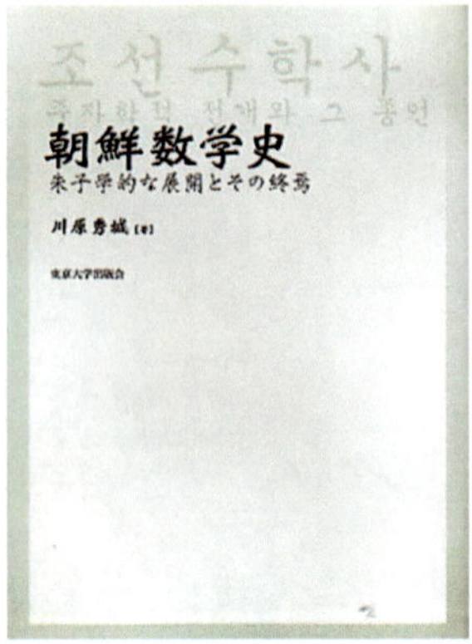


그림7

21세기 현재 우리가 공부하는 수학의 뿌리가 된다.

우리 조상들의 과학, 기술 수준은 세계 어디에 내놓아도 뒤지지 않았다. 우리 전통 유물을 볼 때마다 그 세계적 수준에 놀라게 되는데, 가령 국보 141호 잔줄무늬 청동거울의 경우 그 제작 기술은 가히 '신의 솜씨'라고 말할 수 있다. 2,400여 년 전 청동기 때 만들어진 이 거울에는 머리카락 굵기의 1만 3,300개의 직선과 100여 개의 동심원이 있다. 국내 저명한 교수들 역시 "자와 컴퍼스가 없다면 그릴 수 없었을 텐데 어떻게 그런 청동거울을 만들었는지 놀랍다"라고 감탄했다. 이는 인위적으로 소용돌이를 일으켜 술잔을 회전, 정지시키는 포석정은 유체역학의 원리를 절묘하게 이용한 유적으로서, 중국과 일본에도 이와 비슷한 것은 있지만 비교가 되지 않는다.[5] 또한 해시계는 여러 나라에 있었지만 해 그림자를 통해 사계절을 보여준 것은 우리나라의 '앙부일구'가 거의 유일하다. 인쇄술의 발전과 관련한 한국과 중국의 오래된 논쟁이나, 측우기와 관련한 한·중 간의 선–후 논쟁은 아직도 진행 중이다. 우리는 먼저 동아시아 수학사에서 한국의 역할을 규명하고, 더 나아가 한국 수학의 미래에 대하여 비전을 제시해야 할 시점에 있다.[1] 모두가 쓰던 자연수에 음수를 도입한 중국의 음양설에 이어서 0을 집어넣은 인도의 공사상, 또 거기에 측량하여 보탠 이집트의 유리수와 지중해를 건너 피타고라스의 무리수, 유럽의 복소수, 또 영국의 해밀톤이 생각해낸 4원수 그리고 대서양을 건너 미국에서 발전한 $n$차원 시대를 거친 후 이제 태평양을 건너 다시 시발점인 동아시아로 또 한국으로 그 중심이 올 것임을, 또 오고 있음을 믿어 의심치 않는다.[2]

그림8

한국 수학의 개척자들의 일부를 소개하면 다음과 같다.

– 최석정(崔錫鼎, 1646~1715) : 영의정을 역임하고 『구수략』을 지었으며, 그 마지막 권에는 「마방진」, 「그레코 라틴 방진(혹은 오일러 방진)」 그리고 「지수귀문도」 등 사각형이나 육각형 모양의 수의 구성도가 많이 수록되어 있는데, 이 중 9차 직교방진에 대한 연구는 오일러보다 최소한 60년 이상 앞선 세계적인 업적으로 이는 조합론 백과사전에 수록되어 있다. 그는 이런 세계적인 업적에 기인하여 국립과천과학관의 과학기술인 명예의 전당에 헌정되었다.[23)]

– 이임학(李林學, 1922~2005) : Ree 군이론을 발간하여 현대대수학에 중요한 기여함으로써 세계 수학사전에 한국인 최초로 이름을 올리며 세계적으로 인정받은 최초의 한국인 현대수학자로 국립과천과학관의 과학기술인 명예의 전당에 헌정되었다.[24)]

그림9

23) http : //matrix.skku.ac.kr/2011–Album/ChoiSukJung–v1.htm

24) http : //matrix.skku.ac.kr/2011–Album/ReeImHak–v1.htm

- 남병철(南秉哲, 1817~1863)과 동생 남병길(南秉吉, 1820~1869) : 조선 말기의 문신으로, 천문·역법서의 저자인 수학자로 『차근방몽구』, 『산술관견』, 『익산』과 천문서인 『규일고』 등을 집필하였다.
- 이상혁(李尙爀, 1810년~?) : 조선의 산학자 중 가장 뛰어나다고 평가되는 인물이다. 조선의 교육 과정에 수학과 과학을 필수로 지정하고 수학교과서들을 저술했으며, 성균관과 한성사범학교, 그리고 서전서숙에서 직접 수학을 가르쳤다.
- 이상설(李相卨, 1871~1917) : 1907년 헤이그 만국 평화 회의에 고종의 특사로 파견되었다.
- 유일선(柳一宣, 1879~1937) : 1904년 도쿄물리학교 수물과를 졸업한 한국인 최초의 수학 전공자(학사)이다.
- 최규동(崔奎東, 1891~1950) : 유일선의 수리전문학교인 '정리사'를 1911년에 졸업하고 일제 강점기에 조선을 대표하는 수학선생님으로 해방 후 경성대 초대 이사장과 국립서울대의 총장을 역임하였다.
- 이춘호(李春浩, 1893~1950) : 1921년 미국 오하이오주립대학에서 한국인 최초로 수학석사학위를 취득하고, 연희전문 수물과 교수로 근무하다가 해방 후 미군정하의 서울대 총장을 역임하였다.
- 장세운 : 1919년 연희전문 수물과를 1회로 졸업하고, 미국 시카고대학에서 학사와 석사를 마친 후 한국인 최초로 수학박사학위(1938, Nortwestern univ.)를 취득하였다.
- 최윤식(崔允植, 1899~1960) : 국내 최초의 수학박사 (1956년, 서울대)로 1946년 10월 서울대 수학과 초대학과장으로 대한수학회 초대 회장을 역임하였다.
- 장기원(張起元, 1903~1966) : 최초의 한국수학사 전문가이다.
- 홍임식(洪姙植, 1916~2009?) : 한국인 최초의 여성 수학박사(1959년, 도쿄대학)이다.

이처럼 많은 수학자들의 노력으로 우리나라 수학이 발전하게 되었다. 그러므로 여러분들이 관심을 가지고 우리 사회가 발전하는 과정에서 그와 함께 발전한 수학 그리고 그 발전에 기여한 수학자들의 관련 자료들을 찾으며 학습해 주기를 기대한다. 개인별 자세한 기여 내용은 아래 웹주소[25]를 통해 참고하고 심화 학습하여 이를 과제로 제출하기를 기대한다.[3]

25) http : //matrix.skku.ac.kr/K–Math–History/index.htm

## 생각해 볼 문제

1. 수학사 웹자료(https : //ko.wikipedia.org/wiki/수학사)를 참고하여 유럽 수학사에 기여한 수학자들에 대하여 알아보시오.
2. 미국수학회 웹자료(http://www.ams.org/samplings/math-history/hmath1-index)를 참고하여 미국 수학사에 기여한 수학자들에 대하여 알아보시오.
3. 아래 주소의 연표를 참고하여 아시아 수학사에 기여한 수학자들에 대하여 알아보시오.
   http : //matrix.skku.ac.kr/2015-Album/Math-curture/Math-Curture-sglee.htm
4. 다음 웹자료(http : //matrix.skku.ac.kr/CLAMC/Sylvester/index.htm)를 읽고 20세기 미국 수학계의 100년 전의 모습이 한국에서 갖는 의미에 대해 논하여라.
5. 대한수학회 소식지 100호(http : //www.kms.or.kr/home/journal/old/nkms/)를 참고하여 최근 작고하신 한국인 수학자 이임학 박사에 대하여 알아보고 해방 후 한국 수학에 대하여 논하여라.
6. 최근의 PISA(Programme for International Student Accessment), TIMSS (Trends in International Mathematics and Science Study)를 통한 국제 평가에서, 한국의 초중고교 저학년이 보여준 우수한 학업성취도의 긍정적인 의미와 부정적인 의미에 대하여 논하여라.(KBS 1TV 2005년 4월 9일 토요일 오후 8~9시 사이에 방영된 특집 참고)
7. 100년 후 한국이 세계 최고가 될 수 있는 가능성이 있는 부분을 본인의 전공 분야에서 찾아내 보고, 그 이유를 논하여 보아라.

## 참고문헌

이상구외 4인 역, MacLane 저, 수학 : 형식과 기능, 청음사, 2001

이상구외 99명, 대한민국 교육에 바라는 100인의 메시지, 자유교육연합, 2011

이상구, 이재화, 한국 근대수학의 개척자들, 사람과 무늬, 2013.

이상구-김호순 역, 나카다 노리오 저, 사회수학 : 400년의 파란만장, 경문사, 2011

홍성사, 이상구 외 8명, 수학과 문화 : 인류문화에 끼친 수학의 성과, 도서출판 우성, 2005

홍성사, 홍영희, 朝鮮 算學者 李尙赫 의 方程式論, 한국수학사학회지 17(2004), No. 1, 1-14

홍영희, 조선시대의 방정식론, 한국수학사학회지 17(2004), No. 4, 1-16

C. Cullen, The Suan shu shu 筭數書, *Writings on reckoning*, Needham Research Institute Working Papers : 1, Needham Research Institute, Cambridge, 2004

C. Cullen, *Astronomy and mathematics in ancient China* : the Zhou bi suan jing, 周髀算經 Cambridge Univ. Press, 1996

## 참고싸이트

세계수학자 포스터

http : //matrix.skku.ac.kr/2009-Album/Mathematicians-Poster/Mathematicians-Poster.html

동아시아 수학사

http : //matrix.skku.ac.kr/2013-Album/Math-East-Asia/Math-East-Asia.html

한국 수학의 개척자들

http : //matrix.skku.ac.kr/K-Math-History/index.htm

## 세계의 수학자들 한국 ♥

World Mathematicians – Korean (Heart ♥)

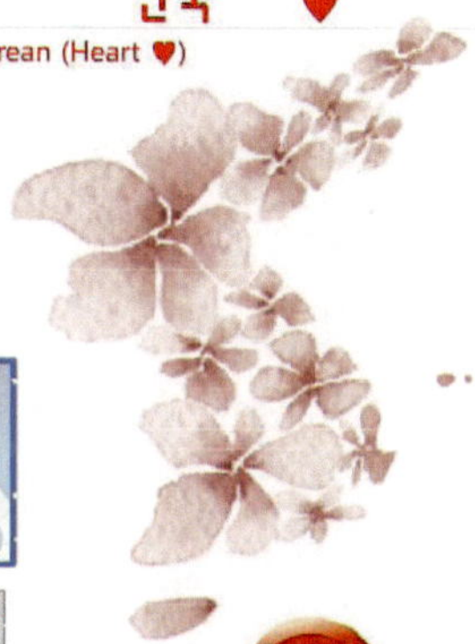

13 Korean Mathematicians (Heart ♥)

| Cards | 이름(Name) |
|---|---|
| ♥ A | 홍정하 (Jungha HONG; 洪正夏) |
| ♥ K | 이상혁 (Sang-Hyeok LEE; 李尙爀) |
| ♥ Q | 이상설 (Sang-Seol LEE; 李相卨) |
| ♥ J | 이임학 (Imhak REE; 李林學) |
| ♥ 10 | 장기원 (KiWon JANG; 張起元) |
| ♥ 9 | 최윤식 (YounSik CHOI; 崔允植) |
| ♥ 8 | 이춘호 (Chunho LEE; 李春昊) |
| ♥ 7 | 최규동 (Kyudong CHOI; 崔奎東) |
| ♥ 6 | 남병길 (ByoungKil NAM; 南秉吉) |
| ♥ 5 | 황윤석 (YounSeok HWANG; 黃胤錫) |
| ♥ 4 | 홍대용 (Dae-Yong HONG; 洪大容) |
| ♥ 3 | 최석정 (SeokJeong CHOI; 崔錫鼎) |
| ♥ 2 | 경선징 (SunJing KYONG; 慶善徵) |

# 제10장

# 수학과 암호

• • •

은행카드나 신용카드에는 각자의 비밀번호가 있으며, 인터넷에서 더 안전한 거래를 하도록 마련된 공인인증서에도 암호가 부여되어 있다. 암호는 합법적인 소유자 이외의 사람에게는 비밀로 유지되어야 하는데, 이러한 기술은 수학의 이론에 기반을 두고 있다. 암호는 이미 기원전에도 전쟁에 활용되었으며 점차 '비밀키 암호' 시스템으로 발전되었다. 그러나 오늘날 사용하는 암호는 '공개키 암호' 시스템이다. 가장 대표적인 공개키 암호 'RSA'는 상당히 큰 정수의 소인수분해가 무척 힘들다는 수학 이론에 기반하고 있다. 이번 장에서는 인터넷과 같은 통신망을 통해 전달되는 개인의 정보를 안전하게 관리하는 암호이론에 대해 알아보고자 한다.

암호학(cryptology)은 어떤 메시지를 암호화하는 과정과 그것을 다시 복호화하는 과정으로 구성되어 있다. '감추어진 글자'라는 뜻의 'crypt'와 '사유, 생각'이라는 뜻의 'logy'라는 그리스어에서 유래되었다.

## 01 고전암호

암호가 학문으로 자리 잡기 전에도 암호는 중요하게 사용되었는데, 잘 알려진 고전암호로서는 스키털리 암호, 카이사르 암호 그리고 아핀 암호 등이 있다.

### 1) 스키털리 (또는 스키테일) 암호(Scytale Cipher)

기원전 400년경에 스파르타에서는 전쟁터에 나가 있는 군대에 비밀메시지를 전하기 위해 다음과 같은 방법을 사용하였다.

- 정부는 전방의 군대와 본국에 스키털리라고 부르는 동일한 굵기의 원통형 막대기를 나누어 갖는다.
- 본국에서 전방에 비밀 메시지를 전달하기 위해 스키털리에 가느다란 양피지 리본을 위아래로 감은 다음 옆으로 메시지를 적는다.
- 리본을 풀어 펼치면 메시지의 내용은 뒤죽박죽되어 있어 아무나 읽을 수 없게 된다. 다만 같은 굵기의 스키털리 막대를 갖고 있는 사람만이 메시지를 읽을 수 있다.

이것을 스키털리 암호라고 부르는데, 스키털리는 '막대기'라는 뜻의 그리스어이다.

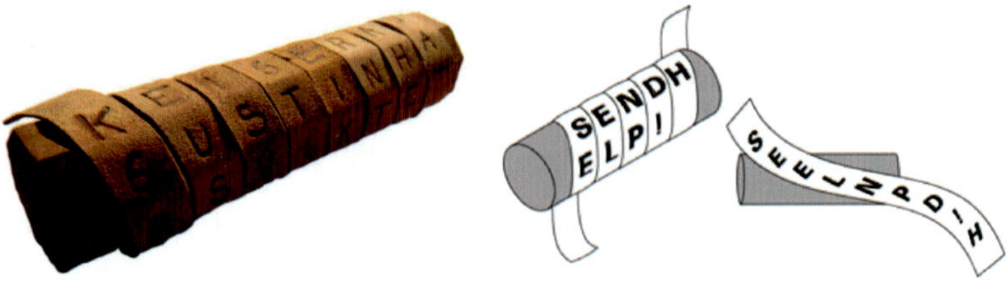


그림1 (출처 https : //en.wikipedia.org/wiki/Scytale)

예를 들어 스파르타의 병사가 아군에게 전달할 암호문을 수송하는 도중 적군에 포위되어 문서 리본을 빼앗겼다고 하자. 적군이 손에 넣은 암호문에서 다음과 같은 문자열이 나왔다.

SYBLCRESEERACHTAYPUO
HIPHRUEMTYILSOOTDOFG

적군은 암호문을 빼앗기는 했지만 이들에게는 스키털리가 없기 때문에 이것이 무슨 내용인지 알 수가 없다. 이렇듯 이러한 암호기법은 그 당시로서는 메시지를 숨길 수 있는 훌륭한 방법이었다.

그러나 오늘날의 수준에서 보면 이런 종류의 암호는 충분히 공격할 수 있다. 스키털리에 리본을 감았을 때 한 바퀴에 쓸 수 있는 문자의 개수를 $c$라고 하자. 이때 $c$를 알아내면 되는데, 만일 $c=6$으로 하여 재배열해 보면 다음과 같은 표가 만들어져 메시지의 내용(security should be the sole aim of cryptography)을 알 수 있다.

| S | E | C | U | R | I | T |
|---|---|---|---|---|---|---|
| Y | S | H | O | U | L | D |
| B | E | T | H | E | S | O |
| L | E | A | I | M | O | F |
| C | R | Y | P | T | O | G |
| R | A | P | H | Y | ! | |

스키털리 암호는 전형적인 '전치암호(transposition)'의 체계이다. 이는 문자의 위치를 일정한 규칙에 따라 치환하는 시스템으로서 그 규칙을 모르면 본래의 메시지를 알아낼 수 없다는 가정 아래 암호문을 만드는 것이다. 예를 들면 메시지

I LOVE ROSE

에서 이 메시지에 사용한 문자들 I, L, O, V, E, R, S의 위치를 뒤바꾸어

L VRSI OEOE

와 같은 암호문을 만드는 방법이다.

### 2) 카이사르 암호(Caesar Cipher)

전치암호와 비슷한 암호기법으로 '치환암호'라는 것도 있다. 치환암호란 메시지에서 사용한 문자의 위치를 바꾸는 것이 아니라 메시지의 각 문자들을 다른 문자로 바꾸는 암호를 말한다. 대표적인 치환암호로는 카이사르 암호 (또는 시저암호)가 있다. 로마의 군인이며 정치가였던 카이사르(J. Caesar, 기원전 100－44)는 암호에 유능했다. 기원후 2세기경에 세토니우스(Suetonius)는 『카이사르의 생애(Life of Julius Caesar)』라는 책에서 "카이사르는 무엇인가를 비밀스럽게 하고자 할 때, 항상 암호를 사용했다. 이는 알파벳의 순서를 바꾸어서 사용한 것인데, 다른 사람들이 알아보지 못했다"라고 기술했다.

그림2
출처 www.secretcodebreaker.com

그림3
출처 www.cryptomuseum.com

그림4
출처 www.amazon.com/Classic

예를 들어서 알파벳 a, b, c, d, …를 D, E, F, G, …의 순서로 치환하는 암호를 생각해보자.

| 평문 | a | b | c | d | e | f | g | h | i | j | k | l | m |
|---|---|---|---|---|---|---|---|---|---|---|---|---|---|
| 암호문 | D | E | F | G | H | I | J | K | L | M | N | O | P |
| 평문 | n | o | p | q | r | s | t | u | v | w | x | y | z |
| 암호문 | Q | R | S | T | U | V | W | X | Y | Z | A | B | C |

이 규칙에 따라 메시지

stay there

를 암호문으로 만든다면

VWDB WKHUH

가 된다. 규칙(암호)을 알고 있다면 암호문을 본래의 메시지로 바꾸는 작업(복호화)을 쉽게 할 수 있다. 실제로 표에서 아랫줄의 문자를 윗줄로 대응시키면 되는데 오늘날 관점에서는 낮은 수준의 암호 방식이다.

### 3) 아핀 암호 (affin cipher)

아핀암호는 더하기와 곱하기 연산을 활용하는 암호기법으로서 법(mod)의 개념을 사용한다. 알파벳 a, b, …, z를 숫자로 바꾼 후 오른쪽으로 $k$칸 이동한다는 것을

$$x+k\,(\mathrm{mod}\ 26)$$

의 수식으로 표현한다.

#### (1) 더하기 암호

- 우선 메시지의 문자를 숫자로 바꾸고 각 숫자에, 예를 들어 3을 더한다.
- 26으로 나눈 나머지를 구한다. 다시 말해서 mod26으로 계산한다.

| 평문 | a | b | c | d | e | f | g | h | i | j | k | l | m |
|---|---|---|---|---|---|---|---|---|---|---|---|---|---|
| 숫자 | 00 | 01 | 02 | 03 | 04 | 05 | 06 | 07 | 08 | 09 | 10 | 11 | 12 |
| 평문 | n | o | p | q | r | s | t | u | v | w | x | y | z |
| 숫자 | 13 | 14 | 15 | 16 | 17 | 18 | 19 | 20 | 21 | 22 | 23 | 24 | 25 |

예를 들어 문자 x를 오른쪽으로 3칸 옮기기 위해 더하기 암호를 수식화해 보자.

- x는 23으로 바꾸고, $23+3=26$을 계산한다.
- 26을 26으로 나눈 나머지는 0이다.
- $0=00$은 암호 문자 A에 해당한다.
- 그러므로 원래 메시지에서 x를 암호화했을 때 x는 A로 변형된다.

(2) 곱하기 암호

- 우선 메시지의 문자를 숫자로 바꾸고, 각 숫자 $x$에 어떤 수 $t$를 곱한다.
- 26으로 나눈 나머지를 구한다. 다시 말해서 $tx(\mathrm{mod}26)$를 계산한다.
- 그 값에 대응하는 문자가 암호 문자가 된다.

예를 들어 문자에 3을 곱하는 암호 방법으로 메시지 k를 암호화해 보자.

- 메시지 k는 10에 해당한다. 3을 곱하여 mod26으로 계산한다.
- $3 \cdot 10(\mathrm{mod}26)=30=26+4\equiv 4$이고, $4=04$는 문자 E에 대응한다.
- 따라서 메시지 k는 E로 암호화된다.

그러므로 메시지의 문자에 대응하는 숫자를 $x$라고 하면 $3x \mod 26$을 계산한다.

따라서 다음과 같은 암호표가 생성된다.

| | 00 | 03 | 06 | 09 | 12 | 15 | 18 | 21 | 24 | 01 | 04 | 07 | 10 |
|---|---|---|---|---|---|---|---|---|---|---|---|---|---|
| 암호 | A | D | G | J | M | P | S | V | Y | B | E | H | K |
| | 13 | 16 | 19 | 22 | 25 | 02 | 05 | 08 | 11 | 14 | 17 | 20 | 23 |
| 암호 | N | Q | T | W | Z | C | F | I | L | O | R | U | X |

이 표를 이용하여 메시지

welcome

을 암호화하면

OMHGQKM

이 된다. 곱하기 암호에서는 곱하는 수를 신중하게 선택할 필요가 있다. 예를 들어 곱하는 수가 2라고 하면 메시지와 연산, 그리고 암호표는 다음과 같다.

메시지 :

| a | b | c | d | e | f | g | h | i | j | k | l | m |
|---|---|---|---|---|---|---|---|---|---|---|---|---|
| 00 | 01 | 02 | 03 | 04 | 05 | 06 | 07 | 08 | 09 | 10 | 11 | 12 |
| n | o | p | q | r | s | t | u | v | w | x | y | z |
| 13 | 14 | 15 | 16 | 17 | 18 | 19 | 20 | 21 | 22 | 23 | 24 | 25 |

연산 : $2x$ (mod26)

암호표 :

| 00 | 02 | 04 | 06 | 08 | 10 | 12 | 14 | 16 | 18 | 20 | 22 | 24 |
|---|---|---|---|---|---|---|---|---|---|---|---|---|
| A | C | E | G | I | K | M | O | Q | S | U | W | Y |
| 00 | 02 | 04 | 06 | 08 | 10 | 12 | 14 | 16 | 18 | 20 | 22 | 24 |
| A | C | E | G | I | K | M | O | Q | S | U | W | Y |

이 경우 암호문에는 B, D, F, … 등의 문자는 나타나지 않는 대신, A, C, E, … 등이 두 번씩 반복해서 대응된다. 이러한 대응은 암호로 사용하기 곤란한데, 이것은 곱셈자로 사용된 2가 mod26에서 역원을 갖지 않기 때문이다. 따라서 암호에 사용할 수 있는 곱셈자는 mod26에서 곱셈에 대한 역원을 갖는 수, 다시 말해서 26과 서로소인 수

1, 3, 5, 7, 9, 11, 15, 17, 19, 21, 23, 25

가 가능하다.

## 02 간단한 암호의 수학적 표현

한글이나 알파벳으로 작성된 메시지에서 각 문자들의 순서를 뒤섞어 암호문을 만들 수 있다. 예를 들어 "love"를 "nqxg"로 바꾸는 것과 같은 경우이다.

암호문에 사용하는 문자들이 반드시 숫자일 필요는 없다. 대응규칙만 분명하다면 숫자, 기호, 문자 등 어느 것을 사용해도 된다. 그러나 메시지의 문자들을 숫자로 바꾸어 수학이론을 사용한다면 더욱 효과적인 암호문을 구성할 수 있다. 영어의 경우 A, B, C, …, Z를 순서대로 00, 01, 02, …, 25로 대응시킬 수 있으며, 또한 0과 1을 사용하는 이진수(binary digit, bit)를 써서 메시지를 표현할 수도 있다. 이처럼 일단 숫자로 바꾸고 나면 수학적 처리가 가능해지므로 현대의 암호와 같은 안전한 암호시스템으로 발전해 나갈 수가 있다.

## 03 현대 암호이론의 기본 용어와 구분

암호의 기본 용어는 다음과 같다.

- 평문(plain text) : 보통의 문장으로서, 통상 메시지라고도 부른다.
- 키(key) : 암호문의 변수로서 열쇠라고도 부르며, 암호키와 복호키가 있다.
- 암호화(encryption) : 암호키를 이용하여 메시지를 암호문장으로 변환하는 과정
- 복호화(decryption) : 복호키를 사용하여 암호문을 원래 메시지로 다시 바꾸는 과정

암호시스템은 키의 분배나 관리 방법에 따라서 크게 비밀키 암호시스템과 공개키 암호시스템으로 나누어진다.

### 1) 비밀키(Secret key)암호 시스템

이 시스템은 오래 전부터 사용되어 온 방식으로서 안전한 통신을 하고자 하는 두 사람이 서로 똑같은 비밀키를 갖는다. 메시지의 송신자가 비밀키를 사용하여 암호화한 암호문을 수신자가 받아서 동일한 비밀키로 복호화하는 방식이다.

전송하려는 메시지의 문자를 $A=10$, $B=11$, $\cdots$, $Z=35$ 그리고 빈칸을 99와 같이 숫자로 대응시키자. 그러면 CAB라는 문자가 숫자 121011로 변환된다. 암호화하기 위해 1을 더한 후 121012를 전송한다. 수신자가 암호키 $+1$을 알고 있다면 암호키의 반대 연산인 $-1$이 복호키가 되어 원래의 메시지를 쉽게 복호할 수 있다. 이러한 의미에서 비밀키 암호시스템은 '대칭암호'(symmetric cipher)라고도 부른다. 그러므로 암호문을 도청한 어떤 사람이 만일 암호키를 알고 있다면 메시지를 쉽게 복호할 수 있다. 이와 같은 비밀키 암호시스템에서 암호키를 잘 간직해야 하는 것은 절대적으로 중요한 일이다.

비밀키 암호시스템은 고전 암호를 이용하던 시대 이후부터 1970년대까지 계속 사용되었다. 이러한 암호시스템의 가장 큰 문제점은 메시지의 송신자 A와 수신자 B가 동일한 암호키를 다른 사람들 모르게 공유해야 한다는 점이다. 만일 A와 B가 공간적으로 떨어져 있다면 두 사람은 매우 안전한 방법으로 암호키를 전달해야 한다. A와 B가 메시지를 암호화했더라도 만일 도청자가 통신 경로상에서 암호키를 획득한다면 그 암호키를 사용하여 메시지를 복원할 수 있게 된다. 또한 비밀키 암호시스템에서 다수의 사람들이 동시에 메시지를 교신하고자 할 때는 암호키의 관리가 더욱 어려워진다. 이와 같이 암호키의 생성과 전달 그리고 보관하는 문제, 즉 키 관리 문제는 비밀키 암호시스템에서 중요한 사안이 된다.

### 2) 공개키(Public key) 암호시스템

1976년에 스탠퍼드 대학의 디피(Diffie, W)와 헬만(Hellman, M)은 비밀키 암호시스템이 갖는 키 관리 문제를 해결하기 위해서 공개키 암호시스템을 제안했다. 메시지의 수신자는 두 개의 키를 갖는데 하나는 비밀키이고 나머지 하나는 공개키이다. 송신자가 메시지를 보내기 위해 먼저 공개키 목록에서 메시지 수신자의 공개키를 알아낸다. 그 공개키를 사용하여 메시지를 암호화하여 발송한다. 암호화된 메시지를 받은 수신자는 자신만이 갖고 있는 비밀키를 이용하여 그 메시지를 복호하여 메시지를 얻는다. 이러한 의미에서 공개키는 암호키이며, 비밀키는 복호키가 된다. 또한 암호키와 복호키는 서로 다르기 때문에 공개키 암호시스템은 '비대칭암호(asymmetric cipher)'이다. 수학적인 계산이나 유추에 의해서 하나의 키로부터 나머지 하나의 키를 알아낼 수 없도록 알고리즘이 구성된다.

그러나 애석하게도 디피와 헬만은 자신이 제안한 이러한 암호시스템을 실질적으로 구성하지는 못했다. 실제 구현에 성공한 사람들은 리베스트(Rivest, R.), 샤미르(Shamir, A.) 그리고 에이들먼(Adleman, L.)이며, 오늘날 RSA 암호라고 불리는 시스템을 개발해냈다.

그림5 Shamir, Rivest,Adleman

http : //viterbi.usc.edu/news/news/2011/len-adleman-and.htm

그림6 Rivest, Shamir, Adleman(2003)

http : //www.usc.edu/dept/molecular-science/RSA-2003.htm

## 04 RSA 암호(Rivest, Shamir, Adleman)

메시지를 암호화할 때 사용되는 키는 모든 사람에게 공개되므로 공개키라고 부른다. 그러나 복호화할 때 사용되는 키는 암호문의 수신자만 비밀스럽게 간직해야 하는 비밀키가 된다. 수학적인 계산이나 유추에 의해서 하나의 키로부터 나머지 하나의 키를 알아낼 수 없도록 알고리즘이 구성된다. 이러한 키 쌍을 생성하기 위해 사용되는 알고리즘에는 여러 종류가 있으며 현재까지 다양한 공개키 암호시스템이 제안되고 실용화되었는데, 그 중에서 RSA 공개키 암호시스템이 가장 유명하다.

RSA 암호는 MIT의 세 명의 수학자 리베스트, 샤미르 그리고 에이들먼이 1978년에 개발한 공개키암호 시스템으로서 개발자들 이름의 첫 글자를 따서 명명되었다. 실제로 그 이론적 배경은 매우 단순한데 큰 정수의 소인수분해가 어렵다는 점에 착안하였으며, 법 지수계산(모듈러 계산)과 오일러 정리를 기반으로 하고 있다.

### 1) 암호시스템의 구조

A와 B 두 사람은 비밀리에 중요한 정보를 교환하려고 한다.

#### 1) 키 생성 단계

- A는 B가 자신에게 메시지를 비밀리에 전송할 수 있도록 암호시스템을 구축한다.
- 두 개의 아주 큰 소수 $p$와 $q$를 선택한다.
- 두 소수를 곱하여 $n=pq$를 계산한다.
- 최대공약수 $\gcd(e,(p-1)(q-1))=1$을 만족하는 임의의 자연수 $e \geq 5$를 택한다.

• 법 $(p-1)(q-1)$에 대한 $e$의 역원 $d$, 즉 $ed=1(\mathrm{mod}(p-1)(q-1))$을 계산한다.

• A는 $n$과 $e$를 공개하고(공개키), $p$, $q$, $d$는 비밀(비밀키)로 한다.

여기서 $e$는 encryption(암호화)이며 $d$는 decryption(복호화)를 의미한다.

2) 암호화 단계

B는 A에게 보낼 비밀 메시지를 다음과 같은 방법으로 암호화한다.

• 메시지의 각 글자를 $A=10$, $B=11$, $\cdots$, $Z=35$, 빈칸$=99$로 숫자로 바꾼다.

• 예를 들어 숫자로 바뀐 메시지 $M$을 50자리 크기의 블록으로 만들어 $m_1, \cdots, m_k$ 라고 한다. 만일 50자릿수가 되지 않는 블록이 있으면 98로 채운다.

• 공개키 $e$를 사용하여 $m_1^e, \cdots, m_k^e$ 를 계산한다.

• 법 $n$에 대한 $m_i^e$의 값을 $r_i$라고 한다. 즉, $r_i \equiv m_i^e\ (\mathrm{mod}\,n)$ 이다.

• 암호문 $r_1, \cdots, r_k$ 을 A에게 전송한다.

3) 복호화 단계

A는 B가 보내준 암호문 $r_1,\cdots,r_k$을 받았다.

• A는 자신의 비밀키 $d$를 사용하여 $r_i^d\ (\mathrm{mod}\,n)$을 계산한다. 그러면

$$r_1^d=(m_1^e)^d=m_1^{ed}=m_1^{(p-1)(q-1)t+1}\equiv(m_1^{\phi(pq)})^t m_1=m_1$$

이 된다.

• 여기서 $ed\equiv 1(\mathrm{mod}(p-1)(q-1))$이므로

$$ed=(p-1)(q-1)t+1\ (t\ :\ \text{정수})$$

를 사용했다.

• 또한 $n=pq$이므로 오일러 함수 $\phi(n)=\phi(pq)=(p-1)(q-1)$이다. 그

러므로 오일러 정리에 의해 $(m_1^{\phi(n)}) \equiv 1(\mathrm{mod}n)$이 됨을 사용했다.

• 마찬가지로 모든 $i$에 대해 $r_i^d \equiv m_i(\mathrm{mod}n)$이므로, 원래의 메시지 블록 $m_1, \cdots, m_k$가 모두 복원된다.

### 2) 보기 : 암호문 작성

B가 A에게 비밀 메시지를 보내는 암호문을 작성해 보자.

1) 키 생성 단계

A는 다음과 같이 암호시스템을 구축한다.

• $p=41$, $q=53$을 택하자.
• $n=pq=2173$을 계산한다.
• 최대공약수 $\gcd(e, (p-1)(q-1))=1$인 $e$를 택한다.
여기서 $(p-1)(q-1)=2080$이므로, $\gcd(e, 2080)=1$인 값으로 $e=623$을 택하자.(참고 $623=7\cdot 89$)

법 2080에 관한 $623^{-1}$을 계산하자. 유클리드 알고리즘에 의해

$$2080 = 3\cdot 623 + 211$$
$$623 = 2\cdot 211 + 201$$
$$211 = 1\cdot 201 + 10$$
$$201 = 20\cdot 10 + 1$$

이므로

$$\begin{aligned}1 &= 201 - 201\cdot 10\\ &= 201 - 20(211-201) = 201(21) + 211(-20)\\ &= (623 - 2\cdot 211)(21) + 211(-20) = 623(21) + 211(-62)\\ &= 623(21) + (2080 - 3\cdot 623)(-62) = 623(207) + 2080(-62)\end{aligned}$$

이다. 따라서 $623\cdot 207 \equiv 1(\mathrm{mod}2080)$, 즉 $d=207$로 택한다.

그러므로 A가 만든 암호시스템에서 공개키는 $n=2173$, $e=623$이며 비밀키는 $p=41$, $q=53$, $d=207$이다.

2) 암호화 단계

B는 다음 문자표를 사용하여 메시지 'See you there'를 암호문으로 만들어 A에게 보낸다.

| a | b | c | d | e | f | g | h | i | j | k | l | m | |
|---|---|---|---|---|---|---|---|---|---|---|---|---|---|
| 10 | 11 | 12 | 13 | 14 | 15 | 16 | 17 | 18 | 19 | 20 | 21 | 22 | |
| n | o | p | q | r | s | t | u | v | w | x | y | z | |
| 23 | 24 | 25 | 26 | 27 | 28 | 29 | 30 | 31 | 32 | 33 | 34 | 35 | 99 |

- 문장 'See you there'을 '281414993424309929171427 14'로 바꾼다.
- 위 숫자를 3자릿수의 블록으로 나눈다.

$$m_1=281,\ m_2=414,\ m_3=993,\ m_4=424,\ m_5=309,$$
$$m_6=929,\ m_7=171,\ m_8=427,\ m_9=149$$

- 공개키 $e=623$을 사용하여 $m_i^e$를 계산한다.

$$m_1^e=281^{623},\ \cdots,\ m_9^e=149^{623}$$

- 다시 $r_i \equiv m_i^e \pmod{n}$를 생성한다. 그러면

$$r_1 \equiv m_1^e = 281^{623} (\bmod 2173) \equiv 1282,$$
$$r_2 \equiv m_2^e = 414^{623} (\bmod 2173) = 1786,$$
$$r_3 \equiv m_3^e = 993^{623} (\bmod 2173) = 1836$$

이다. 마찬가지로 계산하면

$$r_4=1643,\ r_5=1160,\ r_6=407,$$
$$r_7=190,\ r_8=1237,\ r_9=2104$$

를 얻는다.

• 통신망을 통해 암호문

1282 1786 1836 1643 1160 0407 0190 1237 2104

를 A에게 송신한다.

3) 복호화 단계

A는 수신한 암호문

1282 1786 1836 1643 1160 0407 0190 1237 2104

를 복호하기 위해 비밀키 $d = 207$을 사용하여 $r_i^d \pmod{n}$,

즉 $1282^{207} \pmod{2173}$, …를 계산한다.

$$1282^{207} \pmod{2173} = 281$$
$$1786^{207} \pmod{2173} = 414, \cdots,$$
$$1237^{207} \pmod{2173} = 427$$
$$2104^{207} \pmod{2173} = 149$$

이러한 계산으로부터 원래 메시지인

281 414 993 424 309 929 171 427 149

를 복원하게 된다. 다시 문자표를 사용하면 이 숫자로부터 원래의 메시지를 알게 된다.

### 3) 공개키 암호시스템과 비밀키 암호시스템의 장점과 단점

공개키 암호시스템과 비밀키 암호시스템은 각각 장단점을 고루 가지고 있다. 그러므로 필요에 따라 적합한 암호시스템을 선택하여 사용하게 된다.

비밀키 암호시스템의 장점은 하나의 비밀키를 이용하여 주어진 메시지를 단순한 비트 연산의 반복을 통하여 암호화하기 때문에 비교적 암호화와 복호화 속도가 빠르다는 것이다. 따라서 크기가 큰 데이터의 암호화에 적합하다. 그러나 보안 유지가 쉽지 않으며, 특히 여러 사람이 암호를 주고받을 때는 더욱 취약하다는 것이 단점이다.

공개키 암호시스템의 장점은 사용되는 수학적 계산의 복잡도가 비밀키 암호시스템에 비해 매우 높기 때문에 안전성이나 응용성에 있어서 매우 효과적이라는 것이다. 디지털 서명 또는 인증시스템을 구현하는데 공개키 암호화 시스템이 매우 적합하지만, 복잡한 수학적 연산으로 암호화의 속도가 느리다는 것이 단점이다.

## 05 재미있는 암호

RSA 암호처럼 안전성이 보장되지는 않지만, 쉬운 행렬이론을 사용해 간단한 암호를 만들 수는 있다. 행렬 $A$와 $B$가 서로 역행렬일 때 $A$를 이용하여 암호문을 만든다면, 그것의 역행렬 $B$를 이용하여 복호하는 행렬 암호를 만들 수 있다. 이것은 행렬의 합과 곱 그리고 역행렬을 구하는 지식 정도만으로도 충분히 가능하다.

두 행렬 $A$와 $B$를 각각

$$A=\begin{bmatrix}3 & 1\\ 2 & 1\end{bmatrix},\quad B=\begin{bmatrix}1 & -1\\ -2 & 3\end{bmatrix}$$

라고 하자. 그러면 $A$와 $B$는 역행렬 $(B=A^{-1})$ 관계임을 쉽게 알 수 있다. 다음 표와 같이 알파벳을 숫자화해 보자.

| A | B | C | D | E | F | G | H | I | J | K | L | M | N |
|---|---|---|---|---|---|---|---|---|---|---|---|---|---|
| 1 | 2 | 3 | 4 | 5 | 6 | 7 | 8 | 9 | 10 | 11 | 12 | 13 | 14 |
| O | P | Q | R | S | T | U | V | W | X | Y | Z | 빈칸 | |
| 15 | 16 | 17 | 18 | 19 | 20 | 21 | 22 | 23 | 24 | 25 | 26 | 27 | |

### 1) 암호화하기

행렬 $A=\begin{bmatrix}3&1\\2&1\end{bmatrix}$를 이용하여 메시지 'DREAM COMES TRUE'를 암호화하자.

[풀이] 메시지를 위의 표에 맞추어 숫자화하면

| D | R | E | A | M |  | C | O | M | E | S |  | T | R | U | E |
|---|---|---|---|---|---|---|---|---|---|---|---|---|---|---|---|
| 4 | 18 | 5 | 1 | 13 | 27 | 3 | 15 | 13 | 5 | 19 | 27 | 20 | 18 | 21 | 5 |

이며, 이는 다음과 같은 행렬로 나타낼 수 있다.

$$M=\begin{bmatrix}4&18&5&1&13&27&3&15\\13&5&19&27&20&18&21&5\end{bmatrix}$$

여기서 $A$가 $2\times2$ 행렬이므로 행렬 $M$도 2개의 행을 갖도록 구성하였다. 만일 전체 숫자가 2의 배수가 아니면 빈칸에 해당하는 숫자 27을 필요한 만큼 채워 넣으면 된다.

이제 암호화하기 위하여 $M$의 왼쪽에 $A$를 곱하여 $C$를 만들면

$$C=AM=\begin{bmatrix}3&1\\2&1\end{bmatrix}\begin{bmatrix}4&18&5&1&13&27&3&15\\13&5&19&27&20&18&21&5\end{bmatrix}$$
$$=\begin{bmatrix}25&59&34&30&59&99&30&50\\21&41&29&29&46&72&27&35\end{bmatrix}$$

이며 $C$로부터 숫자화 된 암호문

25, 59, 34, 30, 59, 99, 30, 50, 21, 41, 29, 29, 46, 72, 27, 35

이 나온다.

### 2) 복호화하기

행렬 $A = \begin{bmatrix} 3 & 1 \\ 2 & 1 \end{bmatrix}$를 이용하여 다음의 암호문을 복원하여라.

25, 59, 34, 30, 59, 99, 30, 50, 21, 41, 29, 29, 46, 72, 27, 35

[풀이] 암호화키 $A$로부터 복호화키 $B = A^{-1} = \begin{bmatrix} 1 & -1 \\ -2 & 3 \end{bmatrix}$를 만들면

$$BC = B(AM) = A^{-1}(AM) = M$$

이다. 실제로 암호문을 두 행으로 이루어진 행렬로 만들어 $B$를 곱하면

$$\begin{aligned} BC &= \begin{bmatrix} 1 & -1 \\ -2 & 3 \end{bmatrix} \begin{bmatrix} 25 & 59 & 34 & 30 & 59 & 99 & 30 & 50 \\ 21 & 41 & 29 & 29 & 46 & 72 & 27 & 35 \end{bmatrix} \\ &= \begin{bmatrix} 4 & 18 & 5 & 1 & 13 & 27 & 3 & 15 \\ 13 & 5 & 19 & 27 & 20 & 18 & 21 & 5 \end{bmatrix} = M \end{aligned}$$

이 된다. 따라서

| 4 | 18 | 5 | 1 | 13 | 27 | 3 | 15 | 13 | 5 | 19 | 27 | 20 | 18 | 21 | 5 |
|---|---|---|---|---|---|---|---|---|---|---|---|---|---|---|---|
| D | R | E | A | M | | C | O | M | E | S | | T | R | U | E |

로 원래의 메시지를 복원하였다.

이 암호에서는 비밀키 $A$를 사용하였는데 $A$의 역행렬은 쉽게 계산할 수 있다. 따라서 $A$를 습득한 모든 사람은 암호를 복호할 수 있기 때문에 비밀키를 안전하게 보관해야 한다.

## 요약

1. 암호는 수학의 이론으로 자리 잡기 훨씬 이전부터 전쟁 상황에서 사용되어 왔다. 그리하여 암호문의 문자를 숫자로 변형하고 몇몇 수학적 이론을 적용하여 안전성이 최대로 보장되는 현대적인 암호시스템을 만들 수 있게 되었다.
2. 암호는 서로 통신을 주고받는 사람들 사이에 암호를 만드는 키(암호화키)와 그 암호를 풀어내는 키(복호화키)가 비밀로 보관되어야 한다. 그러한 암호시스템을 비밀키 암호라고 부른다.
3. 1970년대 후반에 디피와 헬만은 암호화키는 공개하고 복호화키만 보관하는 아이디어를 제안했는데, 이것을 공개키 암호시스템이라고 부른다.
4. 공개키 암호시스템으로 잘 알려진 RSA 암호는 리베스트, 샤미르, 에이들먼의 공동 연구로 개발되었다. 이는 정수의 소인수분해가 어렵다는 사실을 기초로 약간의 수학적 지식을 사용하여 구성된 암호이다. 오늘날에도 널리 사용되는 안전한 암호시스템이지만 구성이 다소 어렵다는 것이 단점이다.
5. RSA 암호만큼 안전성이 보장되지는 않지만, 수학의 간단한 이론을 사용하여 암호를 구성할 수도 있다. 여기에는 행렬이 많이 사용되는데, 주로 역행렬 계산에 의존한다.

## 생각해 볼 문제

영문 메시지만을 암호화할 수 있는 것은 아니다. 우리의 한글로 쓴 메시지를 암호문으로 바꾸고 이를 다시 복호하여 원래 메시지로 복원하는 것도 충분히 가능하다. 다음의 문제를 생각해보자.

두 행렬 $A$와 $B$를

$$A=\begin{bmatrix}3 & 1 & 2\\ 2 & 1 & -1\\ 3 & 1 & 3\end{bmatrix},\quad B=\begin{bmatrix}4 & -1 & -3\\ -9 & 3 & 7\\ -1 & 0 & 1\end{bmatrix}$$

라고 하자. 행렬 $A$를 이용하여 '내일 그곳에서 만나자'라는 메시지를 암호화하자. 그 후 다시 $B$를 이용하여 복호한 후 원래의 메시지로 복원해 보자.

$B=A^{-1}$는 쉽게 확인할 수 있다. 한글의 자모를 다음 표와 같이 숫자화해 보자.

| ㄱ | ㄴ | ㄷ | ㄹ | ㅁ | ㅂ | ㅅ | ㅇ | ㅈ | ㅊ |
|---|---|---|---|---|---|---|---|---|---|
| 1 | 2 | 3 | 4 | 5 | 6 | 7 | 8 | 9 | 10 |
| ㅋ | ㅌ | ㅍ | ㅎ | ㅏ | ㅑ | ㅓ | ㅕ | ㅗ | ㅛ |
| 11 | 12 | 13 | 14 | 15 | 16 | 17 | 18 | 19 | 20 |
| ㅜ | ㅠ | ㅡ | ㅣ | ㅐ | ㅒ | ㅔ | ㅖ | 빈칸 | ? |
| 21 | 22 | 23 | 24 | 25 | 26 | 27 | 28 | 29 | 30 |

다음 메시지를 숫자화하면

| ㄴ | ㅐ | ㅇ | ㅣ | ㄹ | | ㄱ | ㅡ | ㄱ | ㅗ | ㅅ | ㅇ | ㅔ | ㅅ | ㅓ | | ㅁ | ㅏ | ㄴ | ㄴ | ㅏ | ㅈ | ㅏ |
|---|---|---|---|---|---|---|---|---|---|---|---|---|---|---|---|---|---|---|---|---|---|---|
| 2 | 25 | 8 | 24 | 4 | 29 | 1 | 23 | 1 | 19 | 7 | 8 | 27 | 7 | 17 | 29 | 5 | 15 | 2 | 2 | 15 | 9 | 15 |

이다.

$A$가 $3\times 3$ 행렬이므로 메시지의 숫자들을 3개의 행을 갖는 행렬 $M$으로 만든다. 숫자의 개수가 3의 배수가 아니면 마지막에 빈칸에 해당하는 29를 계속 첨가한다.

$$M=\begin{bmatrix} 2 & 25 & 8 & 24 & 4 & 29 & 1 & 23 \\ 1 & 19 & 7 & 8 & 27 & 7 & 17 & 29 \\ 5 & 15 & 2 & 2 & 15 & 9 & 15 & 29 \end{bmatrix}$$

비밀키 $A$를 $M$에 곱하면

$$C=AM=\begin{bmatrix} 3 & 1 & 2 \\ 2 & 1 & -1 \\ 3 & 1 & 3 \end{bmatrix}\begin{bmatrix} 2 & 25 & 8 & 24 & 4 & 29 & 1 & 23 \\ 1 & 19 & 7 & 8 & 27 & 7 & 17 & 29 \\ 5 & 15 & 2 & 2 & 15 & 9 & 15 & 29 \end{bmatrix}$$

$$=\begin{bmatrix} 17 & 124 & 35 & 84 & 69 & 112 & 50 & 156 \\ 0 & 54 & 21 & 54 & 20 & 56 & 4 & 46 \\ 22 & 139 & 37 & 86 & 84 & 121 & 65 & 185 \end{bmatrix}$$

이다. 그러므로 숫자화 된 암호문은 다음과 같다.

17, 124, 35, 84, 69, 112, 50, 156, 0, 54, 21, 54,
20, 56, 4, 46, 22, 139, 37, 86, 84, 121, 65, 185

복호하기 위해 암호화키의 반대 역할을 하는 역행렬 $B=A^{-1}$을 이용한다.

## 참고문헌


1. 김홍종, 문명, 수학의 필하모니, 효형출판, 2009
2. 최병문, 암호의 세계, 교우사 2012
3. 자넷 베시너, 베라 플리스 공저, 역자 오혜정, 암호 수학, G brain, 2011

# 제11장

# 수학과 스포츠

• • •

수학의 사용은 자연 과학이나 공학 등의 학문에만 제한되지 않는다. 방정식의 의미 알기, 수학적 모델링, 컴퓨터 그래픽스, 정다면체 등의 수학이 여러 스포츠의 분야에서 경기의 기록을 올리거나 최적의 도구를 만들고 경기 규칙을 만드는 것 등에 쓰이는 것을 공부하고자 한다.

# 01 스포츠와 수학

그림1

고대 그리스 시대의 올림픽은 도시국가 간의 친목과 젊은이들의 신체적 능력이 얼마나 발전했는가를 보여주려는 목적으로 시행되었다. 그러나 우리 문화에는 몸을 사용하는 것이 머리를 사용하는 것보다 열등하다는 생각이 오래 전부터 있었다. 이는 조선 말기에 외국인들이 테니스 게임을 하는 것을 본 한국 관리가 그렇게 힘든 것은 아랫사람을 시키라고 했다는 이야기까지 있다는 것을 봐도 알 수 있다. 하지만 이제는 다중 지능 이론으로 몸의 움직임도 지능의 한가지로 인정하고 있고,[26] 또 스포츠 선수들의 국제적인 활약 덕분에 스포츠를 낮추어 보지 않는다.

---

26) 다중 지능 이론이란 하워드 가드너가 자신의 책 "정신의 구조 : 다중 지능"에서 주장한 이론으로 지능을 언어, 논리—수학, 공간, 신체, 음악, 개인 간, 개인 내, 자연주의, 실존 지능의 9개 지능으로 나눈 것을 말한다.

뿐만 아니라, 많은 세계적인 스포츠 영웅들이 존경을 받으며 스포츠가 우리 생활에 밀접해 지는 데 많은 공헌을 하고 있다.

스포츠는 주로 경쟁을 하기 때문에 이기기 위해서는 최선의 결과를 얻어야 한다. 그러기 위해 우선 선수들에게 재능이 있어야 하고, 끊임없는 훈련을 통하여 체력과 기술을 길러야 한다. 김연아 선수처럼 올림픽에서 금메달을 딴 여러 선수들이나 박지성 선수, 전설의 축구황제 펠레, 그 외에 세계를 제패하는 여러 선수들의 경우 재능을 갖춘 데다 좋은 코칭 팀들의 지도로 기술을 익히고 어려움을 극복하면서 초인적인 훈련 스케줄을 감당한다는 것을 우리는 매스컴 등을 통해 알고 있다. 좋은 장비도 최선의 결과를 만드는 데 큰 영향을 주기 때문에 어떤 스케이트나 축구화를 신는가 하는 것도 중요하다. 그러나 세계적인 선수는 일반적으로 누구나 이런 재능, 훈련, 장비 등의 중요한 요소를 다 갖추기 때문에 스포츠에서 직업적으로 크게 성공하기 위해서는 이런 것 이외에 또 다른 요소가 필요하다. 그래서 도입된 요소가 바로 과학인데 이 장에서는 특히 그 중에서도 수학을 통하여 운동 수행 능력을 증대시키고, 승패의 결정적 요인을 발견하며 개선하는 역할에 대해서 알아보려 한다. 또 이로 인해 개인적인 성취뿐 아니라, 한 스포츠 분야가 발전하는 데도 수학의 영향이 크다는 것도 알게 될 것이다.

## 02 골프

대한민국의 여자 선수들이 전 세계의 주요 게임을 휩쓰는 골프에서는 수학이 어떤 영향을 끼쳤는지 알아보자. 골프 게임의 초기에는 골프공을 나무로 만들었다. 그 후에는 가죽 주머니 안에 부드럽게 만든 새의 깃털을

그림2 Bramble 열매

그림3 Bramble 공

넣어서 만들었고(Featherie라고 불림), 또 19세기 중반에는 말레이시아의 사포딜라 나무(Sapodilla Tree) 수액으로도 만들었다.(Guttie라고 불림) 19세기 후반 골퍼들은 오래 사용하여 흠집이 난 골프공이 매끈한 새 공보다 더 멀고 더 정확하게 예측한대로 날아간다는 것을 우연히 발견하고 이런 효과를 내는 공을 만들기 위하여 공에 일부러 흠집을 내기도 했다. 그리하여 1899년에는 처음부터 매끈하지 않게 만든 브램블(Bramble) 공을 만들게 된다. 이 이름은 산딸기 같이 울퉁불퉁한 열매 종류인 bramble 열매 이름에서 착안한 것이다. 나중에는 볼록한 것보다 오목한 부분이 많은 공이 멀리 난다는 것을 발견하게 되는데 이 오목한 것 하나하나를 딤플(dimple, 보조개)이라고 한다. 오늘날 대부분의 골프공에는 250～450개의 딤플들이 있다.

골프공을 치는 순간은 1/1000초보다 짧지만 그 짧은 순간이 공의 속도, 날아가는 각, 회전 비율에 영향을 주고, 나아가서는 공의 궤도와 땅을 친 후의 행동 등을 결정한다. 공중을 나는 공은 아래로 끌어내리는 힘인 항력(drag)과 위로 끌어올리는 힘인 양력(lift)의 영향을 받는데, 항력과 양력의 두 가지 힘의 상호 작용으로 인해 흠집이 있는 공이 없는 공보다 멀리 나는 것이다. 골프공뿐만 아니라 투수의 손을 떠난 야구공이 날아가는 것, 또 우리가 타고 다니는 그 무거운 비행기가 공중에서 날아가는 것의 신비에 수학적 원리를 적용하여 개선할 수 있는 기초가 마련된 것은 벌써 250년이나 된 이야기이다. 250년 전에 만들어진 한 공식이 이 모든

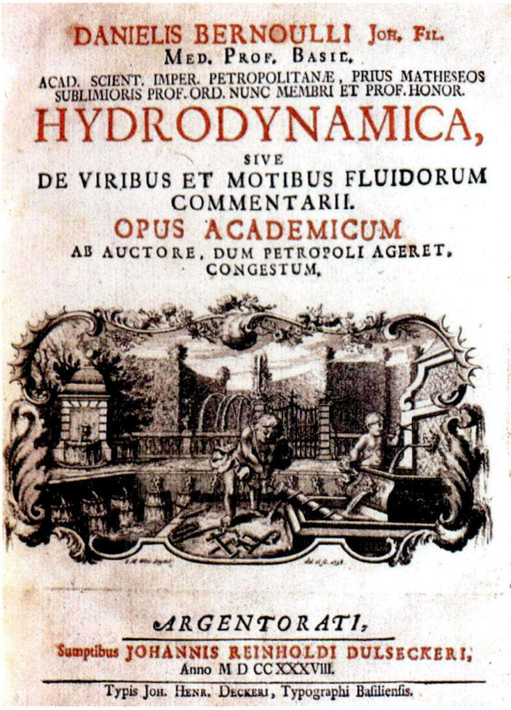

DANIELIS BERNOULLI JOH. FIL.
MED. PROF. BASIL.
ACAD. SCIENT. IMPER. PETROPOLITANÆ, PRIUS MATHESEOS SUBLIMIORIS PROF. ORD. NUNC MEMBRI ET PROF. HONOR.
HYDRODYNAMICA,
SIVE
DE VIRIBUS ET MOTIBUS FLUIDORUM COMMENTARII.
OPUS ACADEMICUM
AB AUCTORE, DUM PETROPOLI AGERET, CONGESTUM.

ARGENTORATI,
Sumptibus JOHANNIS REINHOLDI DULSECKERI,
Anno M D CCXXXVIII.
Typis Joh. Henr. Deckeri, Typographi Basiliensis.

그림4 유체역학(1738) 책 표지

것을 가능하게 한 것이다. 이제 그 막강한 공식을 살펴보자. 스위스의 베르누이(Bernoulli) 가문은 유명한 수학자와 과학자가 많은 가문이다. 그 중에서 다니엘 베르누이(Daniel Bernoulli, 1700~1782)는 1738년 『유체역학(Hydrodynamics)』이란 책에서 유체(흐르는 것, 액체나 기체 같은 것을 말함)의 연속 운동에 대한 '베르누이의 방정식'을 유도해낸다. 그것이 항공기의 비행과 골프공이 나는 것에 대한 이론의 토대를 이루는 방정식이다. 이제 식을 하나 볼 것인데, 여러분이 지금 이 식을 외울 필요는 없다. 단지 그 식이 어떤 의미인지를 알게 되는데 어떤 공식이 주어졌을 때에 그 의미를 안다는 것은 매우 중요하고 막강한 능력이다. 여기서는 베르누이 방정식의 의미를 알고 그것이 어떻게 응용이 되었으며 우리가 지금 공부하고 있는 스포츠에 어떤 영향을 주었는지를 알게 될 것이다.

베르누이 방정식은

$$P+\frac{1}{2}\rho v^2=\text{일정한 값}$$

이다. 여기서 $P$는 유체의 압력, $\rho$는 유체의 밀도, $v$는 유체가 흐르는 속도이다. 유체의 밀도 $\rho$는 그 유체 안에서의 위치에 관계없이 거의 일정하다. 따라서 두 개의 항 $P$와 $\frac{1}{2}\rho v^2$의 합이 일정하므로 하나가 커지면 다른 하나는 작아지게 된다. 즉, $P$가 커지면 $\frac{1}{2}\rho v^2$으로 속도가 작아지고, $P$가 작아지면 $\frac{1}{2}\rho v^2$으로 속도가 커진다. 이는 공기가 빨리 흐르는 곳($v$값이 큰 곳)의 압력($P$)이 적어지고 공기가 천천히 흐르는 곳($v$값이 작은 곳)의 압력이 커진다는 뜻이다. 이제 이 원리에 따라 유체 안에서 물체가 나는 것에 대해 생각해 볼 수 있다.

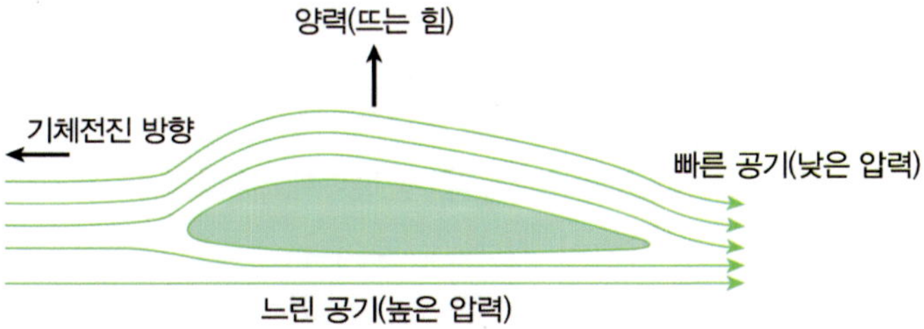


그림5

한편 비행기의 날개는 아래쪽은 평평하고 위쪽은 볼록하기 때문에 날개의 앞쪽에서 마주 오던 바람은 날개를 지나가면서 위쪽의 둥그런 부분에서 빠른 속도를 내고 아래쪽의 평평한 부분에서는 상대적으로 느린 속도를 내어 날개가 끝나는 부분에서 다시 만나게 된다. 같은 시간에 더 짧은 거리를 가므로 아래쪽 공기의 속도가 더 느리고, 날개 위쪽의 공기 속도는 더 긴 거리를 가기 때문에 날개의 공기 속도가 빠르다. 이는 베르누이의 방정식에 따라 날개 위쪽의 공기가 아래쪽의 공기보다 압력이 적어서 위로 나는 힘인 양력이 생기는 것이다. 이 방정식을 통해 유체의 연속 운동을 연구하였고, 150년 후에는 동력 비행기를, 200년 후

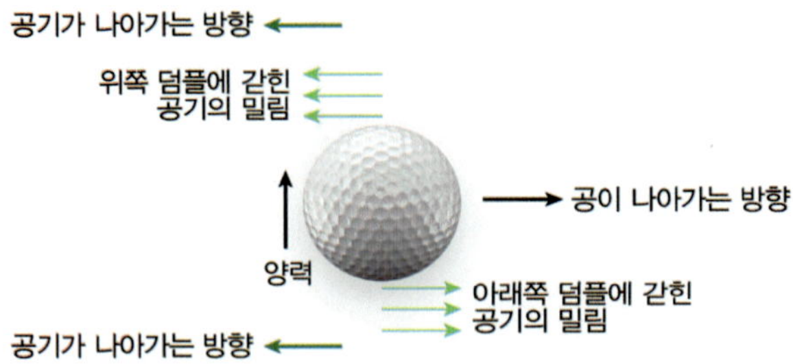


그림6 골프공이 날아가는 모습. 반시계 방향의 스핀이 들어 감

에는 오늘날 비행기의 과학적 날개 설계에 대한 연구를 진행하게 되었다.

한편, 앞에서 말한 골프공의 딤플은 공이 역스핀을 먹고 날아갈 때 공 아래쪽의 딤플에 갇힌 공기는 공의 진행 방향으로 밀리고 공 위쪽의 딤플에 갇힌 공기는 공의 진행 반대 방향으로 밀리게 한다. 공의 주변에 흐르는 공기의 흐름은 공의 진행 방향과 반대이다. 또한, 공 위쪽의 공기의 속도에는 딤플에 갇힌 공기가 밀리는 속도가 더해지고, 아래쪽은 공기의 속도에서 공기가 밀리는 속도를 빼야 하므로 위쪽의 속도가 아래쪽보다 커진다. 이는 베르누이의 방정식에 따라 위쪽의 압력이 아래쪽의 압력보다 커져 양력이 생기는 것이다. 실제 딤플이 없는 공의 나는 거리는 딤플이 있는 일반 공의 나는 거리의 1/4에 지나지 않는다고 한다.

## 03 피겨 스케이팅

피겨 스케이팅의 여섯 가지 점프 동작에는 토룹(toe loop), 룹(loop), 살코(Salchow), 러츠(Luts), 플립(flip) 5종과 악셀(Axel)이 있다. 악셀은 앞으로 뛰는 점프인데, 1882년 최초로 이 점프를 한 노르웨이 스케이트

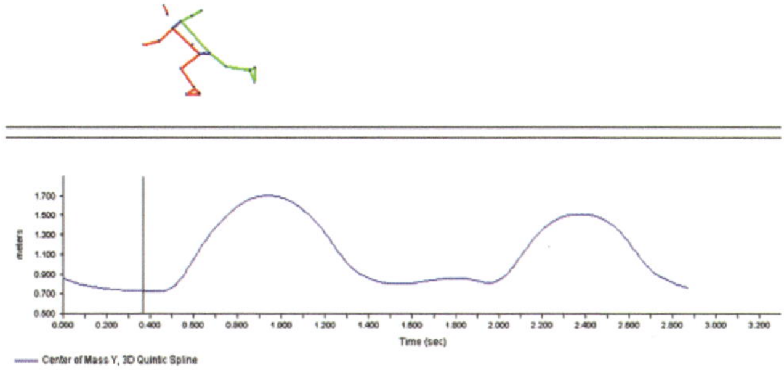


그림7 트리플 악셀 동작을 그래프와 영상으로 만든 것

선수 악셀 폴슨(Axel Paulsen)의 이름을 따서 만들어진 것이다. 악셀을 제외한 다른 점프 다섯 가지를 '5종 점프'라고 표현한다. 한편, 스코트 해밀톤(Scott Hamilton)은 미국의 피겨 스케이팅 선수로 1984년 올림픽 금메달을 땄다. 그는 트리플 악셀을 하지 않고 피겨 스케이팅 올림픽 금메달을 딴 마지막 남자 선수라고 하는데, 이 말은 그 이후에 올림픽 금메달을 딴 모든 남자 선수는 트리플 악셀을 하였다는 말이다. 트리플 악셀은 앞으로 뛰어오른 상태로 공중에서 몸을 세 번 회전하는 고난도 동작이다. 이제는 그 동작을 할 줄 모르면 남자 싱글 국제 대회에서는 입상할 엄두도 낼 수 없다. 처음 동구권 선수들이 1980년 초에 선보이기 시작했을 때, 미국 올림픽 피겨 스케이팅 코치인 캐시 케이시(Kathy Casey)는 이 기술을 미국 선수들에게 가르치기 위하여 온몸의 근육과 뼈 등을 연구하며 훈련을 시켰다.

그는 과연 얼마나 빨리 회전을 해야 하는지, 어느 정도로 높이 뛰어야 하는지, 그 두 가지를 잘 조화시키는 핵심이 무엇인지 알 수가 없었다. 그러던 그녀는 생체역학(biomechanics)이라는 새로운 과학에 접하게 되면서 과학자들에게 트리플 악셀을 분석해 달라고 요청하였다. 이에 펜실바니아 주립대학교 생체역학팀이 동작의 분석을 시작한다. 현재 이타카대학(Ithaca College)의 교수인 데보라 킹(Deborah King)도 그 프로젝트에 참여하였는데, 그녀는 수학과 생물학을 공부했고 운동을 좋아하는 사람이었다. 그 프로젝트의 과정은 다음과 같다. 우선 세 대의 카메라로 선수들의 동작을 촬영하여 데이터를 수집한다. 그러기 위해 각 선수들의 몸 주요 마디에 동작의 움직임을 기록하는 모션 캡쳐 마커를 붙여서 움직임을 촬영하고 각 마디의 $x$, $y$, $z$ 좌푯값을 시간(6분의 1초)에 따라 저장한다.[27] 이 데이터를 이용해 컴퓨터 시뮬레이션을 만드는 것이다. 컴퓨터 시뮬레이션은 컴퓨터를 이용한 모의실험을 말한다. 시간에 따라 관절의 위치가 바뀌는 것을 이용해 관절의 이동 속도를 알고, 이것으로 트리플 악셀을 하는 컴퓨터 모형을 만들어서 최선의 방법을 알아내는 것이다. 이 시뮬레이션을 통해 트리플 악셀에서 중요한 것은 높이뛰기가 아니라 빠른 회전이라는 것을 알게 되었다. 회전을 빨리하기 위해서는 몸을 최대한으로 서로 모아 붙여서 회전을 해야 한다. 이렇게 수학을 이용하여 훈련의 초점을 어디에 맞춰야 하는지 알게 된 코치는 빠른 회전을 할 수 있도록 선수들을 훈련시킬 수 있다. 이렇게 수학을 이용하여 트리플 악셀의 핵심을 파악하게 됨으로써, 이제 트리플 악셀은 남자 국제 대회에서 꼭 필요한 동작이 되었고 남자 싱글 피겨 스케이팅의 세계 중하위권 선수들도 모두 할 수 있는 동작이 되었다. 이처럼 피겨 스케이팅에서 남자 싱글 분야는 수학의 기여로 발전했다고 해도 과언이 아니다.

그러나 남자 싱글과는 다르게 여자 싱글에서는 트리플 악셀을 하는 선수가 몇 명 되지 않는다. 자신의 경쟁자인 선수에게 해를 끼치고 오래 전 은퇴한 미국의 선수 토냐 하딩과 일본 선수 몇 명이 바로 그들이다. 하지만 이들 중 현역으로 활동하고 있는 일본의 한 선수는 잦은 실수와 잘못된 엣지 사용 그리고 회전수 부족 등 트리플 악셀 동작이 정확하지 않다는 지속적인 지적에도 자기 나라의 영향력 등으로 대단한 것처럼 거론되며 국제 대회에서 높은 점수를 받고 있다. 우리나라의 위상이 여러 분야에서 높아졌다고는 하지만 이런 부분에서는 아직 약하다는 것을 알 수 있다.

---

27) http : //whyfiles.org/019olympic/images/skaterHeight.avi 에 가면 동영상을 볼 수 있다.

그림8 김연아

또 전체 종합적인 예술, 기술 등의 실력은 어떤지가 더 중요하다. 김연아 선수는 트리플 악셀을 제외한 토룹(toe loop), 룹(loop), 살코(Salchow), 러츠(luts), 플립(flip) 5종 점프를 거의 완벽하게 할 수 있는 몇 명 되지 않는 선수라고 하는데, 이런 점은 매스컴에 별로 부각되지 않는다. 이제는 비록 은퇴하였지만 많은 역경에도 불구하고 아름다운 연기를 보이면서 국제 대회에서 최고의 상을 타고 올림픽 금메달까지 딴 김연아 선수를 자랑스럽게 생각한다.

## 04 요트 경기

누구나 한번쯤은 미국이나 유럽의 유명한 해변 도시의 사진이나 영화 장면에 요트가 떠 있는 모습을 보면서 여유롭고 멋스럽다고 느낀 적이 있을 것이다. 요즘은 해운대의 요트 경기장 부근에 가도 크고 작은 요트가 정박되어 있거나 요트를 타는 모습을 쉽게 볼 수 있다. 미국의 요트 경기인 '아메리카 컵(America's Cup) 대회'는 시원한 물결과 멋진 요트에다가 속도감까지 더 해 미국에서 아주 인기 있는 요트 경기이다. 이 대회 이름은 1851년, 영국의 왕실 요트 경기에서 승리한 '아메리카'호의 이름을 따서 만든 것이다. 요트 경기는 현대적인 수학 없이는 사실상 불가능한 스포츠 분야다. 국제 요트경주협회는 공정한 경쟁을 보장하기 위하여 돛의 면적, 선체의 크기, 요트의 너비 등을 제한하는 규칙을 정했다.

그림9

$$\frac{L + 2d + \sqrt{S} - F}{2{,}37} <= 12\text{ m}$$

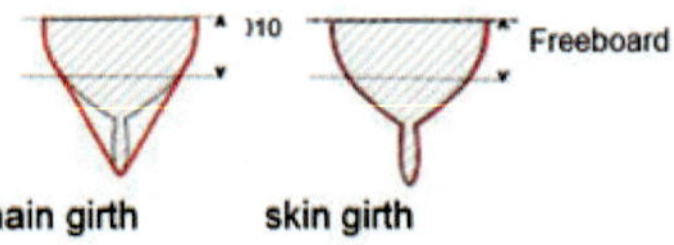


- L = waterline length (LWL)
- d = difference between skin girth and chain girth
- S = sail area
- F = freeboard ( area between the waterline and a specified deck edge )
- 2,37 = a mathematical constant

그림10 수학적 공식으로 만들어진 요트 경기의 규칙 일부

그림에서 보는 것 같이 핵심적인 매개 변수들 간의 관계가 수학적인 공식으로 정의되어 있는데[28] 경기에 참가하는 팀은 요트를 설계할 때에 이 규칙의 범위 안에서 매개 변수들 간의 최적의 관계를 찾아야 한다.

예전에는 실제 요트를 만들기 전에 요트의 작은 모형이라도 최소한 미리 만들어서 테스트를 했다. 그러나 요즘은 최적의 요트를 만들기 위해서 컴퓨터 시뮬레이션을 사용한다.

앞서 언급했듯이 컴퓨터 시뮬레이션은 컴퓨터를 이용한 모의실험으로, 이를 이용하여 배의 모양을 만들고, 경기가 있을 곳의 물의 흐름과 날씨 등의 변수를 고려하여 환경을 만든 후 실험해보면서 최적의 결과를 얻을 때까지 수정하고 테스트하는 것을 반복한다. 실제로 실행하기 어려운 것들을 컴퓨터를 통해 모의실험을 하여 시간과 경비를 줄이는 것이다. 이때 컴퓨터 시뮬레이션에서 요트의 모양과 환경에 관련된 것들을 수학적인 식이나 표현법으로 나타내고(이것을 수학적 모델링이라고 함) 실제 상황과 같이 매개 변수 등을 바꾸어 컴퓨터를 통하여 눈에 보이게 한다. 이렇게 하면 실제적인 요트를 만드는 시행착오를 거치지 않고 수학적 모델링으로 만들어진 내용에 변수의 값만을 바꾸어 새로운 요트의 모양에 대한 테스트를 계속할 수 있다. 결과에 따라 최적의 요트라고 생각되는 것을 선택하여 최선의 요트를 만들 수 있는데 여기에는 정확한 수학적 모델링이 중요하다.

요트 경기를 시뮬레이션 하는 것은 골프공의 날아가는 것을 계산하는 것보다 훨씬 더 복잡한데, 요트는 물 위를 달리며 또 바람이 요트의 돛과 반응하기 때문에 두 가지 유체와 연관되어 있기 때문이다. 여기서도 물론 베르누이의 유체역학이 역할을 하는데 유체 외에도 너무나 다양한 변수가 있고, 또 규칙을 준수하는 범위 내에서 최적의 요트를 만들어야 하므로 이는 쉬운 일이 아니다. 그러나 컴퓨터 시뮬레이션으로 최적의

28) http : //www.americas-cup-history.com/english/miscell.htm

요트를 결정하고 최적의 요트를 제작하면 이런 위험을 줄이고 시간과 경비를 엄청나게 줄일 수 있다.

팀 마셜 팀이 이렇게 하여 제작한 '영 아메리카 호'라는 요트는 미국 대표 선발 대회에서 데니스 코너 팀(Team Dennis Conner)이 컴퓨터 시뮬레이션으로 만든 배 '성조기 호(Stars and Stripes)'에 지게 된다. 그러나 코너 팀도 '영 아메리카 호'가 가장 빠르다는 것을 인정하고 국제 대회에 나갈 때에는 '영 아메리카 호'를 가지고 출전하지만 뉴질랜드의 팀에게 지게 된다. 이는 날씨와 사람이라는 매개 변수의 변화가 너무 카오스[29]적이기 때문일 수도 있고, 또 시뮬레이션에서는 무시하였지만 아주 큰 영향을 주는 다른 매개 변수가 있기 때문일 수도 있다. 결국 이런 컴퓨터 시뮬레이션을 할 때 영향을 주는 모든 매개 변수를 찾는 것이 최적의 모델을 만드는 관건이라고 할 수 있다. <행복한 눈물>이라는 작품으로 유명한 팝 아티스트 로이 리히텐슈타인(Roy Lichtenstein, 1923~1997)이 인어를 그려 넣어 '인어(The Mermaid)'라고도 불리는 '영 아메리카 호'는, 이제 뉴욕 주의 스톰 킹 아트센터(the Storm King Art Center)라는 곳에 전시되어 있다.

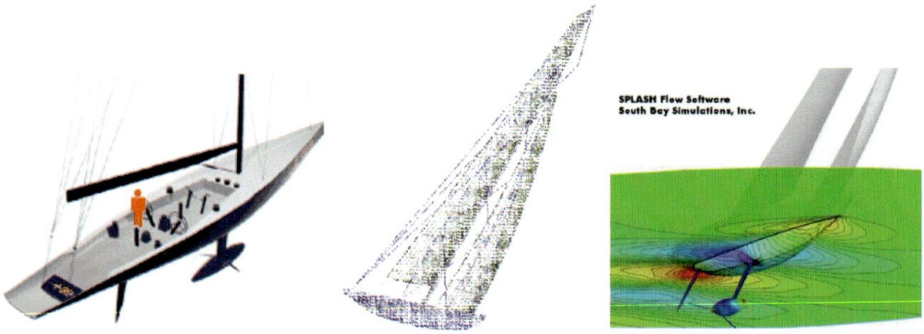


그림11 다양한 컴퓨터 시뮬레이션 모습

29) 카오스(Chaos) : 시간에 따른 변화가 초기 조건에 민감하여 시간 변화에 매우 복잡한 형태를 보이는 상태를 말함.

그림12 시뮬레이션 후에 만들어진 영 아메리카 호(인어라는 별명이 있다)

## 05 축구공과 수학

2010년 남아프리카 공화국에서 열린 FIFA 월드컵의 공식 공은 아디다스 회사에서 만든 '자불라니(Jabulani)'이다. 이는 남아공 공식 언어인 줄루어로 '축제를 위하여'라는 뜻인데, 3차원 곡선 형태로 된 가죽 조각 8개를 붙여 만들었으며, 이전 월드컵 공식 공들 중에 가장 원형에 가깝게 만들어졌다고 한다. 그러나 공중에서의 경로를 예측하기 어렵다는 등 여러 가지 문제점이 지적되기도 하였다.

2014년 브라질 월드컵의 공식 공 이름은 '브라주카(Brazuca)'인데 '브라질 사람'이라는 뜻을 가지고 있다. 브라주카는 자불라니보다 2개 적은 6개의 조각을 붙여 만들었는데, 이는 공중에서 조정하기 어려웠던 자불라

그림13 자불라니

그림14 깎은 정이십면체인 축구공

그림15 정이십면체에서 깎은 정이십면체 만들기

니의 단점인 공기 역학적인 문제를 해결하려고 한 것이다.

축구공의 모양은 공의 움직임에 크게 영향을 주는데, 공의 모양과 움직임에 관련 있는 공기역학에 대해서 알아보자.

아디다스사는 1970년 월드컵 경기부터 공식 공을 만들기 시작하였는데, 공을 디자인할 때 공의 어느 쪽을 차더라도 항상 같은 힘을 받도록 하기 위하여 노력해 왔다. 1970년(텔스타)부터 2002년(피버노바)까지 월드컵 공식 공의 모양은 12개의 정오각형과 20개의 정육각형 가죽을 끼워서 만든 삼십이면체였다. 이 모양은 아디다스사가 1960년대에 개발하였고, 그 후 조금씩 개선시키면서 사용한 것이다. 면의 수가 32개로서 본선 진출 국가 수와 같고, 그 원형은 정이십면체에서 12개의 꼭짓점을 제거한 도형의 모양이다.

수학자들은 축구공 모양의 다면체를 '깎은 정이십면체(truncated icosahedron)'라고 부른다.

이런 모양의 다면체를 정이십면체의 꼭짓점을 깎아서 만든다는 사실은 기원전 300년경에 위대한 학자인 아르키메데스가 발견했다. 정이십면체의 12개 꼭짓점이 깎여서 12개의 정오각형이 되고, 정이십면체의 20개의 면이 깎여 20개의 정육각형이 된다.

정다면체는 '플라톤의 다면체'라고도 하는데, 볼록 다면체 중에서 모든 면이 크기와 모양이 같은(합동) 정다각형을 말하며, 각 꼭짓점에서 만나는 면의 개수가 같은 도형을 말한다. 평면도형인 정다각형은 무한히 존재하지만, 정다면체는 정사면체, 정육면체, 정팔면체, 정십이면체, 정이십면체 등 모두 다섯 종류만 있다.

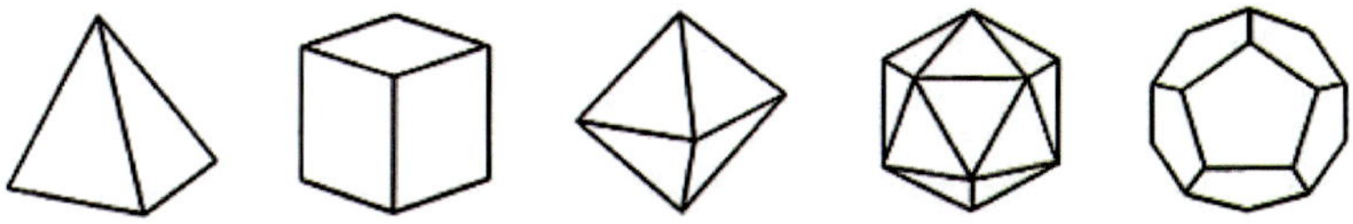

정사면체 정육면체 정팔면체 정이십면체 정십이면체

그림16

정다면체가 되려면 다음 조건을 만족해야 한다.

① 한 꼭짓점에서 3개 이상의 면이 만나야 한다. 2개가 만나면 입체가 되지 않는다.

② 꼭짓점에 모인 각의 크기가 360°보다 작아야 한다. 그래야 모아지면서 입체 도형이 된다.

그리고 정다각형은 정삼각형, 정사각형, 정오각형, 정육각형 등 무한히 있다.

정삼각형의 한 내각은 60°이고 정사각형의 한 내각은 90°, 정오각형의 한 내각은 108°, 정육각형의 한 내각은 120°로 이렇게 다면체가 각이 많아질수록 내각이 커진다. ①과 ②에서 최소한 3개의 합동인 정다각형이 모였을 때 360°보다 작아야 하므로 한 다각형의 내각은 360°÷3＝120°보다

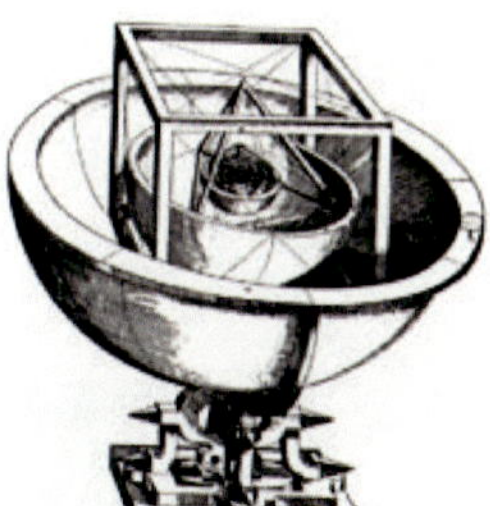

그림17 캐플러의 우주

모형그림18 캐플러

작아야 한다. 그러므로 정다면체의 한 면이 될 수 있는 정다각형은 정삼각형, 정사각형과 정오각형뿐이다. 꼭짓점에 정삼각형 3개가 모여 정사면체가

되고, 4개가 모여 정팔면체, 5개가 모이면 정이십면체가 된다. 하지만 6개가 모이면 60°×6=360°가 되어 입체도형이 되지 않는다. 정사각형 역시 꼭짓점에 3개가 모이면 정육면체가 되고 4개가 모이면 90°×4=360°가 되어 입체 도형이 되지 않는다. 정오각형은 3개가 모이면 108°×3=324°, 4개가 모이면 108°×4=432°로 360°보다 커지기 때문에 입체도형이 되지 않는다. 그리하여 3개만 모여서 만들어진 정다면체가 정십이면체이다. 정육각형 또한 내각의 크기가 120°이므로 3개가 꼭짓점에 모이면 360°가 되어서 이 역시 입체가 되지 않는다. 그래서 오직 5개만의 정다면체가 있는 것이다.

고대 그리스의 플라톤은 『대화(Timaeus)』라는 저서에서 정다면체를 소개했다. 그는 정다면체와 만물의 근원인 물, 불, 흙, 공기, 우주를 관련시켜 설명하였고, 이러한 철학은 후세에 행성이 타원 운동을 한다는 것을 발견한 독일의 천문학자 케플러에게까지 많은 영향을 끼쳤다. 캐플러(Johannes Kepler, 1571~1630)는 『우주의 신비』라는 책에서 천체는 이 5개의 정다면체가 안과 밖으로 싸고 있는 6개의 구 안에 들어 있는 모양으로 되어 있다고 주장하고, 수성, 금성, 지구, 화성, 목성, 토성을 각각 이 구 중의 한 개와 대응시키기도 했다.

2006년 독일 월드컵의 공식 공인 '팀가이스트(팀의 정신이라는 뜻의 독일어)'는 그 전의 공식 공과는 다른 모양으로 14개의 곡면으로 되어 있다. 이것은 위상수학의 관점에서 보면 잘린 팔면체(truncated octahedron)와 같은 것이다.

그림19 팀가이스트

그림20 정팔면체

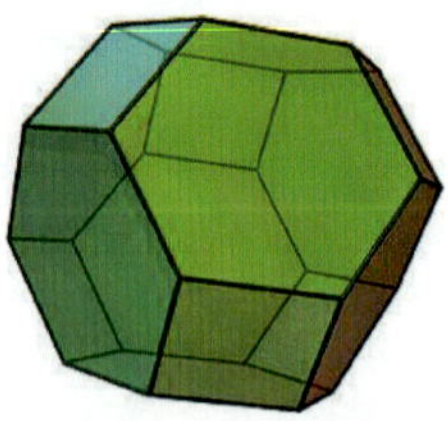
그림21 잘린 정팔면체

위상수학이란 순수수학의 한 분야로서 공간의 연결에 관한 것을 연구하는 학문이다. 위상수학의 관점에서 같다는 것은 공간의 연결 구조가 같다는 것인데, 예를 들어 컵과 도넛은 위상수학의 관점에서 같다. 찢거나 어느 부분을 서로 붙이거나 하지 않고 연속적인 변화를 통해서 컵을 도넛으로, 도넛을 컵으로 만들 수 있는데 이럴 경우 두 도형은 위상수학의 관점에서 같다고 할 수 있다.

축구공을 이렇게 만드는 이유는 가능하면 구에 가깝게 만들기 위해서이다.

다면체를 살펴보고 그 다면체가 얼마나 둥근가를 판정하는 법에는 여러 가지 방법이 있다. 여기에서 나온 다면체 이론은 크리스탈의 결정 이론, 바이러스나 생명체 연구, 재료공학, 금속공학, 신소재 연구, 지구과학, 건축 이론 등이나 예술 작품, 달력 제작, 주사위 등의 놀이기구를 만드는 데에도 많이 활용된다.

1985년에는 스몰리와 크로터라는 화학자들이 헬륨 기체 통에서 흑연을 고온으로 가열하여 탄소 동위원소인 C60을 발견하고 크게 흥분하였는데, 이 동위원소의 탄소 원자가 축구공 모양 32면체의 60개 꼭짓점처럼 배열되어 있었던 것이다. 화학자들은 축구공 모양의 건축물을 연구하고 설계한 버크민스터 풀러(Buckminster Fuller)라는 건축가의 이름을 따서 새로 발견된 탄소 동위원소를 '풀러린(fullerene)'이라고 이름 지었다.

그는 건물이 어떠한 모양을 하고 있을 때 튼튼한가를 연구하였고, 기

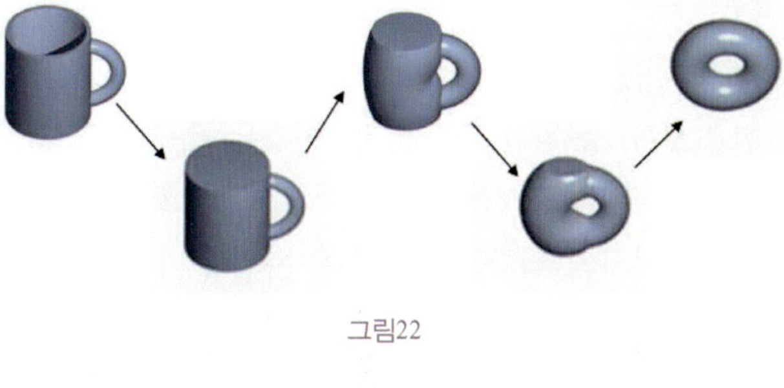

그림22

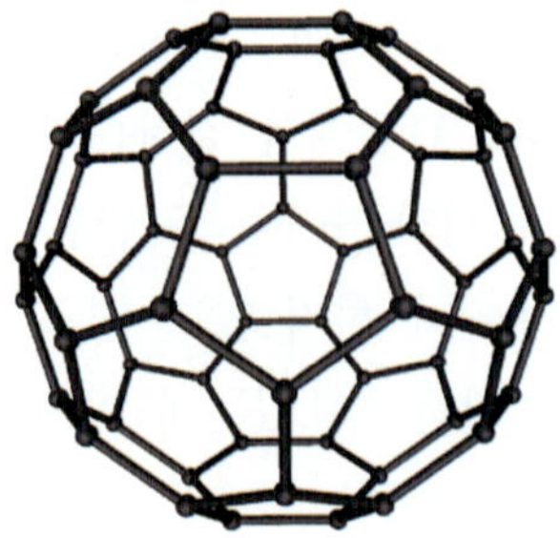

그림23 풀러린 C60

둥이 없어도 혼자서 잘 지탱하는 측지돔(geodesic dome)에 관하여 많은 업적을 남긴 사람이다. 측지돔은 놀이공원에 가면 종종 볼 수 있는 건축물로서 직선으로 만들어진 구의 모양을 하고 있다. 이와 같이 자연 안에서 이런 신비한 수학의 비밀이 숨어 있는 것을 발견하는 것은 매우 흥미로운 일이다.

축구 이야기를 좀 더 하면서 방정식을 하나 보자.

$$\rho\left(\frac{\partial \overline{v}}{\partial t}+\overline{v}\cdot\nabla\overline{v}\right)=-\nabla p+\mu\nabla^2\overline{v}+\overline{f}$$

이 방정식은 나비어－스톡스방정식(Navier－Stokes equations)이라는 유명한 방정식의 간편한 형태다. 이 방정식에는 어떤 의미가 있고 또 그것은 스포츠와 어떤 관련이 있을까. 일단 왼쪽 변은 유체의 관성을 나타내고 오른쪽 변은 여러 가지 힘의 합이다. 오른쪽 변의 첫 항 $\nabla p$는 특정 지점 부근에서 어떤 방향과 어떤 비율로 압력이 가장 빨리 변하는가를 나타내는 항이다. 그것은 축구공에 수직으로 작용되는 힘으로 발생하며, 오른쪽 변의 두 번째 항 $\mu\nabla^2\overline{v}$은 축구공에 접하는 점성을 가르는 힘이다. 마지막으로 $\overline{f}$은 다른 힘을(보통 중력) 나타내는데, 이것은 축구나 NASCAR 레이싱 경주 대회에서 계산유체역학(computational fluid dynamics)을 이용한 공기와 축구공 또는 공기와 차의 역학을 계산하는 논문에 나온 식이다.[30)]

30) http : //www.mathaware.org/mam/2010/essays/ChartierSoccer.pdf

그림24 2001년 대 그리스 전에서 베컴의 프리킥

축구공이 공중에서 구부러지며 방향을 바꾸는 것은 공기 역학과 관련이 있다. 세계적인 축구선수인 브라질의 로베르토 카르로스와 독일의 마이클 발락, 영국의 데이비드 베컴은 그 성질을 잘 이용하는 선수로, 특히 프리킥에서 그 진가를 나타낸다. 영국 쉐필드대학(University of Sheffield)연구팀의 연구에 의하면, 축구공의 표면 상태와 초기 방향이 공의 궤적에 중요한 역할을 한다고 한다.

이 연구로 2001년 영국과 그리스가 벌인 월드컵 결승 진출전에서 영국이 프리킥을 얻었을 때 베컴이 넣은 역사적인 골을 자세히 분석했는데, 골대에서 약 900m 가량 떨어진 곳에서 베컴이 시속 80마일(약 128km)로 공을 찼고, 공은 수비벽 위 약 45cm를 지나서 최고 높이에서 42마일(약 67km)로 속도가 줄어들며 결국 상대방 골대 안으로 들어갔다. 베컴과 같은 세계적인 선수들은 끊임없는 연습을 통해 물리적인 공의 흐름을 거의 본능과도 같이 몸으로 알고 있기 때문에 이를 조종할 수 있는 것이다.

계산식으로도 공 주변의 공기가 어떻게 변해서 그런 일이 일어났는지를 이해하고 보여줄 수 있다. 그것을 이용하면 축구공 제조사는 선수의 수준이나 필요에 따라 맞춤 공을 만들 수도 있다.

또 피겨 스케이팅에서와 같이 선수들 훈련 전략에도 영향을 미쳐 전체 선수들의 역량을 올릴 수도 있다.

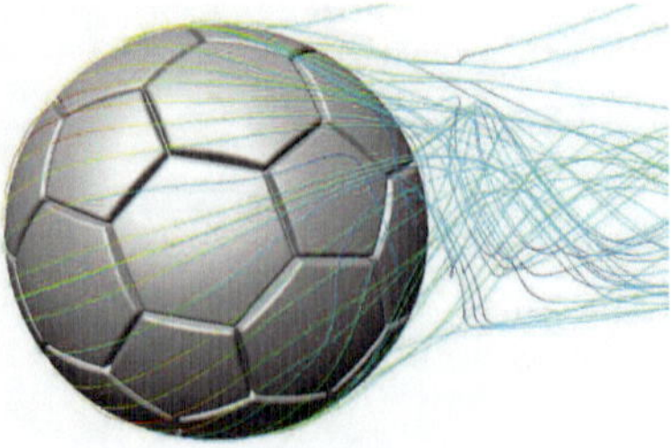

그림25 날아가는 공 주변의 공기의 흐름

초보자라 하더라도 원리에 따른 정확한 위치와 자세로 공을 찰 수 있게 훈련시킬 수 있고, 실제 이 계산을 이용하여 'Soccer Sim'이란 모바일 앱 축구 시뮬레이션 게임을 만들었다고도 한다.

## 06 기타 스포츠에서 수학의 역할

유명 스포츠 선수들의 등 번호를 살펴보면, 박지성 13번, 구자철 7번, 이청용 17번, 박찬호 61번, 마이클 조단 23번, 베컴 23(레알 마드리드)번과 7번(맨유), 호나우도 11번 그리고 지단 5번이다. 이 숫자들의 공통점은 이들이 모두 소수(Prime number, 素數)라는 것이다. 소수는 1과 자기 자신 이외의 약수를 갖지 않는 수를 말하며 약수는 어떤 수를 나누는 수를 말한다. 예를 들어 6의 약수는 1, 2, 3과 6다. 소수는 2, 3, 5, 7, 11, 13, … 등이다. 스포츠 선수들이 소수를 등 번호로 가지는 이유는 아마도 소수를 뜻하는 'prime'이 '전성기, 주요한, 가장'이라는 뜻도 함께 가지고 있기 때문이 아닐까 생각한다.

그 외에도 수학은 스포츠의 여러 분야에 영향을 주었다. 예를 들어 당구나 볼링의 경우는 피타고라스학파들이 신비한 모양이라고 생각했던 테트락티스(Tetractys)의 모양으로 공이나 핀들을 놓는다. 테트락티스란 점들을 1개, 2개, 3개 그리고 4개를 삼각형 모양으로 나열한 도형이다.

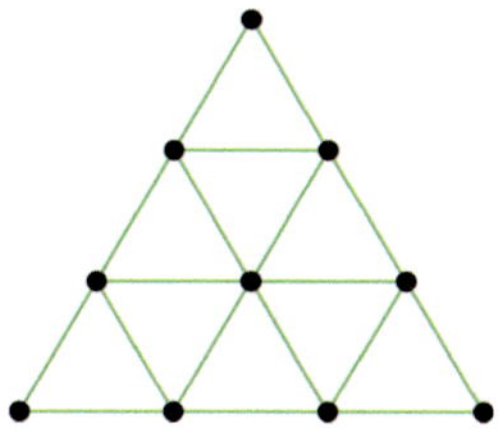

그림26 테트락티스

피타고라스학파의 제자들은 이 도형 속에서 수학을 통해 만물을 이해할 수 있는 가능성이 있다고 생각했다. 1은 합일의 원리, 2는 만물의 분화를 상징하는 이중성, 3은 1과 2를 조화시키는 수 등의 의미를 주었다. 또 각 줄은 0차원을 나타내는 점, 1차원을 나타내는 두 점을 잇는 선, 2차원을 나타내는 삼각형의 세 꼭짓점으로 정의되는 평면, 4면체의 꼭짓점으로 정의된 3차원을 나타내고 전체는 우주의 조화를 나타낸다고 생각했다.

여기까지 알아 본 것과 같이 수학은 스포츠에 큰 영향을 끼치고 밀접한 관계를 가지고 있다. 여기서는 단지 몇 가지 예만 알아 본 것에 지나지 않는다. 자신의 전공이나 취미와 관련된 수학을 조사해 보는 것도 의미 있는 일이 될 것이다.

## 생각해 볼 문제

1. 위상수학 이외에 순수 수학의 분야에는 어떤 것이 있는지 알아보시오.
2. 50 이하의 소수를 찾아보고 소수의 응용은 어떤 것이 있는지 조사해 보시오.
3. 교재에 있는 내용 이외에 수학이 스포츠에 영향을 주는 것은 어떤 것이 있는지 조사해 보시오.

## 참고문헌

하워드 가드너, 문용린 등 역, 다중지능, 웅진 지식하우스, 2007

키스 데블린, 수학으로 이루어진 세상, 에코 리브르, 2003

## 참고싸이트

골프　en.wikipedia.com/golf_ball

축구공　en.wikipedia.com

피겨 스케이팅 동영상　http : //whyfiles.org/019olympic/images/skaterHeight.avi

미국 요트 경기 규칙 http : //www.americas－cup－history.com/english/miscell.htm

축구공과 공기 역학 http : //www.mathaware.org/mam/2010/essays/ChartierSoccer.pdf

# 제12장

# 수학과 게임

인류가 즐겨왔고 지금도 일상화 되어 있는 게임에 대한 전반적인 이해를 한다. 특히 혼용되고 있는 놀이와 스포츠와의 구분을 명확히 함으로써 이 분야에 대한 이해를 깊게 한다. 게임 중 수학적 게임은 수학의 다양한 방법을 적용하여 분석할 수 있으며 수학의 응용으로서 가치가 있다. 지면 관계상 수많은 게임을 모두 언급할 수 없어서 분류하는 방법을 통하여 전반적인 이해에 접근할 수 있다. 님게임, 고누게임, 디피게임, 흑백게임 등을 통하여 간단히 이해했으면 한다.

인류가 놀이, 게임, 스포츠를 즐기는 것은 인간의 본성과 관련이 있으며 신체 활동과 지적인 유희와 연관이 있으므로 아주 오래되었다. 이러한 놀이, 게임, 스포츠는 시간 때우기 용으로 사용한 것부터 다양한 목적과 분야에 걸쳐 사용되어 왔다. 우리는 놀이, 게임, 스포츠라는 용어를 구분 없이 사용하는 경우도 많지만 특성을 비교하면 다음과 같다.

| 놀이 | 게임 | 스포츠 |
| --- | --- | --- |
| 허구성<br>비생산성<br>불확실성<br>쾌락성 | 허구성<br>비생산성<br>불확실성<br>규칙성<br>경쟁성<br>신체기능, 전술, 확률 | 허구성<br>비생산성<br>불확실성<br>규칙성<br>경쟁성<br>신체기능, 전술, 확률<br>신체활동성<br>제도화 |

놀이를 육하원칙으로 정의하면

Who(누가) : 사람이

What(무엇을) : 본인이 하고 싶은 것을 엄청난 에너지를 소모해 가면서

Where(어디서) : 정해진 구조/공간/영역 안에서만

When(언제) : 허락되는 시간에 하고 싶은 마음이 생기면

How(어떻게) : 마음대로 한다.

Why(왜) : 본인이 그렇게 하면 즐겁고 만족하니까.

라고 한다면 놀이와 게임의 가장 먼저 눈에 띄는 차이는 '어떻게'에서 나온다.

놀이는 딱히 정해진 규칙이 없다. 블록쌓기를 하는 아이들을 보면서 '놀고 있다'고 하지 '게임을 하고 있다'고 하지는 않는다. 아이들은 자기가 원하는 대로 블록을 쌓는다. 블록 쌓기와 비슷하지만 '젠가(Zenga)'는

게임으로 부를 수 있다. 자기 마음대로 할 수 없는, 지켜야 할 다양한 규칙이 있는지의 여부가 놀이와 게임을 구분하는 첫 번째 요소가 될 것이다.

그 다음 차이는 '왜', 즉 '목적'에서 나온다.

놀이는 자기만족 이외에 정해진 목표가 없을 수 있다. 반면 게임은 목표가 분명하다. 플레이어가 그 목표를 달성하지 않거나 못할 수도 있지만, 어쨌든 게임은 미리 정해진 목표가 있다.(참고사이트[1])

최근에 두뇌 스포츠도 활발하게 거론되고 있어서 놀이, 게임, 스포츠와의 경계가 모호해져 가고 있다. 두뇌 스포츠는 거의 움직임이 없고 발걸음을 뗄 필요가 없으며 의자에 앉아서 팔만 움직이면 된다. 몸보다는 머리를 주로 사용하기 때문에 장소에 구애받지 않아 인터넷으로 온라인 게임이 가능하다는 특징이 있다. 두뇌 스포츠에 포함되는 종목은 모두 40개가 넘는데, 바둑, 장기, 체스, 오목, 오델로, 브리지, 마인드맵, 포커, 까롬, 고스톱, 메모리, 속독, 수학, 아이큐 등 머리를 활용해 상대와 수싸움을 할 수 있는 게임은 거의 포함된다. 영국에 본부가 있는 마인드스포츠올림피아드(MSO)는 97년 설립된 뒤 그해 1회 대회를 시작으로 매년 8월 마지막 주 영국 런던에서 국제 대회가 치러진다. 이 대회에서는 40여 종목에서 지적 능력을 겨룬다. 특히 유럽에서 인기가 있는데 21세기에 지식 중심의 사회가 도래함에 따라 장차 기존 올림픽의 인지도와 인기를 능가할 행사로 인식되고 있다. MSO 회장은 마인드맵의 창시자 도니 부잔으로 두뇌 재단(The Brain Foundation)을 설립했으며 지력(Mental Literacy)이라는 개념을 만들기도 했다.(참고사이트[2])

결국 같은 것이라 해도 목적, 방법과 의도에 따라 놀이, 게임, 스포츠로 불리고 있다. 게임은 놀이보다 규칙이 강조되며, 스포츠는 제도화가 강조되고 있다. 따라서 광범위하게 수학적인 대상이 될 수 있는 것은 게임이라 할 수 있다.

오목, 장기, 바둑, 체스 등의 게임은 누구나 한 번씩은 해 보았을 것이다. 그러나 게임을 수학적으로 분석하고 수학의 한 분야인 게임이론으로 발전시킨 것은 20세기부터라고 할 수 있다.

일반적인 게임(예 : 화투)들과는 달리 수학적 게임은 필승의 전략을 탐구하는 데 있어서 정수론, 그래프 이론, 유한체 이론 등 다양한 분야의 수학이 이용된다. 즉, 수학적 게임의 필승 전략을 탐구하는 데 매우 창의적인 사고를 요구한다.

또한 수학적 게임은 비기는 경우가 없으면 반드시 둘 중 한 사람에게 필승의 전략이 존재함이 밝혀져 있고, 최근의 수학적 게임에 관한 연구들을 살펴보면 수학적 게임의 필승의 전략과 부호이론이 밀접한 관계를 가지고 있음이 알려져 있다. 이것은 수학적 게임이 단순한 흥미를 넘어서 수학적으로 연구할 상당한 가치가 있음을 의미한다.

일반적으로 게임은 미리 정한 목표를 이루는 사람이 승리하며, 여러 명 또는 한 명이 실행할 수도 있지만 보통은 두 명의 경기자로 구성된다. 2인 게임에서는 두 경기자가 차례로 순서를 번갈아가면서 게임의 규칙에 맞는 활동을 하게 된다. 예를 들어 오목에서 각 경기자는 바둑판 모양의 격자점에 자신의 돌을 한 개씩 놓을 수 있고 게임의 목표는 대각선, 가로, 또는 세로로 연속적으로 5개의 돌이 놓이도록 하는 것이다. 만약 한 경기자가 다른 경기자의 움직임에 상관없이 이기는 방법이 있다면, 우리는 그 게임에 대해 **필승 전략**을 가지고 있다고 한다. 이런 게임의 경우 다른 경기자가 이기는 방법은 필승의 전략을 가진 경기자가 실수를 하는 경우 밖에 없게 된다.

이런 필승 전략을 연구하기 위해 다양한 수학적 이론을 사용하게 되며, 수학자 또는 수학영재들이 게임에 관한 이론을 연구하고 있다.

수학적 게임에서는 경기의 진행 정보가 모두 두 경기자에게 주어진다. 예를 들어 일반적 카드 게임에서는 각 경기자는 자신의 카드만을 볼 수 있고 상대편의 카드는 볼 수 없는데, 이러한 경우는 수학적 게임이라 하지는 않는다. 또한 운이 작용하는 임의적인 요소가 주어져서도 안 된다. 예를 들어, 주사위 던지기의 결과가 승부에 결정적으로 적용되는 임의적 요소가 있는 게임은 수학적 게임이라 하지는 않는다.

이러한 수학적 게임 중 비기는 경우가 없는 게임은 두 경기자 중 한 사람은 반드시 필승 전략을 가지게 된다. 만약 경기자 A가 어떠한 상황에서 반드시 이길 수 없다고 한다면 그 말은 경기자 B는 어떤 전략이 있어서 A를 이기지 못하게 할 수 있다는 것이고, 즉 비기는 경우가 없기 때문에 경기자 B가 필승 전략을 가지고 있다는 뜻이 된다.

결국 수학적 게임이란 경기의 모든 진행 정보가 두 경기자에게 공유되고 확률적 요소가 배제된 게임을 의미한다. 두 경기자는 처음 시작하는 선자와, 선자가 아닌 후자로 구분한다.

전형적인 게임 문제는 경기 규칙과 목표가 주어지고, 어떤 경기자가 필승 전략을 가지고 있는지 물어보는 형식이다. 하지만 단지 누가 이길 수 있느냐를 답으로 적는 게 아니라 그 필승전략을 반드시 서술해 주어야 한다.

지금까지 수학적 게임의 필승 전략은 연구되어 오고 있지만 아직까지는 모든 수학적 게임의 필승 전략이 알려져 있지는 않다.

## 01 님(NIM) 게임

여러 개의 구슬이나 동전 같이 개수를 셀 수 있는 물건을 놓고 번갈아 가며 한 번에 몇 개 이하의 개수를 가져가 마지막 한 개를 가져간 사람이 지거나 이기는 게임이 있다.

이와 같은 유형의 게임을 '님(NIM) 게임'이라고 한다. NIM은 독일어 'nimm'에서 따온 말로 영어의 'Take(가져가다, 빼앗다)'라는 뜻과 같다.

님 게임은 규칙이 간단하지만 만만치 않은 전략적 사고를 요구한다.

Question

**빨간색 상자, 파란색 상자, 노란색 상자가 있다. 빨간색 상자에는 구슬이 3개, 파란색 상자에는 구슬이 4개, 노란색 상자에는 구슬이 5개 들어 있다. 두 사람이 3개의 상자에 들어 있는 12개의 구슬을 가지고 게임을 한다. 규칙은 다음과 같다.**

① 교대로 3개의 상자 중 하나를 선택해 상자 안에 있는 구슬을 원하는 개수만큼 가져간다. 이때 적어도 구슬 하나는 가져가야 한다.
② 자기 차례에서 가져갈 구슬이 없는 사람이 진다.

**이 게임은 먼저 구슬을 가져가는 사람이 이길까? 아니면 나중에 구슬을 가져가는 사람이 이길까?**

Answer

먼저 구슬을 가져가는 사람을 A, 나중에 구슬을 가져가는 사람을 B라고 가정한다.

A가 빨간색 상자에서 2개의 구슬을 가져가면 B는 어떻게 구슬을 가져가든 A는 한 상자에는 구슬이 1개, 다른 상자에는 구슬이 2개, 나머지 상자에는 구슬이 3개가 들어 있도록 하거나 한 상자에는 구슬이 없고 다른 두 상자에는 같은 개수의 구슬이 들어 있도록 할 수 있다.

- 한 상자에는 구슬이 1개, 다른 상자에는 구슬이 2개, 나머지 상자에는 구슬이 3개가 들어 있는 경우 : B가 어떻게 가져가든 상관없이 A는 한 상자에는 구슬이 없고 다른 두 상자에는 같은 개수의 구슬이 들어 있도록 할 수 있다.

- 한 상자에는 구슬이 없고 다른 두 상자에 같은 개수의 구슬이 들어 있는 경우 : A가 B가 선택하지 않은 상자에서 B가 가져간 개수만큼 구슬을 가져간다면 B는 자기 차례에서 가져갈 구슬이 없어진다.

따라서 어떤 경우에서건 구슬을 먼저 가져가는 사람이 이기게 된다.

님 게임에서 처음부터 몇 개를 가져갈까 고민하면 상대방이 가져가는 개수에 따라 경우의 수가 너무 많아져 일일이 따지기가 쉽지 않다. 반면 마지막 결과부터 생각해 반드시 이기는 개수를 거꾸로 따져 나가면 해결 방법을 찾을 수 있다. 이때 승부에 영향을 미치는 조건은 '전체 개수', '한 번에 가져갈 수 있는 최대 개수', '마지막 한 개의 승패 조건', '먼저 하느냐, 나중에 하느냐'가 있다.

님 게임은 수학에서 중요한 분야일 뿐만 아니라 컴퓨터 프로그래밍을 연습하는 데에도 훌륭한 소재로 사용되고 있다.(과학동아 2008년 5월)

## 02 고누놀이

기원전부터 있어 왔다는 고누는 인류가 만들어낸 가장 오래된 놀이 중의 하나로 때와 장소에 구애받지 않고 누구나 짬짬이 할 수 있으며 돌멩이나 단추, 바둑알을 이용할 수 있어 준비물에 어려움이 없는 신선한 승부 오락이다. 여름철 나무꾼들이 시원한 나무 그늘 밑에서 잠시 일손을 쉬면서 땅바닥에 선을 긋고 조그만 돌멩이를 주워 놀이하는 모습을 보여 주는 단원 김홍도의 풍속화(고누놀이)에서도 볼 수 있듯이, 고누는 그만큼 아무 데서나 손쉽게 할 수 있는 놀이이다. 고누는 지방에 따라서 꼬누, 고니, 꼬니, 꼰, 꿘 등으로 부르며 한자로는 '地碁'라고 한다. 즉, 땅에 그려서 노는 바둑이라는 뜻인데, 실지로 고누는 장기나 바둑의 원초적 형태로 볼 수 있다.(참고사이트[4])

놀이방법은 특정한 놀이판 위에서 정해진 수의 말을 가진 두 사람이 겨누는데 상대방 말을 모두 잡아내거나 움직이지 못하게 가두거나 상대의 집을 차지하면 이기는 식으로 승부를 가린다. 움직이는 방법은 한 칸씩 가기, 뛰어넘기 등 다양하다.

우물고누

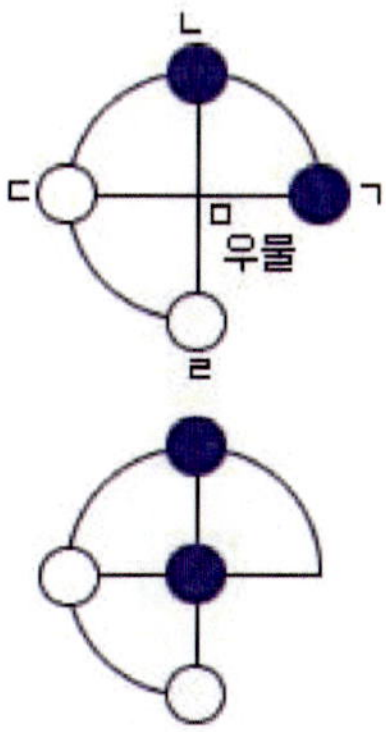

말밭에 우물(샘, 강)을 정하고, 각각 말 두 개씩 가지고 둔다.

1. 양편의 말은 우물(ㄴ과 ㄹ 사이)을 건너지 못한다.
2. 처음 시작할 때는 ㄴ, ㄷ의 말부터 움직여야 한다.
3. 번갈아 두다가 먼저 말의 길을 막아 상대편을 움직이지 못하게 하면 이긴다.

놀이가 진행되다가 우측 아래 그림과 같은 형태가 되면 흰 말이 갈 곳이 없으므로 흰 말을 가진 쪽이 지게 된다.

줄고누

밭고누, 선고누 등으로 부르며 말밭에 그은 직선 수에 따라 이름이 붙게 된다.(넉줄고누, 다섯줄고누 등)

1. 위의 (가), (나)와 같이 말 밭에 말을 놓는다.
2. 번갈아 두면서 두 개의 말 사이에 상대편 말이 놓이게 되면 포위하여 따낸다.
3. 먼저 상대편 말을 모두 따내는 편이 이긴다.

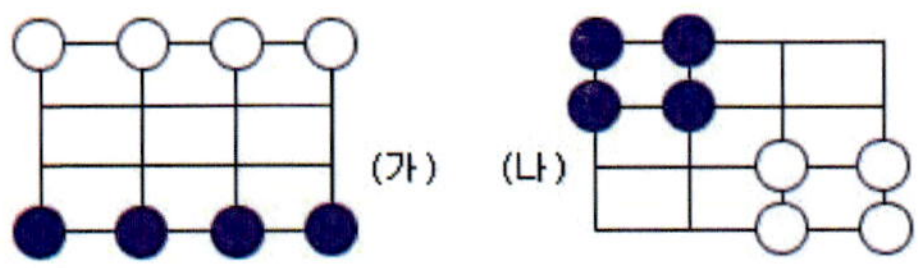


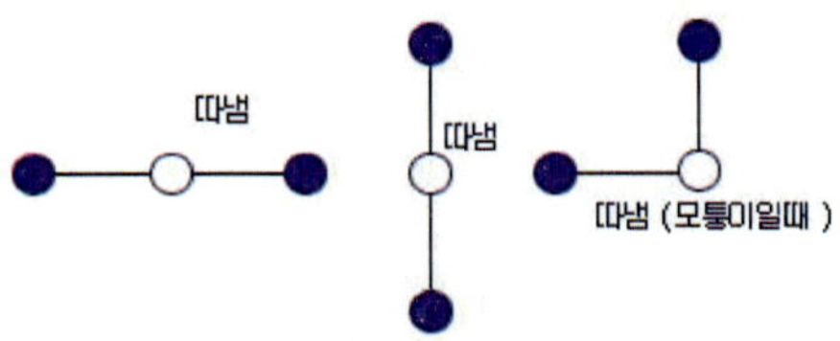

(다른 방법)

1. 양 편의 말은 옆으로 갈 수 있고 뒤로는 후퇴하지 못한다.
2. 두는 말 앞이나 옆에 잇대어 있는 말을 다리로 한 칸씩 뛰어 넘을 수 있다.

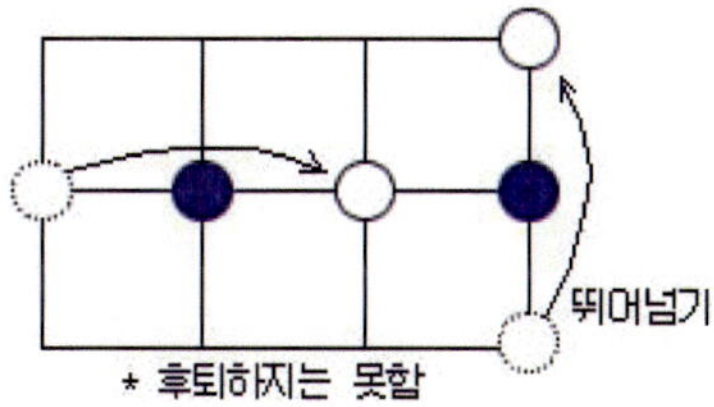


호박고누

1. 그림 (가)에서 시작하되 (나) 상태로 놓아 상대편 말이 더 이상 움직일 수 없게 되었을 때 이긴다.
2. 한 번에 한 칸씩 움직일 수 있으며 상대방이 처음 차지했던 곳에 들어간 말은 다시 돌아 나올 수 없다.
3. 어느 것이나 처음 있던 곳에서 나오면 뒤로 물러날 수 없다.
4. 적진에 깊숙이 들어가지 않고 상대방을 유인해 길을 끊어 놓아야 이긴다.

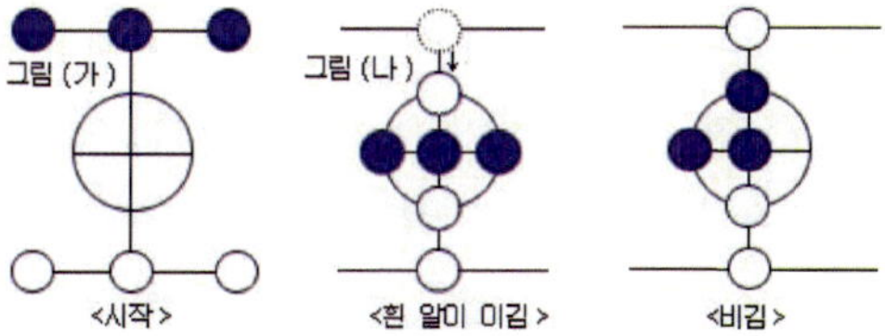


호박고누는 이미 수학적인 연구가 되어 있다.(참고문헌[2])

## 03 디피게임

다음 그림은 네수게임과 디피게임이며, 두 게임은 본질적으로 같다. (참고문헌[5])

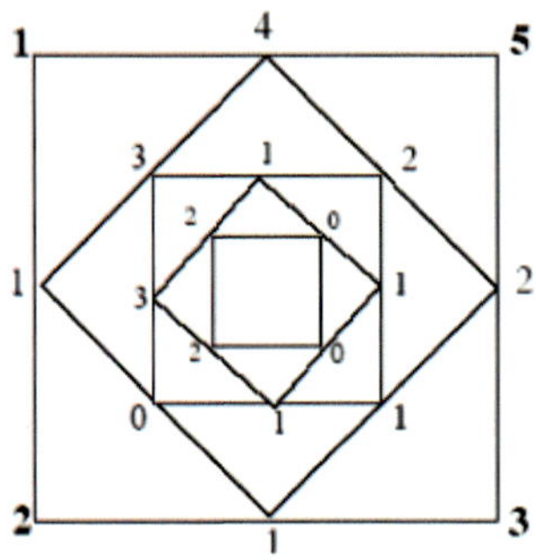


[네수게임]

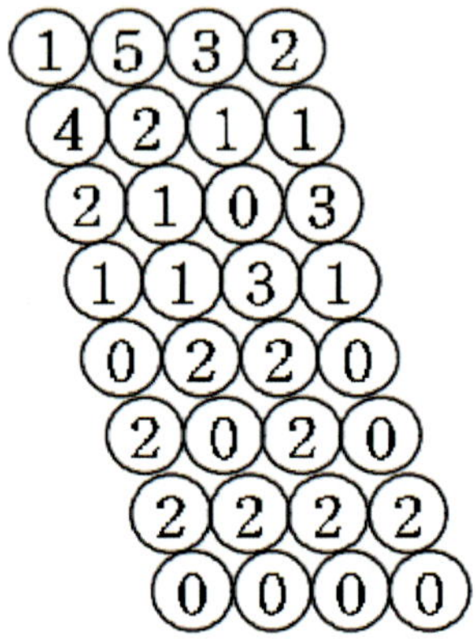


[디피게임]

디피(네수)의 규칙은 다음과 같다.

① 큰 정사각형을 그리고, 각 꼭지점에 임의의 자연수를 쓴다.

② 이웃한 두 꼭지점의 차(difference)를 변의 중점에 쓴다.

③ 새로 생긴 정사각형을 이용하여 이웃한 꼭지점의 차를 중점에 적는 과정을 차가 모두 0이 될 때까지 반복한다.

위의 게임은 정사각형 대신에 정 $n$각형에 대하여 비슷하게 시행할 수 있다.

이 디피게임은 가중치를 주는 식으로 확장할 수 있으며 19세기 말 Ducci에 의해 고안되었다. 위의 과정에서 모두 0이 되게 하는 수들을 '디피의 머리'라고 한다.(참고문헌[4]) 여기에서 우리는 다음의 질문을 할 수 있다.

① 디피는 항상 끝나는가?

② 디피의 머리는 항상 존재하는가?

③ 몇 번 반복으로 주어진 수들이 디피의 머리인지 확인가능한가?

## 04 흑백게임

흑돌 또는 백돌이 가득 찬 일정한 크기의 바둑판 위에서 하는 게임으로, 하나의 돌을 클릭하면 그 돌과 그 돌의 위, 아래, 왼쪽, 오른쪽 돌의 색이 모두 다른 색으로 변하는 규칙을 가지고, 선택적으로 돌을 골라 클릭하여 모든 돌을 한 가지 색으로 만들면 이기는 1인 게임이다.(참고문헌[3]) 이 게임이 수학적 의미를 가지게 된 것은 안델슨(Anderson)과 페일(Feil) 교수가 쓴 논문(참고문헌[7])에서 Light out 게임(흑백게임의 초기 이름)을 수학적으로 연구하면서 부터였다.

이들은 이 논문에서 $3\times3$크기의 흑백게임의 경우 해를 구할 수 있는 방법을 제시했으나 $5\times5$크기의 흑백게임은 유일한 해가 존재하지 않음을 언급하였다. 그 후 2000년에 $5\times5$크기의 흑백게임은 승리할 수 있는 초기조건이 다음과 같이 세 가지라는 사실이 연구되었다.(참고문헌[8])

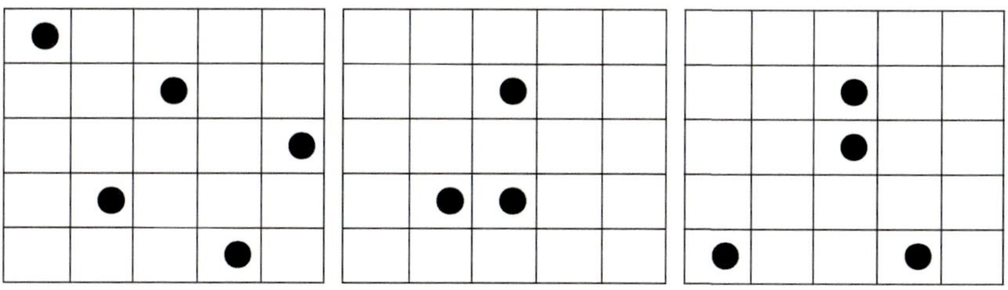

## 05 수학적 게임

Domineering 게임, dot & boxes 게임, Heap 게임, Take-Away 게임, Wythoff's Nim 등은 승전전략이 연구되어 있거나 연구되고 있는 게임으로 이런 게임을 연구하기 위한 게임이론이 개발되었다.(참고문헌[10, 11])

바둑의 끝내기의 경우 이 이론을 쓰면 정확히 파악할 수 있으며 인공지능 알파고도 이 이론을 도입하여 끝내기를 했을 것이므로 중반 이후는 인간이 도저히 이길 수는 없을 것이다.

## 06 보드게임

보드게임(board game, 말판 놀이)은 놀이판 및 간단한 도구로 진행하는 놀이를 말한다. 인터넷으로 진행하는 컴퓨터 게임에 비교해서 오프라인 게임이라고도 한다. 좁은 의미에서는 놀이판 및 종이 등으로 구성된 놀이딱지(흔히 카드)와 연필, 놀이패(토큰, token), 주사위 등으로 구성된 게임을 말하며, 넓은 의미에서는 온라인으로 진행하는 카드게임 등을 포함한다. 보드게임의 구성요소는 다음과 같다.

놀이판 : 보드게임은 기본적으로 보드, 곧 놀이판(놀음놀이판)이 필요하다. 다만 보드게임에서 일컫는 보드는 놀이판의 일부이다. 이 놀이판은 카드놀이처럼 단순히 놀 수 있는 평평한 공간이면 되지만 말판 놀이에서처럼 특별한 모양이나 그림이 그려져 있기도 하다. 말판 놀이에 쓰이는 놀이판을 말판이라 따로 칭한다.

말 : 놀이의 도구로 쓰이는 물건으로 '알'이라고도 불린다.(→알까기) 놀이판 위에서 움직이거나 상대의 말을 잡는 데 쓰인다.

놀이딱지 : 오늘날 흔히 '카드'라고 불린다. 처음에는 종이나 나무쪽 등으로 만들었으나, 오늘날에는 합성수지로도 만든다.

놀이패 : 놀이딱지가 놀이를 이끌어가는 주요 도구라면, 놀이패는 보조적인 도구이다. 토큰(token)이라고도 부른다. 놀이딱지가 놀이패로서 쓰이기도 하지만, 놀이패가 쓰이는 놀이에서는 대부분 놀이패가 따로 존재한다. 또한 토큰은 종이나 나무, 합성수지뿐만 아니라 금속 등으로 만들기도 하며, 놀이딱지와는 달리 카드 형태가 아닐 수도 있다.

주사위 : 놀이에 따라서는 주사위 또는 회전판과 같은 난수 발생 장치가 쓰이기도 한다. 주사위에도 여러 가지가 있어서, 6면 주사위, 8면 주사위 등이 있다. 회전판도 돌아가는 회전판에 다트를 던지는 회전 다트판이나 둥근 판은 평평한 곳에 가만히 두고 그 중앙에 막대를 달아 돌리는 회전 화살표 등이 있다.

보드게임의 종류는 다음과 같다.

카드놀이 : 카드라 불리는 놀이딱지와 놀이판이 필요한 놀이를 가리킨다. 카드 게임에서는 대개 놀이판과 카드만이 쓰인다. 대개 카드와 놀이판은 둘 모두 또는 둘 가운데 중 하나라도 일정한 형태를 지닌다.

말판 놀이 : 놀이판과 말이 필요하다. 말을 움직일 때 주사위와 같은 보조 도구가 쓰이기도 한다. 말판이라 불리는 놀이판이 일정한 형태를 지니게 된다.

카드 및 말판 놀이 : 카드와 말이 함께 쓰이는 놀이도 있다. 이럴 경우 말판 놀이의 일종으로 여겨지게 된다. 예컨대 브루마블에서는 각 도시를 나타내는 카드와 황금열쇠 카드 등의 놀이딱지가 존재하며, 그밖에 건물을 나타내는 놀이패가 있고 말판과 말, 주사위가 쓰였다. 보드게임 문명에서도 놀이딱지와 놀이패, 말판, 말, 주사위가 쓰였다.(보드게임－위키백과)

보드게임을 좀 더 조직적으로 분류한 것은 참고문헌[3]에 있다. 참고로 분류 방법을 달리하여 제시하다보니 하나의 게임이 여러 분류에 들어갈 수 있다.

(a) 게임회사별

(b) 독일 게임 아카이브 뉘른베르크 연구 및 문서 센터(참고사이트[6])에서 현재까지 1,945에서 30,000가지의 보드게임을 독특한 컬렉션으로 보존하고 있다. 아래의 방법은 보드게임의 전모를 알고 싶은 사람에게는 충분하다.

(c) 보드게임 전용 웹 사이트
인터넷 검색하면 대부분의 보드게임 전용 웹 사이트는 카테고리로 분류하지 않고 알파벳 순서나 리뷰 순으로 제시하는데 http : //www.boardgamegeek.com에서는 검색이 편하게 되어 있다.

| 18×× Series | Abstract Strategy | Action/Dexterity |
|---|---|---|
| Adventere | American Civil War | Ancient |
| Arabian | Ballooning | Bluffing |
| Card Game | Children's Game | City Building |
| Civilization | Collectable Sets | Computer/Internet |
| Deduction | Dice | Economic |
| Expansion for Base-game | Exploration | Fantasy |
| Farming | Fighting | Horror |
| Mafia | Medieval | Memory |
| Miniatures | Murder/Mystery | Music |
| Napoleonic | Nautical | Negotiation |
| Party Game | Political | Prehistoric |
| Puzzle | Racing | Real-time |
| Science Fiction | Sports | Trains |
| Transportation | Trivia | Wargame |
| Western | Word | World War II |

인터넷 검색하면 대부분의 보드 게임 전용 웹 사이트는 카테고리로 분류하지 않고 알파벳 순서나 리뷰 순으로 제시한다. 그러나 http://www.

boardgamegeek.com에서는 검색이 편하다.

http://gamesweplay.de에서는 특별한 게임, 보드 게임, 전술 사고 게임, 협상, 액션 게임,

카드 보드 게임, 카드 게임, 주사위 게임, 2인 게임, 통신 게임으로 분류한다.

http://www.playme.de에서는 액션, 경매, 건설, 블러프, 브렛, 코심, 공제, 사고, 판타지, 가우디, 메모리, 기술, 무역, 통신, 넣어, 메모리, 퀴즈, 응답, 경주, 역할 놀이, 그룹, 스포츠, 전략, 전술, 환경, 비즈니스, 워드, 주사위 등으로 분류한다.

https://www.funagain.com에서는 더욱 상세히 분류한다.

## 생각해 볼 문제

1. 놀이, 게임, 스포츠의 차이가 무엇인지 정리해놓은 참고문헌을 조사해보자.
2. 수학적 게임 중에 연구되어 필승전략이 알려진 게임이 어떤 것이 있는지 조사해보자.
3. 고누놀이, 하노이탑 놀이 등 비교적 간단한 놀이를 선택하여 수학적인 연구를 진행하여 수학적 게임으로 만들도록 하자.
4. $3 \times 3$크기의 흑백게임에서 승리할 수 방법을 알아 보자.
5. 온라인 보드게임 사이트를 조사하여 참여하고 감상문을 써보도록 하자.

## 참고문헌

2008년 5월, 과학동아, http://goo.gl/BGvoNJ

강병련, 호박고누놀이와 정렬문제, 한국수학교육학회 시리즈 A <수학교육> 45,4 (2006), 507-518

김덕선, 류창우, 송영무, 이상구, 흑백게임의 역사와 수학적 모델링, 한국수학사학회지 22,1 (2009), 53-74

김홍찬, 디피의 머리, 한국수학교육학회지 시리즈 A <수학교육> 45,4 (2006) 481-491

정현철, 서혜애, 황동주, 박영신, Diffy Art, 수탁연구 RM 2007-9-17 영재교육자료: 중등 수학-고급

한용희 외, 과학 속에 숨어 있는 게임 이론 연구, R&E 결과보고서, 전북과학고, 2012

NIMP 게임 (http://goo.gl/a5ucQL)

Anderson M. and Feil T., *Turning light out with linear algebra*, Math. Magazine, 71,4(1998) 300-303

Araujo, P.V., *How to turn all the light out with linear algebra*, Elem. Math., 2000, 135-141

*Classification of board games: an easily adaptable system to classify board games*, Board Games in Academia IV, International Colloquium, April 17-21, 2001

Berlekamp, Elwyn R.; Conway, John H.; Guy, Richard K. (2003), *Winning Ways for Your Mathematical Plays*, vol 1~4, A K Peters, Ltd

Robert Aubrey Hearn, *Games, Puzzles, and Computation*, Ph. D. Thesis, MIT, 2006

## 참고싸이트

http://www.emotionalcircle.com/archives/303

http://tip.daum.net/question/13599449

https://en.wikipedia.org/wiki/Game_theory

http://www.koreartnet.com/wOOrII/nori/junraenori/gonu.html

고누놀이 사이트 http://www.nol2i.com/m_sub51.htm

https://museen.nuernberg.de/spielearchiv/

http://www.boardgamegeek.com

http://gamesweplay.de

http://www.playme.de

https://www.funagain.com

# 제13장

# 수학과 영화

영화는 가장 대중적인 오락인 반면 수학은 그렇지 못하다. 대중들의 친밀도에서 본다면 서로 대척점에 위치하는 수학과 영화가 조우하는 방식은 다양하다. 수학을 이용하여 영화의 기술적 측면을 완성하기도 하고, 수학적 아이디어를 모티브로 삼아 영화를 전개하기도 하고, 극적인 삶을 산 수학자를 영화의 전면에 내세우기도 한다. 영화라는 친근한 매체를 통해 수학의 다채로운 모습을 살펴보면서 수학에 좀 더 다가설 수 있는 기회를 제공한다.

수학과 직접적인 관련이 없는 사람들도 다양한 수학적 소재와 패러독스에 흥미를 느끼는 경우가 많다. 이로 인해 TV 드라마, 영화, 연극, 뮤지컬 등 대중매체에서 이러한 수학적 소재를 적극적으로 사용하는 예가 점차 늘어가고 있다. 예를 들어 <넘버스, Numbers>와 같은 드라마는 범죄를 해결하는 결정적인 도구로 수학적 원리를 사용하고, 이런 수학적 내용을 전문적으로 설명해 주는 웹 사이트도 제공한다. 또한 <페르마의 마지막 탱고, Fermat's Last Tango>(2001)는 수학자들이 대거 등장해서 페르마의 마지막 정리에 대해 언급하는 본격적인 수학 뮤지컬이다. 수학적 아이디어 하나로 승부를 거는 영화는 주로 신인 감독들의 저예산 영화인 경우가 많다. 이런 경우 영화의 상업성이 떨어져 국내에 개봉되지 못하는 경우가 많았지만, 요즘은 다양한 국제영화제 덕분에 우리가 접할 수 있는 기회가 늘었다. 일단 이러한 영화가 소개되면, 그 영화에서 활용한 수학적 아이디어가 회자되고, 더 많은 사람들이 학교 때 배운 수학에서 볼 수 없었던 역동적이고 흥미로운 모습을 발견하게 된다. 이런 면에서 영화는 다른 매체보다 수학의 저변을 확대하는 긍정적인 역할을 더 잘 수행할 수 있을 것이다.

## 01 세상과 불화하는 천재 : 수학자의 삶

소설이나 영화 속의 수학자의 모습은 세상과 소통하지 못하는 괴팍한 천재의 모습으로 그려지는 것이 일반적이다. 이런 모습이 정형화되어 괴팍함이 강할수록 천재성이 입증되는 것처럼 보이는 경우도 있다. 아마도 좀 더 분명하고 간결하게 소통하려는 수학자들의 시도가 다른 사람들에게는 불편하게 느껴지는 것일 수도 있다. 이러한 수학자들을 영화의 주인공으로 삼을 때 감독들은 당대의 가장 매력적인 배우를 캐스팅하는 경향이 있는데 이는 관객과 수학자 사이에서 배우의 실제 캐릭터가 완충제 역할을 하길 기대하는 것처럼 보인다. 천재라는 추천서, 암호 해독, 프린스턴 대학 등의 공통점을 가지고 있는 두 수학자 존 내쉬와 엘런 튜링의 삶을 그린 두 편의 영화를 살펴보겠다.

### 1) 뷰티풀 마인드(A Beautiful Mind, 2001)

영화 ≪뷰티풀 마인드≫는 실비아 네이사(Sylvia Nasar)의 소설 『뷰티풀 마인드』를 영화화한 것이다. 게임 이론에 대한 업적으로 1994년 노벨 경제학상을 공동 수상한 수학자 존 내쉬(John Forbes Nash Jr., 1928－2015)의 인생역정을 그리고 있다. 존 내쉬 역은 ≪글래디에이터≫를 통해 세계적인 스타 반열에 오른 러셀 크로우(Russell Crowe)가 맡았고, 감독은 ≪분노의 역류≫, ≪아폴로 13≫, ≪랜섬≫, ≪다빈치 코드≫, ≪천사와 악마≫, ≪뷰티풀 라이≫ 등으로 우리에게 잘 알려진 론 하워드(Ron Howard)이다. 그는 2002년 ≪뷰티풀 마인드≫로 아카데미 감독상, 영상상, 각본상, 조연상 등을 휩쓸며 헐리우드 최고의 감독으로 자리 잡았다.

≪뷰티풀 마인드≫는 1947년 가을, 존 내쉬가 프린스턴 대학원을 입학하는 날부터 시작된다. 수학과 신입생 오리엔테이션에서의 학과장 솔로몬 레프세츠의 연설 장면은 2차 세계 대전 이후 수학에 대한 인식 변화와 프린스턴 대학 수학과의 부흥기를 감지하게 한다. 이 당시 프린스턴에는 아인슈타인, 괴델, 폰 노이만 등과 같은 당대의 유명한 학자들이 포진해 있었다. 따라서 프린스턴 대학원생들은 다과회에서 이들을 언제나 만날 수 있었고, 운이 좋으면 자신의 수학적 아이디어를 이들에게 피력할 수도 있었다. 또한 프린스턴은 다른 대학과 달리 종합시험만 통과하면 2~3년 안에 박사학위를 받을 수 있었는데, 이러한 프린스턴의 자유로운 풍토가 지금의 수학자 내쉬를 가능하게 한 것으로 볼 수 있다.

내쉬는 따분한 강의나 교재를 통해 죽어 있는 지식을 외우는 것보다는 사람들이 살아가는 현실 속에서 독창적인 아이디어를 찾아내려고 노력하였다. 실제로 프린스턴에서 강의 시간에 내쉬를 보거나 내쉬가 책을 들고 있는 것을 보았다는 사람은 거의 없었다. 후에 내쉬가 현대 게임 이론의 창시자인 폰 노이만을 만나기 이전부터 게임 이론에 관심이 많았다고 말한 것을 미루어 보면, 그가 강의나 책을 등한시한 이유는 아마도 다른 사람들의 영향을 최소화하려고 한 것으로 보인다. '내가 누구의 영향도 받지 않았다는 것은 좋은 일이다'라는 비트겐슈타인의 말을 실천하기라도 하듯 내쉬는 자신만의 아이디어를 발전시켜 나갔다.

내쉬는 기숙사 유리창을 공책 삼아 자신의 연구 문제를 해결하려고 했다. 그는 유리창에 풋볼하는 사람들, 빵부스러기를 놓고 싸우는 비둘기 떼, 지갑을 훔친 도둑을 쫓는 여자 등 다양한 경쟁 상황을 그려놓고, 경쟁에서 패자가 나오지 않는 상황을 수학 방정식으로 나타내려고 고심하였다. 그러던 어느 날 연구의 별 진전이 없어 괴로워하는 내쉬를 룸메이트가 세상 밖에 해답이 있다며 기숙사에서 내쫓아 버린다.

쫓겨난 내쉬가 클럽에서 여전히 연구 주제로 고심하고 있을 때, 친구들이 다가와 아담 스미스의 말을 인용하며 매력적인 금발 여인에게 접근해서 누가 성공하는지 보자고 하는데, 이때 내쉬는 다음과 같이 말한다.

> "경쟁에서 개개인의 야망은 집단의 이익에 이바지한다"라고 아담 스미스는 말했지만, 우리가 금발 미인을 얻기 위해 쟁탈전을 벌이면 아무도 그 여인을 얻질 못할 것이다. 또한 꿩 대신 닭이라고 그녀의 친구들에게 접근하면 그들은 자존심이 상해 우릴 매몰차게 거절할 것이다. 그러므로 최고의 결과는 자기 자신은 물론 소속된 집단을 위해 최선을 다해야 한다. 따라서 처음부터 금발 미인에게 아무도 접근하지 않는다면 서로 싸울 필요도 없고, 다른 여성들이 기분을 상할 일도 없을 것이다. 그것이 유일한 성공 전략이다."

바로 여기서 내쉬는 기존 경제학 이론을 뒤집는 '내쉬 균형(Nash Equilibrium)'이라는 개념의 단서를 얻어 자신에게 호감을 표시하는 금발 미인을 무시한 채 클럽을 급히 떠난다.

게임 이론은 각자 자신의 이익을 최대화하기 위해 경쟁할 때 최적의 선택을 하는 방법을 수학적으로 분석하는 이론이다. 게임 이론의 전체 구조는 두 가지 정리, 폰 노이만의 미니맥스(MINIMAX) 정리와 존 내쉬의 내쉬 균형(Nash Equilibrium) 이론을 기초로 삼고 있다. 노이만의 정리는 완전한 대립, 즉 2인 제로섬 게임(zero-sum game)이다. 제로섬 게임은 참여자 중 얻는 자가 있으면 항상 잃는 자가 있어 총합이 0이 되는 게임으로 이것은 상대방의 전략과는 상관없이 자신의 최선의 전략이 결정된다. 따라서 제로섬 게임은 협상이 이루어질 수 없는 특징을 갖는다. 그러나 전쟁 상황에서조차도 언제나 협력에 의한 소득이 있기 마련이므로 이러한 형태의 게임은 도박 이외의 실세계에서 적용되는 경우는 거의 없다. 일촉즉발의 전쟁 상황에서도 거의 언제나 협력에 의한 소득이 가능하기 때문이다.

반면 내쉬는 협력 게임(cooperative game)과 비협력 게임(non cooperative game)을 명확하게 구별한다. 협력 게임은 게임하기 이전에 참여자가 다른 참여자에게 합의를 강제할 수 있는 게임이지만, 비협력 게임은 그런 집단적 구속이 불가능하고 강제적인 합의도 없다. 내쉬는 협력과 경쟁이 혼합된 게임을 포함시켜 이론을 확대함으로써, 게임 이론이 경제학은 물론 정치학, 사회학, 진화 생물학 등에도 적용될 수 있는 길을 열었다.

내쉬 균형은 체스나 포커 게임에 적용되는 전략을 기초로 해서, 기업체 상호 간의 작용과 시장 움직임 등을 예측하기 위한 이론이다. 게임의 참여자가 어떤 특정한 전략을 선택해서 하나의 결론에 도달했을 때, 모든 참여자가 이에 만족하고 더 이상 변화시킬 의도가 없는 경우를 일컫는 말이다. 내쉬 균형은 게임 참여자 각자가 최적 전략을 구사하며 각자의 이익을 추구하는 게임의 결과로서 유일할 수도 있고 여러 가지일 수도 있다. 내쉬 균형에 도달했는가를 확인하기 위해서는 어떤 참여자라도 자신의 전략을 바꿈으로 일방적인 이익을 볼 수 없다는 것을 확인하면 된다.

내쉬 균형은 각자가 최적의 결과를 예상하고 행한 행동의 종합이지만, 이로부터 반드시 최적의 결과가 나옴을 보장하는 것은 아니다. 이것은 상대방의 최적 전략을 예상하고 수립한 최적 전략이지만 상대방이 그 최적 전략을 내놓지 않으면 자신의 전략도 최적이 아니게 된다는 의미이다. 그 좋은 예가 바로 '죄수의 딜레마(prisoner's dilemma)'이다.

예를 들어, A와 B가 경찰에 붙잡혀 서로 격리되어 심문을 받는데, 이들은 자백하거나 침묵하는 두 가지 선택 밖에 없다. 두 사람 모두 자백하면 각각 5년 형을 받게 되고, 모두 침묵하면 7일간의 구류 후에 무혐의로 풀려난다. A가 자백하고 B가 침묵하면, A는 무죄로 풀려나지만 B는 20년 형을 받는다. 반대로 B가 자백하고 A가 침묵하면 B는 무죄, A는 20년 형을 받게 된다.

| | | B | |
|---|---|---|---|
| | | 자백 | 침묵 |
| A | 자백 | (5년, 5년) | (방면, 20년) |
| | 침묵 | (20년, 방면) | (7일, 7일) |

이 상황에서 A는 B가 어떤 선택을 할지 모르기 때문에 두 가지 선택을 모두 고려해야 한다. B가 자백을 할 때, A도 자백하면 5년이고, 자백하지 않으면 20년 형을 받게 되니 최악을 피하려면 A는 자백하는 것이 낫다. 또한 B도 동일한 이유로 A가 자백하든 침묵하든 자신은 자백하는 것이 낫다는 결론에 이르게 된다. 죄수의 딜레마 게임에서 B가 어떤 선택을 하더라도 A는 침묵하는 것보다 자백하는 것이 유리하다. 이것을 게임 용어로 "침묵하는 전략이 자백하는 전략보다 열등 전략(dominated strategy)"이라고 표현한다. 그러므로 A의 전략은 자백하는 전략을 취할 것이고, B 역시 마찬가지이다. 따라서 이 게임의 해는 서로 자백하는 것이고, 그 결과 모두 5년씩 징역을 살게 된다.

그림1 ≪뷰티풀 마인드≫의 포스터와 유리창을 공책삼아 연구하는 내쉬

그림2 존 내쉬

그림3 존 내쉬의 결혼 사진

둘이 함께 침묵하여 7일씩 구류를 살고 나오는 것이 가장 좋은 전략임에도 불구하고 내쉬 균형에서는 자백하는 전략을 취할 수밖에 없다. 이것이 불확실한 상황에서는 최악을 피하는 것이 합리적 선택의 기준이 될 것이다. 여러분이 이런 상황에 처한다면 어떤 선택을 하겠는가?

### 2) 이미테이션 게임 (The Imitation Game, 2014)

≪헤드헌터≫로 주목받은 노르웨이 감독 모튼 틸덤(Morten Tyldum)의 ≪이미테이션 게임≫은 컴퓨터과학의 아버지라고 불리는 영국 수학자 앨런 튜링(Alan Mathison Turing, 1912－1954)의 삶을 다루고 있다. 헐리우드에서 틸덤은 신예 감독임에도 불구하고 이 영화로 85회 아카데미

시상식에서 작품상, 감독상, 남우주연상 등 7개 부문에 노미네이트되고, 각색상을 수상하였다. ≪이미테이션 게임≫은 앤드루 호지스의 『앨런 튜링 : 에니그마』가 원작이며 그레이엄 무어(Graham Moore)가 각색했다. 튜링 역은 BBC 드라마 <셜록>으로 대중적 인기를 얻고 헐리우드에서 차근차근 자신의 필모그래피를 쌓아가고 있는 베네딕트 컴버배치(Benedict Cumberbatch)가 맡았다. 이미 셜록 홈즈, 스티븐 호킹, 반 고흐 등과 같은 천재 캐릭터를 연기한 바 있는 컴버배치는 이전과 전혀 다른 새로운 천재 캐릭터를 꼼꼼하게 구현하고 있다. 한편 적극적이지만 다른 팀원과 튜링의 융화를 이끄는 여성 수학자 조앤 클라크 역은 키이라 나이틀리(Keira Knightley)가 맡았다. 나이틀리 역시 그 시대의 전문직 여성의 제한된 사회활동과 사회적 인식과의 갈등을 잘 보여주고 있다.

≪이미테이션 게임≫은 1951년 튜링이 도둑맞은 사건에서 시작해서 '블레츨리 라디오 제작공장'이라 불리는 곳의 암호해독 과정, 학창시절이 교차하는 세 가지 시간대와 에니그마의 해독, 동성애라는 두 가지 이야기가 서로 씨줄과 날줄처럼 구성되어 있다. 이 영화의 가장 핵심적인 내용은 제2차 세계 대전에서 승승장구하는 독일군을 저지하기 위해 영국 정부가 암호 해독반을 만들어 활동하는 과정이다. 독일의 암호 체계는 에니그마(Enigma)를 활용했는데, 이것은 전자기계식 암호 기계로서 비밀 메시지를 암호화할 뿐만 아니라 해독하는 데 이용되었으며 독일 육군, 해군, 공군, 철도 등 여러 곳에서 만든 다양한 모델이 있었다. 타자기 형태의 에니그마는 자판으로 평이한 문장들을 치면 복잡하고 무의미한 글자 형태로 펀칭하게 되어 있고, 이것은 조정 다이얼과 내부 배선의 형태에 따라 암호 해독이 달라진다. 따라서 에니그마를 가지고 있다고 해도 다이얼의 위치와 내부 배선상태를 모르면 암호해독을 할 수 없다.

튜링은 프린스턴에서 수리논리학, 암호학, 전자계산기 이론 등을 공부하고 돌아온 직후 에니그마의 암호해독이 목적인 블레츨리 파크팀에 합류

한다. 그의 나이 28세였다. 다른 팀원들과 달리 그는 인간처럼 스스로 계산처리를 하는 전자기계를 만들려고 한다. 그 과정에서 동료들과 불화를 일으키지만 클라크의 도움으로 컴퓨터의 시초가 된 튜링머신의 개발에 성공한다. 영화에서 이 기계의 이름을 학창시절 결핵으로 사망한 튜링의 유일한 옛 친구의 이름을 따서 '크리스토퍼'라고 부르지만 실제 이름은 '봄베(Bombe)'이고, 나중에 이것의 단점을 보완하여 '콜로서스(Colossus)'를 만들었다.

'크리스토퍼'의 성공의 기쁨은 잠시뿐이었고, 곧 새로운 문제에 직면한다. 시간이다! 에니그마는 24시간마다 암호체계를 바꾸는데, '크리스토퍼'는 모든 가능성을 일일이 다 점검하다 보니 항상 24시간을 넘겨 무용지물이 된다. 튜링은 술집에서 우연히 얻은 단서를 통해 불필요한 가능성을 제거하여, 독일군의 암호문을 짧은 시간에 해독하는 데 성공한다. 그렇지만 다시 더 큰 문제에 직면한다. 암호해독의 결과대로 바로 대응하면, 독일군이 연합군의 암호해독의 성공을 알아챌 것이고, 그러면 또 다시 언제 끝날지 모르는 암호해독의 시간을 보내야 한다. 반면 해독 결과대로 적절한 대응을 하지 않으면 연합군이 타격을 받게 된다. 앞의 문제가 기술적인 문제라면, 이것은 도덕적이고 철학적인 문제로 볼 수 있다. 결국, 에니그마 해독의 성공을 알리지 않고 전쟁이 끝날 때까지 블레츨리 팀은 해독 작업에 몰두한다. 사학가들에 의하면 에니그마 해독이 전쟁을 2년 단축시켰고 1400만명을 구했다고 한다. 전쟁이 끝난 후 영국 정부는 암호해독 과정과 관련된 모든 문서와 기계장치는 소각하고, 튜링에 대해 50년 넘게 함구했다.

영화 제목인 '이미테이션 게임'은 튜링의 논문과 관련된다. 이 내용은 영화에서 튜링과 형사의 대화에서도 나온다. 1950년에 발표한 논문 「계산기계와 지성(Computing Machinery and Intelligence)」에서 튜링은 기계(컴퓨터)도 사람처럼 생각할 수 있다고 주장한다. 만약 컴퓨터의 반응이 인간과 반응과 구별할 수 없다면 컴퓨터가 생각할 수 있는 것으로 받아들여야 된다고 하였는데, 이것이 '튜링 테스트(Turing test)'이다. 이 '튜링 테스트'가 바로 이미테이션 게임인데, 여기서 컴퓨터는 기계가 아닌 척을 해야되기 때문에 이런 명칭이 붙여졌다. 2014년 6월 영국왕립학회가 실시한 '튜링 테스트'에서 영국의 레딩대학교가 개발한 컴퓨터 프로그램 '유진 구스트만(Eugene Goostman)'이 최초로 이 테스트를 통과하였다. 이 테스트에서 우크라이나 국적의 13세 소년으로 설정된 '유진'과 대화를 나눈 심사위원 25명 가운데 33%가 진짜 인간이라고 판단하였다.

그림4 ≪이미테이션 게임≫의 포스터

그림5 앨런 튜링

그림6 경매에 붙여진 나치의 에니그마

마지막은 튜링의 죽음과 관련된 이야기이다. 튜링은 전후에 자동계산기관을 만들기 위해 국립과학연구소에 들어갔다가 1947년에 켐브리지로 돌아간다. 다시 맨체스터대 왕립협회 전산연구소에서 인간의 뇌와 비슷한 '전자 뇌'에 대해 연구했고 1951년 영국왕립협회 회원으로 선출되었다. 그렇지만 튜링은 영국에서 1967년까지 불법이었던 동성애로 재판에 회부되어 1952년 유죄 판결을 받고, 연구를 위해 감옥에 가는 대신 호르몬 치료를 받는 것을 선택했다. 이로 인한 부작용 때문에 그는 2년 후 청산가리를 주사한 사과를 먹고 자살하였다. 이 때문에 애플 컴퓨터의 로고가 튜링이 베어 먹은 사과를 상징하는 것이라는 이야기도 있지만, 애플사가 공식적으로 이것을 인정한 적은 없다. 튜링 탄생 100주년을 앞두고 튜링 사면 관련 법안이 제출되었고, 제2차 세계 대전의 종식에 대한 튜링의 공헌을 인정하여 엘리자베스 2세 여왕이 왕실 특별 사면권을 행사해 2013년 12월 23일에 튜링의 사면이 시행됐다. 또한 1966년 미국계산기학회(ACM)가 튜링을 기념하여 컴퓨터과학 분야에서 많은 공헌을 한 개인에게 수여하는 튜링상(Turing Award)을 제정하여, 지금까지 이 상의 수상은 이 분야에서 최대의 영광으로 인식되고 있다.

## 02 익숙하지만 쉽지 않은, 그래서 신비로운 수 : $\pi$(파이)

원의 지름의 길이에 대한 원주의 비율은 지름의 길이와 상관없이 항상 일정하다. 이것을 우리는 원주율이라고 부르는데, 보통 숫자(3.14159265 35…) 대신 그리스 알파벳 16번째 문자 $\pi$로 나타낸다. 1706년에 영국 수학자 윌리엄 존스가 『수학에 대한 새로운 입문』에서 $\pi$를 오늘날과 같은 의미로 처음 사용하였으나 널리 퍼지게 된 것은 오일러가 1737년

『무한급수에 대한 다양한 관찰』에서 $\pi$표기를 사용한 이후이다. $\pi$는 원의 둘레(원주)를 뜻하는 그리스어 $\pi\varepsilon\rho\iota\mu\varepsilon\tau\rho o s$와 $\pi\varepsilon\rho\iota\varphi\varepsilon\rho\omega$의 첫 글자이다.

$\pi$는 숫자이지만 문자로 표기하고, 순환하지 않는 무한 소수이며 초월수이다. 이러한 다채로운 성격 때문에 4,000년 이상 수학자들은 다른 어떤 수보다 이 수에 더 많은 관심을 갖고 지력을 소모시켜왔다. 초기에는 주로 좀 더 정확한 $\pi$값을 찾는 데 주력했으나 $\pi$에 함축된 무한 개념에 대한 관심과 흥미가 커지면서 수학을 넘어 다양한 분야로 확장되어 왔다. 이 장에서는 영화 제목에 '파이'가 포함된 두 편의 영화 ≪라이프 오브 파이≫와 ≪파이 $\pi$≫를 살펴보겠다.

### 1) 라이프 오브 파이 (Life of Pi, 2012)

영화 ≪라이프 오브 파이≫는 2002년 부커상을 수상한 세계적인 스테디셀러 『파이 이야기』를 원작으로 만들어진 작품이다. 원작자인 얀 마텔(Yann Martel)은 『파이 이야기』가 영화화되기 어렵다고 생각했으나, 이것을 가능하게 한 사람이 바로 리안(Ang Lee) 감독이다. ≪음식남녀≫, ≪센스 센서빌리티≫, ≪와호장룡≫, ≪헐크≫, ≪브로크백 마운틴≫, ≪색, 계≫ 등 화려한 필모그래피의 주인공인 리안 감독은 ≪라이프 오브 파이≫로 두 번째 아카데미 감독상(2013)을 수상하였다.

≪라이프 오브 파이≫는 인도에서 동물원을 운영하던 주인공 파이의 가족들이 동물들과 함께 캐나다로 이민을 떠나는 '침춤호'에 탑승했다가 난파되어 파이가 호랑이와 227일 동안 표류한 이야기를 들려주는 형식이다. 리안 감독은 새로운 얼굴을 찾기 위해 3000여 명이 넘는 지원자를 오디션 한 끝에 수라즈 샤르마(Suraj Sharma, 17세)를 주인공 파이로 결정했다. 샤르마는 연기 경험도 전혀 없고, 수영조차 할 줄 모르는 소년이었다. 캐스팅 된 후 그는 수중 연기와 생존 기술을 익히기 위한 다양한 훈련을 받았고, 표류 기간 동안 야위어 가는 과정을 표현하기

위해 영화 촬영 내내 체중을 15kg 이상 계속 줄여갔다. 이러한 헌신적인 노력으로 샤르마는 리안 감독의 말처럼 '파이 그 자체'가 되어 사실적이고 안정적인 감정 연기를 보여줬다.

영상으로 표현하기 어려운 표류 장면을 스크린에 구현하기 위해 이안 감독은 대만의 옛 수이난 공항 부지에 총 길이 70m, 너비 30m, 깊이 4m로 이뤄진 세계 최대 규모의 특수 수조를 포함한 거대한 영화 스튜디오를 만들었다. '침춤호'가 난파당하는 장면과 파이가 사투를 벌이는 폭풍우 장면만 CG 기법이 사용되고 나머지는 모두 이 특수 제작 수조에서 촬영되었다. 주인공 파이 못지않게 중요한 벵갈 호랑이 '리처드 파커'는 실제 호랑이가 등장하는 경우도 있었지만, 대부분의 장면은 ≪나니아 연대기≫의 사자 '아슬란'을 만든 시각팀의 첨단 CG 작업을 통해 생생하게 구현되었다. 또한 파이의 환상과 모험 과정을 3D로 아름답게 구현했는데, 단순히 사물의 입체감을 표현하는 것을 넘어 공간의 깊이감과 캐릭터의 감정까지도 드러냈다. ≪라이프 오브 파이≫는 리안 감독의 첫 3D 영화인 것이 믿기지 않을 정도로 관객과 평단으로부터 최고의 3D 영화라는 찬사를 받았다.

≪라이프 오브 파이≫는 2개의 이야기 구조가 중첩되어 있다. 하나는 주인공 파이와 캐나다 작가 사이의 대화이고, 나머지는 파이가 작가에게 들려주는 이야기 속의 내용이다. 영화의 앞 부분에서 파이는 자신의 이름의 유래에 대해 이야기한다. 파이는 자신에게 수영을 가르쳐 준 삼촌 마마지가 지상 최고로 꼽는 파리의 수영장 '피신 몰리토(PISCINE MOLITOR)'의 '피신(Piscine)'이 자신의 이름이 되었다는 것이다. 학교에 들어간 후 친구들이 'Piscine'을 'pissing(소변보다)'이라 발음하면서 놀리고 선생님들도 마찬가지로 잘못 발음하게 되자, 파이는 새 학년 첫 시간에 앞에 나가 자신의 이름을 설명한다. "내 이름은 피신 몰리토 파텔입니다. 간단히 부르면 파이(Pi) 파텔." 친구들이 기억하기 좋게 원을 그려 원주율을 설명하면서 $\pi=3.14$를 덧붙인다. 그럼에도 불구하고 친구들이 여전히

'pissing'이라고 놀리자 그 다음 시간에는 $\pi$값을 소수점 아래 20번째 자리까지 칠판에 적고, 마지막 수학 시간에는 칠판 4개에 $\pi$값을 가득 채운다. 이 장면은 $\pi$가 순환하지 않는 무한 소수로 전개되는 특성에 기인한다. 무리수 $\pi$는 규칙성이 전혀 나타나지 않기 때문에 파이가 쉬지 않고 $\pi$값을 전개하자 학교 안의 사람들이 다 몰려들어 구경한 것이다. 이 에피소드는 소설보다 영화에서 좀 더 과장되게 표현되는데, 아마도 파이의 적극적이고 집요한 캐릭터에 대한 복선으로 사용하는 것처럼 보인다.

이 영화에서 $\pi$는 이름과 관련된 에피소드로 사용될 뿐만 아니라 영화를 이끌고 가는 모티브에 해당된다. ≪라이프 오브 파이≫는 표류 과정을 중심으로 하는 모험 영화이지만 종교에 대한 철학적인 물음을 포함하고 있다. 이 영화의 배경인 인도의 프랑스령이었던 폰디체리는 힌두교, 천주교, 이슬람 등 3가지 종교가 공존하는 도시이고, 파이는 이 세 종교를 다 믿는 아이로 나온다. 이런 파이에게 아버지는 맹목적인 믿음은 안 좋은 것이고 항상 이성적으로 생각해야 된다고 강조한다. 신이 존재해서 믿는 것이 아니라 믿기 때문에 존재하는 것이라는 말과 함께 이성적인 것과 비이성적인 것을 대비하는 구도가 영화 내내 지속된다. 이런 대비는 소설보다 영화에서 뚜렷한데, 이것은 감독이 유리수(有理數, rational number)와 무리수(無理數, irrational number)의 대비를 염두에 두고 있는 것처럼 보인다. 즉, 유리수와 무리수를 한자 그대로 해석하여 유리수를 이성(합리)적인 수, 무리수를 비이성적(비합리적)인 수로 생각하고 주인공 파이를 통해 이성적으로 설명할 수 없는 모험 이야기를 말하고 있는 것처럼 보인다. 사실 유리수와 무리수를 이렇게 해석하는 것은 문제가 좀 있다. 유리수는 비례로 나타낼 수 있는 수인 반면 무리수는 비례로 나타낼 수 없는 수, 즉 공통척도로 나타낼 수 없는 수로 해석하는 것이 좀 더 타당하다. 고대 수학은 대부분 비례 관계로 문제를 해결했기 때문에 무리수의 발견을 하나의 커다란 스캔들로 받아들였다. 모든 수는 비례로 나타낼 수 있다고 주장한 피타고라스 학파가 무리수의 존재를 비밀로 부친 것 또한 이 때문이다.

표류하던 파이가 난파하여 도착한 멕시코 병원에서 일본 보험회사 직원과의 대화는 관객에게 당혹스러운 반전을 제시한다. 다른 영화들처럼 하나의 답을 상정해 놓은 반전이 아닌 이야기 전체를 확장시키는 반전이다. 이런 식의 반전은 "소설의 운명은 반은 작가의 몫이고 반은 독자의 몫이다. 독자가 소설을 읽음으로써 작품은 하나의 인격체로 완성된다."라고 말하는 원작자 얀 마텔의 소설관을 그대로 반영하는 것으로 보인다. 영화를 보며 각자의 답을 생각해 보는 것도 흥미로울 것이다.

보통 뛰어난 소설이 원작인 영화는 그 소설보다 부족한 경우가 많은데, ≪라이프 오브 파이≫와 소설 『파이 이야기』의 관계는 그렇지 않다. 소설에는 간단히 한 줄로 처리된 내용이 영화에서는 마음을 울리는 장면으로 생생하게 살아나기도 하고, 소설보다 좀 더 분명한 대비를 보여주기도 한다. 물론 소설은 영화에서 충분히 보여주지 못한 종교에 대한 철학적인 질문들을 진지하게 생각해 볼 수 있게 하고, 표류기간 동안의 파이의 생각을 좀 더 구체적으로 알 수 있게 한다. 영화와 소설, 이 두 작품은 관객과 독자 모두를 실망시키지 않을 테니 파이의 환상적인 모험에 동참해 보자.

그림7 ≪라이프 오브 파이≫의 포스터와 파이의 환상이 3D로 구현된 장면

### 2) 파이 π(Pi, 1998)

≪레퀴엠≫(제5회 전주국제영화제 개막작), ≪더 레슬러≫, ≪블랙스완≫, ≪노아≫ 등으로 알려진 대런 아로노프스키(Darren Aronofsky)의 감독 데뷔작 ≪파이 π≫는 1998년 선댄스 영화제 감독상, 1999년 플로리다 비평가 협회에서 올해의 신인감독에 선정되었다. 아르노프스키가 직접 각본 작업까지 참여한 ≪파이 π≫는 요즘 보기 드문 흑백 영화로 총제작비가 6만 달러에 불과한 초저예산 영화이다. 전주국제영화제(2000)의 초청덕분에 접하기 힘든 신인감독의 실험적인 작품 ≪파이 π≫를 우리가 만날 수 있었다.

지금까지 개봉한 영화 중 ≪파이 π≫는 가장 수학적인 이미지와 개념으로 충만한 영화라 할 수 있다. 원주율을 뜻하는 영화 제목부터 시작해서, 뫼비우스의 띠, 각종 곡선과 곡면 등이 반복되는 프랙탈 이미지, 피보나치 수열, 황금 나선, 담배 연기, 크림이 녹아 들어가는 커피 등이 몽타주 기법으로 처리된 화면은 이 영화가 수학이라는 언어로 말을 건네고 있다는 착각이 들 정도다.

일반적인 영화 편집 양식은 한 장면 안에서 쇼트와 쇼트가 연결되어 있다는 사실을 관객들이 알아차리지 못하게 편집한다. 자연스럽게 장면들이 넘어가야 관객은 만들어진 영화라는 사실을 잊고 영화의 줄거리와 등장인물의 삶에 몰입하기 때문이다. 몽타주 기법은 이러한 기본 양식을 파기하고 쇼트와 쇼트가 서로 충돌하는 데서 발생하는 특정한 의미나 관념을 관객들에게 전달하는 것을 최고의 목적으로 한다. 이 영화에서 수학적 이미지를 표현하는 데 이런 몽타주 기법을 사용함으로써 무언가 특정한 메시지를 전하고 있다. 이를 통해 감독이 전달하고 싶은 메시지가 무엇인지 추측해 보는 것도 흥미로운 일일 것이다.

대인기피증과 강박증을 앓고 있는 것처럼 보이는 유대인 수학자 맥스 코엔은 자신의 허름한 아파트에서 '유클리드'라는 이름의 기괴한 컴퓨터를 설치해 놓고 홀로 연구 생활을 하고 있다. 그는 "수학은 자연의 언어이고, 만물은 숫자를 통해서 표현되고 이해될 수 있으며, 수리화된 시스템에는 패턴이 존재한다."라는 전제하에 '자연에는 패턴이 있다'라는 가설을 세우고, 그 증거로 전염병 확산 주기, 나일강의 범람, 태양흑점 주기, 카브리해의 인구 증감 등을 제시한다. 이것을 토대로 코엔은 주식 시장의 수학적 패턴을 찾아내려고 노력한다.

아파트에서 자신만의 컴퓨터를 설치해 놓고 연구하는 코엔의 모습은 처드노프스키 형제 수학자를 떠올리게 한다. 세계적인 정수론 학자인 데이비드와 그레고리 처드노프스키가 초월수와 무한급수를 탐구하기 위해 자신의 아파트에 기성 부품을 가지고 직접 만든 슈퍼컴퓨터를 설치했는데 이것은 $\pi$를 4억 8천만자리까지 계산한 후 자신들의 컴퓨터로 직접 계산하기 위해서이다. 처드노프스키 형제가 'M 제로'라고 이름을 붙인 슈퍼컴퓨터는 아파트의 상당한 공간을 차지하였고 전력을 많이 소비해서 에어컨을 틀어도 실내 온도를 섭씨 32도까지 오르게 하였다. 처드노프스키 형제는 이 컴퓨터로 $\pi$를 80억 자리 이상의 자리까지 계산하였으나, 이것은 기록을 위한 것이 아니라 $\pi$ 계산을 통해 컴퓨터와 알고리즘이 올바르게 작동하고 있다는 것을 확인하기 위한 것이었다.

코엔이 유일하게 인간적인 교류를 하는 사람은 은사인 솔 교수뿐이다. 코엔은 솔 교수를 가끔 방문하여 바둑을 두며 자신의 연구에 대한 조언을 구한다. 원주율의 규칙성을 연구하다 포기한 전력이 있는 솔 교수는 아르키메데스 일화를 예를 들며 심신이 피로한 코엔의 무모한 시도를 만류한다.

그 일화는 부력의 원리와 관련된 것으로, 왕관이 순금이 아니라고 의심한 왕이 아르키메데스에게 왕관의 순도를 조사해달라고 부탁하였고, 이 문제를 가지고 고심하던 아르키메데스가 욕탕에 자신이 들어가자 물이 넘치는 것을 보고 이 원리를 알아내 "유레카(Eureka, 찾았음을 의미)!"라고 외치며 벌거벗은 채로 거리로 뛰어나갔다는 이야기이다. 이 이야기를 언급하며 이것의 교훈이 무엇이냐는 질문에 코엔은 "언젠가는 성공한다."라고 답변하자, 솔 교수는 그의 대답을 정정한다. "사람은 쉬어야 한다!"

한편 코엔은 우연히 카페에서 카발라 신도 레니 메이어를 만난다. 메이어는 코엔에게 히브리어는 모두 수학이라며, 간단한 게마트리아의 원리를 설명한다. 코엔은 메이어의 설명 속에서 나타나는 수 패턴에서 피보나치수열을 발견하고 피보나치수열과 황금비의 관계에 대해 설명한다.

≪다빈치 코드≫로 대중적으로 유명해진 피보나치수열은 이탈리아 수학자 피보나치의 저서 『산반서』에서 제시된 다음 문제에서 유래한다.

> 생후 한 달이 지난 암수 한 쌍의 토끼를 기른다. 이들은 두 달이 지나면 번식할 수 있게 성숙해진다. 이 두 마리의 토끼가 두 번째 달부터 시작하여 매달 새로운 한 쌍을 낳는다고 하자. 얼마나 많이 번식해 나갈 것인가?

각 세대별로 모든 쌍의 개수를 적어나가면 다음과 같은 피보나치수열을 구성할 수 있다. 피보나치수열은 앞의 두 항을 더한 것이 그 다음 항이 되고, 이웃하는 두 항의 비로 이루어진 수열의 극한값은 황금비로 수렴하는 성질을 갖고 있다.

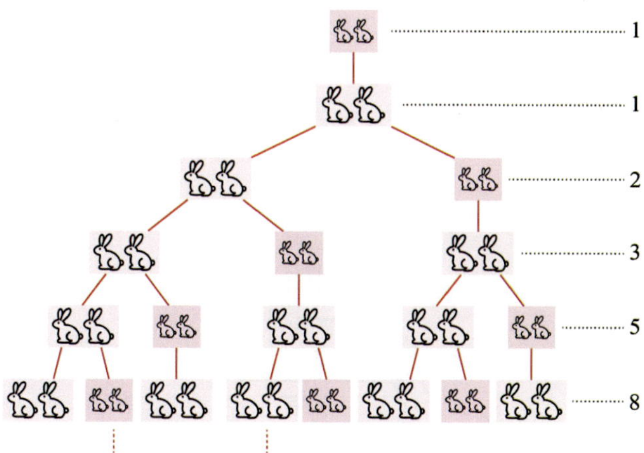


그림7 피보나치수열

$$1,\ 1,\ 2,\ 3,\ 5,\ 8,\ 13,\ 21,\ 34,\ 55,\ 89,\ 144,\ 233,\ \cdots$$

$$a_1 = a_2 = 1,\ \ a_n = a_{n-1} + a_{n+1},\ \ n \geq 3$$

$$\lim_{n \to \infty} \frac{a_{n+1}}{a_n} = \phi = \frac{1+\sqrt{5}}{2} = 1.61803398\cdots.$$

이 영화에서 황금비는 $\theta$(theta)로 나타내지만 실제로는 $\phi$(phi)로 나타내는 것이 더 일반적이다. $\phi$는 파스테논 신전에 황금비를 적용한 조각을 남긴 그리스 조각가 피디아스(phidias)의 이름에서 비롯되었다. 황금비는 조각비나 숫양의 뿔, 물의 소용돌이, 앵무조개에서 발견되는 황금 나선형과 관련된다. 앵무조개는 수학적 이미지로 활용되는 경우가 종종 있다. 예를 들면, 드라마 ≪퍼슨 오브 인터레스트 4, Person of Interest 4≫의 한 에피소드에는 앵무조개의 이미지를 쫓아 수학적 퍼즐을 해결하는 이야기를 다룬다. 황금 나선형은 볼트와 용수철, DNA 분자의 이중 나선 등에서 나타나는 아르키메데스 나선형과 다르다. 아르키메데스 나선형은 한 점으로부터의 거리가 일정한 비율로 증가하므로 코일 사이의 거리가 항상 일정하지만, 황금 나선형은 코일 사이의 거리가 중심에서 멀어질수록 점점 증가한다.

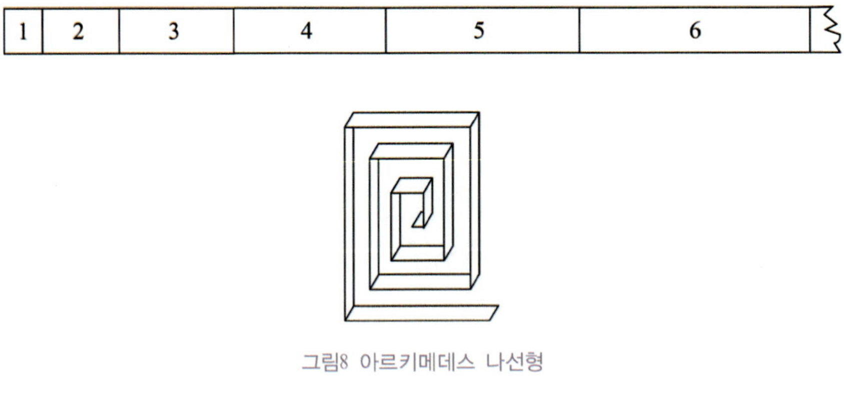


그림8 아르키메데스 나선형

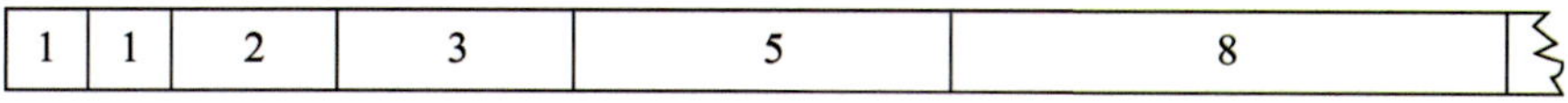


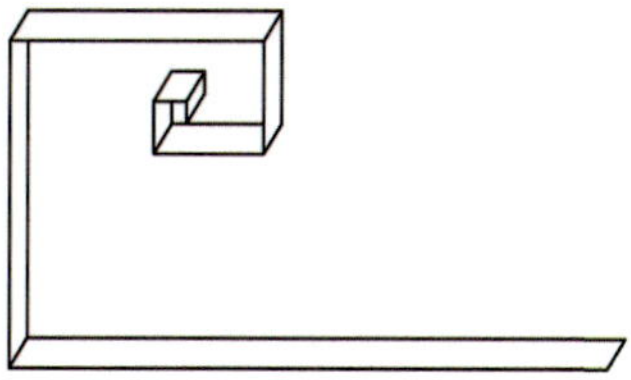

그림9 황금나선형

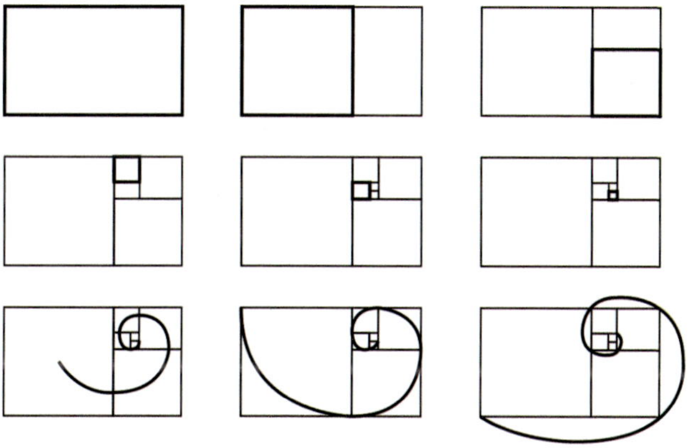

그림10 황금나선형 작도법

카발라는 히브라이어로 '전승(傳承)'을 뜻하는데, 신비한 의전(儀典) 마법에 대한 실용적인 체계뿐만 아니라 철학적 사상의 구전 체계 또는 학풍을 의미한다. 카발라에는 주목할 만한 특징이 3가지가 있는데, 바로 게마트리아, 노타리콘, 테무라이다. 노타리콘은 어떤 이름이나 문장의 첫 번째 글자들이나 마지막 글자들로부터 새로운 단어나 문장을 만들어 내는 기술을 말한다. 이 기술은 카발라에서 고도로 발달된 마법적인 기술이다. 테무라는 신성한 이론이나 문헌을 암호화하여 숨기는 기법을 말하는데, 주로 문자를 치환하면서 이루어진다. 이들 관계를 알기 위해서는 기본적으로 히브리 알파벳 글자와 수의 관계를 알아야 한다. 게마

트리아는 문자를 수로 사용하는 방법과 이것으로부터 나오는 수비학(數秘學, numerology)의 광대한 해석 체계를 말한다. 즉, 문자는 수를 나타내고, 문장은 덧셈을 의미하며, 그 합을 통해 또 다른 문장을 의미하게 된다. 영어 알파벳과 관련된 현대 수비학 체계는 다음과 같다.

> **A**=1, **B**=2, **C**=3, **D**=4, **E**=5, **F**=6, **G**=7, **H**=8, **I**=9, **J**=10(=1+0=1),
> **K**=11(=1+1=2), **L**=12(=1+2=3), **M**=13(=1+3=4), **N**=14(=1+4=5),
> **O**=15(=1+5=6), **P**=16(=1+6=7), **Q**=17(1+7=8), **R**=18(=1+8=9),
> **S**=19(=1+9=10=1+0=1), **T**=20(=2+0=2), **U**=21(=2+1=3),
> **V**=22(=2+2=4), **W**=23(=2+3=5), **X**=24(=2+4=6),
> **Y**=25(=2+5=7), **Z**=26(=2+6=8)

솔 교수의 충고를 무시한 채 코엔은 자신의 심신을 해치면서까지 주식 시장의 패턴을 찾기 위해 연구에 몰두한다. 그러던 중 '유클리드'가 어느 회사의 주식 값을 6.5달러라고 예측한 다음 에러가 난 것처럼, 코엔이 216자리의 숫자를 출력한 다음 메인 보드가 타버리며 작동을 멈춘다. 코엔은 지난 40년 동안 주가가 20달러 이하로 떨어진 적이 없다는 사실을 기억하며 낙심한 나머지 216자리의 숫자를 인쇄한 출력물을 길가 쓰레기통에 버리지만, 곧 자신의 주가 예측이 정확했다는 사실을 알게 되고 흥분한다. 그 다음부터 코엔은 216자리의 숫자에 집착하기 시작한다. 이 모습을 본 솔 교수는 코엔에게 과학적 원칙을 버리면 수학자가 아니라 수비학자(數秘學者, numerologist)라며 다시 한 번 경고한다.

코엔이 자신의 연구 가설을 수정하며 216자리의 숫자에서 어떤 패턴을 인식하기 시작하자, 주식 시장을 통제하려는 탐욕스러운 투자가들과 카발라의 수수께끼를 풀려는 위험한 종파의 사제들에게 쫓기게 된다. 이런 상황이 긴박해질수록 또한 코엔의 강박증은 증세가 더욱 더 심해진다.

216자리의 숫자가 어떤 단서를 갖고 있는지 영화 속에서 구체적으로 나타나지 않지만, 216은 카발라 전통이나 피타고라스학파에서 독특한 의미를 갖는 숫자이다. 이 216개의 히브리 문자로는 3음절씩 구성된 72개의 신의 이름을 얻을 수 있다. 또한 숫자 216은 피타고라스 정리($a^2+b^2=c^2$)를 만족하는 피타고라스 수 3, 4, 5를 각각 세제곱하여 더한 값이며, 동시에 이 수 역시 세제곱수가 된다.($3^3+4^3+5^3=6^3(=216)$) 이 수는 플라톤의 『국가』에서 '인간의 수'라고 명명한 수이기도 하다.

이 영화에서는 성격이 다른 고대 수학자 피타고라스, 아르키메데스, 유클리드가 거론된다. 주인공의 분신과도 같은 컴퓨터의 이름으로 쓰인 유클리드는 플라톤의 정신을 계승한 학자라 볼 수 있다. 영화 초반에 코엔이 솔 교수에게 이성의 힘을 강조하는 모습을 보면 어딘지 모르게 플라톤을 닮아 있다. 이런 코엔에게 솔 교수는 어느 한쪽에도 치우침이 없는 자유로운 정신의 소유자인 아르키메데스의 여유를 가지라고 충고하지만, 코엔은 216자리 숫자에 집착하면서 신비주의적 요소를 가득 머금고 있는 피타고라스로 빠져드는 것처럼 보인다. 영화 마지막에 코엔은 어떤 선택을 하게 될까? 이 부분은 여러분들이 직접 영화를 보고 확인하길 바란다.

그림11 ≪파이 $\pi$≫의 포스터

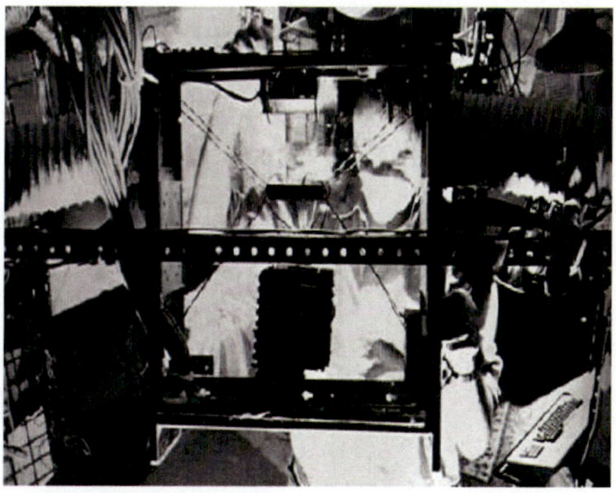
그림12 유클리드를 치료하는 코엔

## 03 문제를 해결해야 살 수 있다! : 수학적 퍼즐

고대 신화나 소설에서 수수께끼를 모티브로 이야기를 이끌어 나가는 경우가 종종 있다. 영화에서도 수학적 퍼즐을 이처럼 이용하는 경우가 있는데, 보통 다른 장치들을 좀 더 설치해서 개연성과 긴장감을 높인다. 예를 들어 퍼즐을 꼭 해결할 수밖에 없는 상황을 설정하여 주인공을 압박해서 극적 긴장감을 고조시키는 것이다. 주로 범죄자가 여러 사람의 목숨을 담보로 정해진 시간에 퍼즐을 풀도록 협박하는 경우나 목숨이 위험한 제한된 장소에서 탈출하기 위해 문제를 해결하려는 상황이 많다. 특히 제한된 장소에서 한정된 등장인물이 나오는 구조는 미스터리물의 전형적인 플롯 중의 하나인데, 여기서는 이에 해당하는 ≪페르마의 밀실≫과 ≪큐브≫를 살펴보겠다

### 1) 페르마의 밀실(La Habitación Fermat, 2007)

루이스 피에드라이타(Luis Piedrahita)와 로드리고 소페나(Rodrigo Sopena) 감독의 ≪페르마의 밀실≫은 제12회 부천판타스틱영화제(2008) 출품작이고, 2012년에 수입되었지만 극장에서 상영되지 못하고 웹 다운로드로 출시된 스페인 영화이다. 우리에게 익숙한 헐리우드 영화가 아니라 영화 자체에 대한 정보도 적고 배우들도 낯설지만, 수학 관련 영화로 항상 언급되는 대표적인 영화이다.

영화 제목 '페르마의 밀실'에서 페르마는 '페르마의 마지막 정리'로 유명한 프랑스 수학자 페르마(Pierre de Fermat, 1601-1665)를 지칭한다. 페르마는 정수론, 확률론, 해석기하학 등에 큰 업적을 남긴 17C 대표적인 수학자였지만, 전문 수학자가 아니라 그의 연구 내용은 주로 메모, 노트, 편지 등의 형태로 남겨져서 사후에 출판되었다. '페르마의 마지막 정리'는 페르마가 디오판투스의 『산학』 여백에 '내가 해결했지만 여백이

좁아 증명과정을 옮기지 않겠다.'는 메모를 남겼지만 오랜 세월 해결되지 않아 유명해진 정리이다. 이 정리는 드라마 <스타트렉>(1989, 1995)과 애니메이션 <심슨가족>(1995, 1998)에서 각각 언급되기도 했다. '페르마의 마지막 정리'에 대해 초등학교 때부터 관심을 가졌던 영국 수학자 와일즈(Andrew John Wiles)가 이 정리를 증명하였다.

〈페르마의 마지막 정리(FLT, Fermat's Last Theorem)〉

$n$이 2보다 큰 정수이면 $x^n+y^n=z^n$를 만족하는 정수해

$x$, $y$, $z$는 존재하지 않는다.

제한된 공간에서 사건이 일어나는 ≪페르마의 밀실≫의 기본 틀은 아가사 크리스티의 『그리고 아무도 없었다』와 영화 ≪큐브≫의 틀을 빌려 온 것처럼 보이지만 이 두 작품을 넘어서지는 못하는 것 같다. 『그리고 아무도 없었다』처럼 서로 모르는 4명(수학자2, 엔지니어, 체스선수)이 페르마라는 낯선 이에게 초대되어 한 곳에 모여 갈루아, 올리바, 파스칼, 힐베르트라는 닉네임을 부여받는다. 여기서 이들은 정해진 시간에 이 문제들을 풀지 못하면 대형 압축기에 의해 사방이 줄어드는 밀실에 갇혀 목숨의 위협을 느끼며 문제들을 하나씩 풀어가는 과정은 ≪큐브≫와 유사하지만, 공간 설정과 제시된 문제들은 더 단순한 편이다.

이 영화에서 총 9개의 문제가 나온다. 대부분의 문제가 난센스 퀴즈이거나 간단한 논리 퍼즐 형태이다. 첫 번째 문제는 페르마의 초대장에 제시된 수열 문제(5－4－2－9－8－6－7－3－1)이다. 사실 이 수열의 규칙은 간단하지만, 주의해야 할 것은 각 숫자의 명칭을 영어가 아니라 스페인어로 생각해야 되는 것이다. 1부터 9를 나타내는 스페인어는 다음과 같다.

uno(1), dos(2), tres(3), cuatro(4), cinco(5), seis(6),
siete(7), ocho(8), nueve(9)

두 번째 문제는 페르마에 의해 초청 받은 4명이 '피타고라스'라는 이름의 배를 타고 섬으로 들어가는 장면에서 힐베르트가 제시하는 '양, 늑대, 양배추 문제'이다. 이 문제는 풀이 과정보다는 주어진 상황 자체를 이 영화의 복선으로 사용하고 있다. 나머지 7개가 수학책으로 가득 찬 줄어드는 밀실에서 PDA로 타이머와 함께 제시되는 본격적인 문제이다. 이 문제들은 주로 간단한 퍼즐 형태이지만, 타이머로 제시되는 짧은 시간(주로 1분)에 문제를 푼 다음 다시 PDA로 답을 전송해야 되는 시간적 압박감과 문제들이 제시되는 중간 중간에 주인공들 사이의 비밀이 벗겨지면서 고조되는 감정 때문에 4명의 주인공들은 문제에 집중하지 못하고 곤혹스러워한다. 주인공들은 문제를 해결하는 과정 속에서 밀실이 좁아지는 것을 물리적으로 막으려고 노력하고 범인의 의도가 무엇인가에 대해 끊임없이 논의하는 과정 속에서 앞의 복선들이 하나씩 드러난다. 이 문제들 중 가장 방이 좁아진 상태에서 제시되는 마지막 문제는 다음과 같다.

"아들보다 21살 더 많은 어머니가 있다. 6년 후에 어머니의 나이는 아들 나이의 5배가 될 것이다. 아버지는 지금 어디에 있을까?"

$$\Rightarrow \begin{cases} y = x + 21 \\ (y+6) = 5(x+6) \end{cases} \qquad (y\ :\ \text{어머니 나이})$$

이 문제를 위와 같이 연립방정식으로 풀면 아들의 나이는 $-\frac{3}{4}$살, 즉 $-9$개월이다. 가장 긴박한 순간에 가장 어처구니없는 문제를 제시하는 것을 유머나 조롱으로 받아들여야 될지 모르겠지만 관객 입장에서 좀 당혹스럽긴 하다.

다른 영화에 비해 <페르마의 밀실>은 수학자들의 이름이 많이 거론되고, 거론된 수학자들의 캐릭터 자체가 극을 전개해 나가는 실마리가 되기도 한다. 언급된 주요 수학자들은 페르마, 갈루아(Évariste Galois,

1811-1832, 프랑스), 파스칼(Blaise Pascal, 1623-1662, 프랑스), 힐베르트(David Hilbert, 1862-1943, 독일), 칸토어(Georg Cantor, 1849-1918, 독일), 괴델(Kurt Gödel, 1906-1978, 미국), 다니야마 유타카(たにやまゆたか, 1927-1958, 일본) 등이다. 이 중 주인공들의 닉네임인 갈루아, 파스칼, 힐베르트 등은 이들의 캐릭터와 실제 사망 나이가 등장인물과 관련되어 있고, 힐베르트라는 닉네임을 쓰는 이와 의사인 친구가 체스를 두는 장면에서 언급되는 칸토어, 괴델, 다니야마 등의 사망 원인은 복선으로 사용된다. 인용된 수학자들 중 가장 낯선 일본 수학자 다니야마는 '페르마의 마지막 정리'와 관련된 수학자이다. 이 정리에 대한 와일즈의 증명은 '다니야마-시무라 추측'이 참이면 '페르마의 마지막 정리' 역시 참이라는 형식을 취하고 있다. 이 추측은 일본 수학자 다니야마 유타카와 시무라 고로가 제안한 것이다.

"소수가 뭔지 알아?"라는 대사로 시작되는 이 영화의 첫 씨퀀스(sequence)에서 한 청년이 여학생들에게 '골드바흐의 추측(Goldbach's Conjecture)'을 설명한다. 이 추측은 1742년 프로이센 수학자 골드바흐(Christian Goldbach, 1690-1764)가 오일러(Leonhard Euler, 1707-1783, 스위스)에게 보낸 편지에서 처음 제기한 것인데, 아직까지 해결되지 않은 난제이다. 골드바흐는 이 편지에서 '2보다 큰 모든 정수는 세 개의 소수의 합으로 표현가능하다.'고 했는데, 이는 1을 소수에 포함시켰기 때문이다. (3=1+1+1, 4=1+1+2, 5=1+1+3=1+2+2, 등등) 오일러는 답장에서 소수 1을 제외시키고 골드바흐가 제기한 내용을 짝수와 홀수로 나눠 다음과 같이 변형시켰다 : '2보다 큰 모든 짝수는 두 소수의 합으로 나타낼 수 있다.' (4=2+2, 6=3+3, 8=3+5, 10=3+7=5+5, 12=5+7, 등등) 또한 이것이 성립한다면, '5보다 큰 홀수는 세 소수의 합으로 나타낼 수 있다.'를 첨가하였다. 앞의 내용이 우리가 흔히 말하는 '골드바흐의 추측'이다. 이 추측은 일반적으로 다음과 같은 2가지 형태로 진술된다.

| ① 강한 골드바흐의 추측(Strong Goldbach Conjecture)<br>2보다 큰 짝수=소수+소수 |
|---|

⇓ (①이 참이면 ②도 참이다)

| ② 약한 골드바흐의 추측(Weak Goldbach Conjecture)<br>5보다 큰 정수=소수+소수+소수 |
|---|

≪페르마의 밀실≫은 다양한 수학자의 캐릭터가 복선으로 사용되지만 기본적으로 '골드바흐의 추측'에서 시작해서 이것으로 끝났다고 할 수 있다. 이 풀리지 않은 난제를 둘러싼 노수학자의 질투와 젊은 수학자의 헛된 야망이 뒤얽혀 한바탕 소동극이 벌어진 것으로 볼 수 있다. 또한 밀실의 칠판에 적혀 있던 'Libertad(Freedom)'는 칸토어의 '수학의 본질은 자유에 있다.'라는 말을 떠올리게 하고, 밀실이 좁아져 수학책으로 난장판이 된 밀실에서 수학문제로 가득 찬 칠판을 통해 탈출하는 장면은 괴델의 '불완전성 정리'가 생각나게 만든다. 아마도 이 영화는 수학자들이 문제해결에 집착해서 스스로 만든 틀 안에 갇혀 있다는 것을 말하고 싶은 것일 수도 있다.

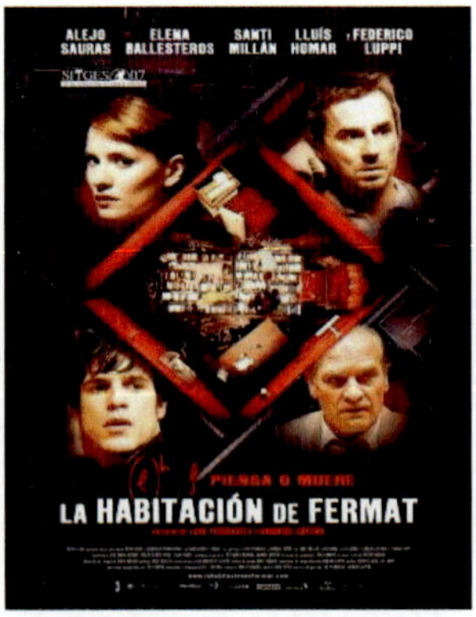


그림13 ≪페르마의 밀실≫의 포스터

그림14 올리바가 모래시계 문제를 푸는 장면

그림15 이진수 문제 풀이법

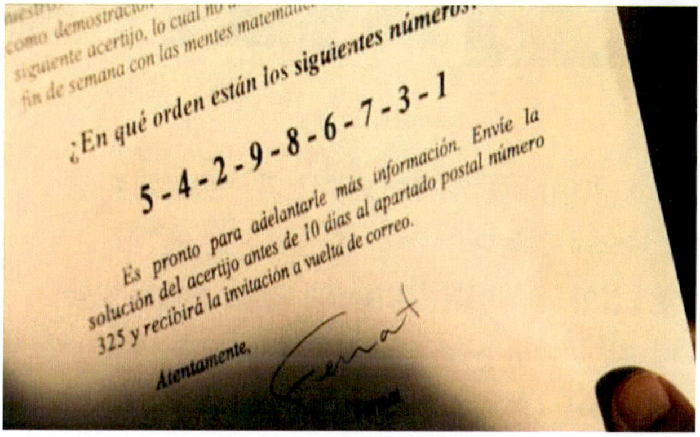


그림16 초대장에 제시된 수열 문제

### 2) 큐브(Cube, 1997)

제3회 부천국제판타스틱 영화제(1999)에서 우리나라에 처음 소개된 ≪큐브≫는 빈센조 나탈리(Vincenzo Natali) 감독의 장편 데뷔작으로 제라드메르 판타스틱 영화제에서 그랑프리를 수상한 캐나다 작품이다. 35만 달러의 저예산으로 제작된 ≪큐브≫는 수학적 소재를 이용한 재기발랄한 아이디어로 평단과 대중의 주목을 동시에 받았다. 이러한 관심과 인기에 힘입어 속편 2편이 제작되었는데, 모두 감독이 다르다. 안드레이 세큘라 감독의 ≪큐브 2(Hypercube : Cube 2, 2002)≫는 4차원 초입방체인 하이퍼큐브에 갇힌 8명의 탈출에 대한 영화이고, 어니 바바라쉬 감독의 ≪큐브

≪큐브≫의 포스터

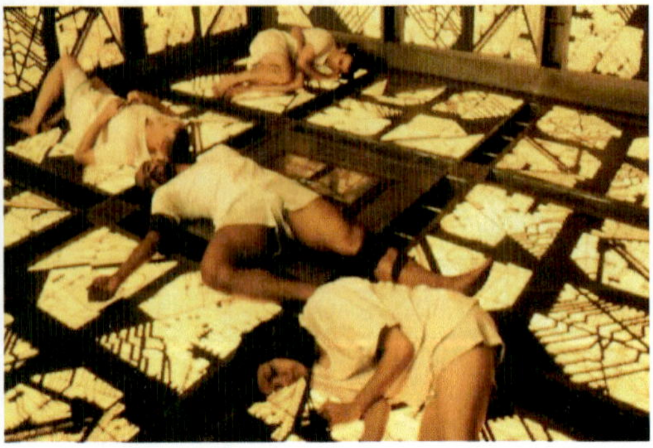

큐브 속에 갇힌 주인공들

제로(Cube Zero, 2004)≫는 ≪큐브≫ 이전의 이야기를 다루고 있는데, 수학적인 소재는 나오지 않는다.

≪큐브≫는 살아 움직이는 유기체와 같은 거대한 루빅스 큐브에 영문도 모른 채 갇힌 여섯 사람이 폐쇄된 공간에서 탈출하기 위해 수학적 아이디어에 의존하는 영화이다. 독단적인 경찰 쿠엔틴, 자의식이 강한 여의사 할로웨이, 수학적 능력이 탁월한 겁 많은 소녀 리븐, 냉소적인 건축 설계사 워스, 용의주도한 탈옥 전문가 렌, 계산 능력이 뛰어난 자폐증 환자 카잔은 각기 다른 캐릭터와 능력으로 큐브를 탈출하기 위한 각자의 역할을 맡는다. 아마도 감독은 극한 상황에서 각기 다른 캐릭터들이 어떻게 갈등하고 화합하는가를 보여주고 싶었던 것 같다. 이 영화의 또 다른 주인공은 거대한 살인기계와 같은 큐브다. 곳곳에 독특한 부비트랩이 설치되 있는 것도 모자라 굉음을 내며 이동하는 큐브라는 한정된 공간이 자아내는 공포감은 이 영화를 끌고 나가는 원동력이라 할 수 있다.

이 영화는 첫 장면부터 인상적이다. 사람의 눈 하나를 화면 가득히 클로즈업해서, 그가 느끼는 공포감을 관객들에게 그대로 전달하고 있다.

두려움에 사로잡힌 이 남자는 조심스럽게 큐브 안을 탐색하다가 곧 실날같이 얇은 철망에 걸려 온몸이 격자 모양으로 조각조각 부서져 흩어진다. 대사 한마디 없는 이 장면은 큐브가 어떤 공간이라는 것을 우리가 충분히 짐작할 수 있게 해준다.

다시 장면이 바뀌어서 한 방에 카잔을 제외한 주인공 5명이 한 명씩 모여들기 시작한다. 이들은 자신들도 모르는 사이에 이런 기괴한 곳에 끌려 온 이유를 추정하면서 분개하기도 하고 자포자기도 하는 가운데서 탈옥 전문가 렌만이 부지런히 탈출 시도를 한다. 렌은 다른 사람들에게 부츠를 던져 새로운 큐브의 안전을 확인하는 방법을 알려주지만 곧 그도 죽게 된다.

부츠를 던져 확인하는 방법만으로는 더 이상 안전을 신뢰할 수 없는 상황에서 큐브마다 붙여진 일련번호의 비밀을 수학도 리븐이 찾아낸다. 지나친 큐브 중에 부비트랩이 설치된 곳은 83, 137, 149 등 모두 소수(素數, prime number)를 포함하고 있었다는 것을 기억해 낸 리븐은 소수가 열쇠라고 외친다. 예를 들어, '582, 434, 865'는 소수를 포함하지 않기 때문에 트랩이 없는 방이다. 지금까지 소심해 보이던 렌은 다음 방 번호에 소수가 없는 것을 확인하고 "미모보다는 머리가 우선이다."라며 제일 먼저 뛰어 들어가 자신의 추측이 옳다는 것을 입증한다.

소수는 자기 자신과 1 이외는 약수가 없는 수이다. 소수는 기원전 수학자부터 현대 수학자까지 끊임없이 관심을 갖는 수학적 주제일 뿐만 아니라 영화 속에서도 자주 등장하는 인기 있는 수학적 소재이다. 칼 세이건의 소설 『콘택트』를 영화한 ≪콘택트(Contact, 1997)≫에서 주인공 앨리(쥬디 포스터)는 외계에서 보내온 신호음이 소수와 관련되어 있다는 것을 알아내고 수학은 우주 어디에서도 통용될 수 있는 보편적인 언어라고 말하는 장면이 나온다. 그리고 바바라 스트라이샌드가 감독과 주연을 맡은 ≪로즈 엔 그레고리(The Mirror Has Two Faces, 1996)≫에서 "쌍둥이 소수의 쌍은 무한하다"는 설명이 나온다.

쌍둥이 소수(twin prime)는 예를 들어, (3, 5), (5, 7), (11, 13), (17, 19)와 같이 (p, p+2)가 모두 소수인 경우를 말하는데, (3, 5)를 제외한 모든 쌍둥이 소수는 6, 12, 18과 같은 6의 배수를 중심으로 1을 더하고 1을 뺀 형태이다. 이와 유사한 원리를 갖는 소수 중에 사촌 소수(cousin prime)와 섹시 소수(sexy prime)가 있다. 사촌 소수는 (p, p+4)가 모두 소수인 경우로 (7, 11), (13, 17), (19, 23), (37, 41) 등이 있다. 또한 섹시 소수는 (p, p+6)이 모두 소수인 쌍, 즉 (11, 17)처럼 6씩 차이나는 소수를 말한다. '섹시(sexy)'라는 말은 라틴어에서 6을 뜻하는 'sex'에서 유래한다.

소수를 확인하며 안전한 방으로 열심히 옮겨 가던 주인공들은 소수가 없는 방에도 부비트랩이 설치되어 있다는 사실을 알게 되고, 설상가상 렌이 죽은 방으로 다시 돌아오게 되자 당혹감에 빠지게 된다. 이때 건축가 워스가 자신이 속이 빈 큐브의 외벽을 설계했다며, 내부의 구조는 모르지만 외벽의 규모가 434피트라고 말한다. 리븐이 자신의 보폭을 이용하여 큐브의 방의 개수는 17,576(=$26^3$)개라는 것을 추론해낸다. 또한 큐브의 번호가 부비트랩의 유무뿐만 아니라 3차원 좌표를 나타내며, 이 것이 전체 큐브의 내부 위치를 나타낸다는 것을 알아낸다. 예를 들어, 큐브의 번호가 '320, 176, 372'이면 이 큐브의 위치는 다음과 같다.

$$(3+2+0,\ 1+7+6,\ 3+7+2)=(5,\ 14,\ 12)$$

이에 좌표 (14, 27, 14)를 얻은 리븐은 당황한다. 27은 999인 경우만 가능한데, 전체 큐브의 개수가 $26^3$이므로 각각의 좌표는 26을 넘을 수 없기 때문이다. 곧 렌이 죽은 방이 사라진 것을 보고 워스는 큐브가 움직이고 있다는 것을 감지하고 이것의 원리가 순열/치환(permutation)에 기초한다는 것을 추론한다. 즉, 큐브 번호로 구성한 3차원 좌표는 그 방의 출발 위치만 알려주는 것이다. 리븐은 27의 출발 위치가 출구가 되는 다리 역할을 한다는 것을 알아내고 이 방이 다시 처음 위치로 돌아

올 때 열린다는 것을 추론한다.

큐브가 움직이기 때문에 출발점, 회전수, 도착점을 모두 추정해야 한다. 예를 들어, 큐브 번호가 '665, 972, 545'인 경우를 생각해 보자. 이 번호의 각 자릿수를 더하면 이 큐브의 출발 위치는 (17, 18, 14)이다. 출발 위치 이후의 위치를 알아내기 위해 큐브 번호 abc에 대해 a−b, b−c, c−a를 계산한다.

$$665 \rightarrow \{6-6,\ 6-5,\ 5-6\} = \{0,\ 1,\ -1\}:$$
출발 위치의 $x$좌표에 0을 더함 ⇉ (17, 18, 14)

$$972 \rightarrow \{9-7,\ 7-2,\ 2-9\} = \{2,\ 5,\ -7\}:$$
(17, 18, 14)의 $y$좌표에 2를 더함 ⇉ (17, 20, 14)

$$545 \rightarrow \{5-4,\ 4-5,\ 5-5\} = \{1,\ -1,\ 0\}:$$
(17, 20, 14)의 $z$좌표에 1을 더함 ⇉ (17, 20, 15)

첫 번째 수 (0, 2, 1) 다음으로 두 번째 수 (1, 5, −1), 이어서 세 번째 수 (−1, −7, 0)을 이용해서 위의 과정을 반복하면 다음과 같은 경로를 얻는다.

(17, 18, 14) → (17, 18, 14) → (17, 20, 14)
→ (17, 20, 15) → (18, 20, 15) → (18, 25, 15)
→ (18, 25, 14) → (17, 25, 14) → (17, 18, 14) → (17, 18, 14)

위의 경로의 출발점과 마지막은 같다. 즉, 9번 움직였으나 처음 위치로 되돌아온 것이다. 위의 순열을 이용하면 큐브의 각각의 방은 9번 움직인 (3번 치환한) 다음 항상 제자리로 돌아온다. 왜냐하면 큐브의 좌표 변화량의 합이 (a−b)+(b−c)+(c−a)=0이기 때문이다. 이 원리에 의하여 큐브의 초기 위치와 이동될 위치를 알 수 있게 된다.

마지막 문제는 함정을 피하는 열쇠가 무엇인지를 알아내는 것인데, 열쇠는 소수가 아니라 소수의 제곱수라는 것을 리븐이 찾아낸다. 즉, 소인수분해를 했을 때 소인수(소수인 인수)의 개수를 찾으면 되는 것이다. 그렇지만 큐브 번호의 수가 너무 커서 컴퓨터 없이 계산할 수 없다는 점에 낙담한다. 이때 자폐증 환자 카잔이 컴퓨터 역할을 하게 되면서 주인공들은 출구를 향해서 나아간다.

영화의 앞부분에서는 괴물 같은 큐브에서 벗어나기 위해 서로 화합하던 주인공들이 시간이 지남에 따라 각 인물들의 성격과 과거가 드러나기 시작하며 균열이 일어난다. 영화의 종반부로 갈수록 자신을 위협하는 가장 두려운 존재는 큐브가 아니라 바로 옆에 있는 사람이 되어 버린다. 결국, 열쇠는 수학이 아니라 사람인 셈이다.

## 생각해 볼 문제

1. ≪페르마의 밀실≫의 앞부분에서 갈루아, 힐베르트, 파스칼, 올리비아가 피타고라스라는 이름의 보트를 타고 가는 장면에서 힐베르트가 뜬금없이 잘 알려진 '양, 늑대, 양배추 문제'를 말하다. 이 문제의 해결 과정은 영화에서 나오지 않지만 중요한 복선의 역할을 한다. 다음 문제를 각자 풀어보자.

   "한 사람이 작은 배로 양 한 마리, 늑대 한 마리, 양배추 한 통을 같이 싣고 가야 한다. 한 번 건널 때마다 이 사람은 셋 중 하나만 나를 수 있다. 양과 늑대를 남겨두면 늑대가 양을 잡아먹고, 양과 양배추를 남겨두면 양이 양배추를 먹는다. 전부 다 무사히 강을 건너려면 어떻게 해야 할까?"

2. 존 맥티어넌 감독의 영화 ≪다이 하드 3≫는 테러리스트 사이먼(제레미 아이언스)이 뉴욕시 곳곳에 폭탄을 숨겨 놓고 자신의 동생을 죽인 존 맥클레인 형사(브루스 윌리스)에게 다양한 수수께끼를 내며 폭탄을 찾도록 하는 것이 기본 줄거리이다. 영화 중간에 맥클레인 형사와 우연히 사건에 휘말려든 제우스(새뮤얼 잭슨)는 사이먼의 지시에 따라 시한폭탄이 설치된 어떤 분수대로 가게 되는데, 이때 사이먼은 존에게 다음과 같은 문제를 풀지 못하면 폭탄이 터진다고 경고한다.

   "분수 옆에 있는 3갤런들이 물통 하나와 5갤런들이 물통 하나를 이용해서 5분 이내에 정확하게 4갤런의 물을 폭탄이 장치되어 있는 가방 위에 올려놓아라."

   이 경우 어떤 방법을 사용해서 폭탄의 폭발을 막을 수 있는가? 가능한 방법을 모두 생각해 보자.

3. 현대적 게임 이론의 창시자인 존 폰 노이만은 스탠리 큐브릭의 최고 걸작으로 일컬어지는 ≪닥터 스트레인지러브≫의 실제 모델이었다는 추측들이 있다. 다양한 분야에서 폭넓게 활동한 폰 노이만과 놀라운 기억력과 계산력에 관한 일화들이 많다. 그가 6살에 천만 단위 숫자들을 암산으로 나눌 수 있었고, 8살에 미적분을 터득했고, 12살에 보렐의 『함수 이론』과 같은

전문수학서적을 읽었다는 사실을 감안한다면 그 일화들이 결코 풍문이 아니라는 것을 알 수 있을 것이다.

폴 핼모스가 쓴 「폰 노이만의 전설」이라는 부고 기사에는 '파리 수수께끼'라고 불리는 다음과 같은 문제(이 문제는 영화 ≪뷰티풀 마인드≫에서도 언급된다)에 대해 폰 노이만이 즉각적으로 답변한 일화가 실려 있다.

> "A와 B 두 사람이 20마일을 떨어진 곳에서 자전거를 타고 서로를 향해 시속 10마일로 달려간다. 그와 동시에, 파리 한 마리가 시속 15마일로 날아간다. 이 파리는 갑 자전거의 앞바퀴에서 출발해서 을 자전거의 앞바퀴까지 날아가며, 두 앞바퀴 사이에 끼어 압사할 때까지 그런 행동을 되풀이한다. 이때 파리가 비행한 총 거리는 얼마인가?"

폰 노이만의의 엄청난 계산력이 없더라도 이 질문에 바로 답변할 수 있는 방법은 있다. 어떤 방법으로든지 이 문제를 풀어보자.

## 참고문헌


루돌프 키페한 (김시형 역), 암호의 세계, 이지북, 2001.
박주현, 게임이론의 이해, 해남, 2001.
박정일, 튜링 & 괴델: 추상적 사유의 위대한 힘, 김영사, 2010
버커드 폴스터, 마티 로스 (박유진 역), 수학, 영화관에 가다, 컬처룩, 2015.
실비아 네이사 (신현용, 이종인, 승영조 역), 뷰티풀 마인드, 승산, 1998.
아마르 악셀(한창우 역), 쉽게 읽는 페르마의 마지막 정리, 경문사, 2003.
얀 마텔 (공경희 역), 파이 이야기, 작가정신, 2004.
앤드루 호지스 (박정일 역), 튜링 : 이미테이션 게임, 해나무, 2015.
존 킹 (김량국 역), 수와 신비주의, 열린 책들, 2001.
테오니 파파스 (서영조 역), 수학 스펙트럼, 경문사, 1999.
페트르 베크만 (박영훈 역), 파이의 역사, 경문사, 1976.
홍성사 외, 수학과 文化, 우성, 2005.

## 참고싸이트

1. http://www.cine21.com
2. http://math.cofc.edu/faculty/kasman/MATHFICT/mfview.php?callnumber=mf49
3. http://www.mathlove.org/pds/mathqa/faq/mathlife/mathmovies.html
4. http://movie.naver.com
5. http://www.msri.org/20thanniversary/cinemath.html
6. https://www.youtube.com/watch?v=RNqQPcMYcG8
7. http://www.quedcat.com

# index

[ㅇ]



[ㅈ]

**[기타]**

| 저자약력 |

**계영희** 고신대 유아교육과
**신현용** 교원대 수학교육과
**김성숙** 배재대 컴퓨터수학과
**신경희** 아주대 교육대학원 수학과
**박창균** 서경대 철학과
**한찬욱** 서경대 수학과
**이상구** 성균관대 수학과
**최은미** 한남대 수학과
**박미경** 영산대 자유전공학부
**방승진** 아주대 수학과
**정해남** 성신여대 교육대학원

**한국수학교육학회 수학교사 시리즈 15**
수학 IN 문화

2016년 7월 20일 초판 발행
2024년 7월 15일 초판 3쇄 발행

저 자 계영희 | 신현용 | 김성숙 | 신경희 | 박창균 | 한찬욱
이상구 | 최은미 | 박미경 | 방승진 | 정해남
발행자 오판근
발행처 교우사

주 소 서울특별시 동대문구 약령시로 8 교우빌딩 2층
전 화 925-2861~2, 편집부 / 925-2825, 홈쇼핑 / 969-5762
팩 스 925-2860

E-mail kyowoo@kyowoo.co.kr
홈페이지 http://www.kyowoo.co.kr
북스토어(쇼핑몰) http://www.kyowoo.co.kr

등 록 1994. 3. 24 제6-0256호

ISBN 979-11-251-0160-4
값 30,000원